INTRODUCTION TO THE ANATOMY AND PHYSIOLOGY OF COMPANION ANIMALS

반려동물해부생리학
첫걸음

최선혜 · 이수정 · 강효민 · 서명기 · 김성재 · 정수연
윤은희 · 이수경 · 소정화 · 허제강 · 한아람

KB191933

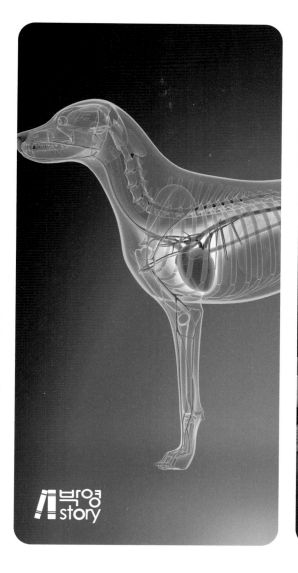

박영story

머리말

2021년부터 동물보건사 국가자격증 제도가 시행된 이후, 동물보건사들은 동물병원에서 수의사와 협력하여 중요한 진료 역할을 맡으며 전문적인 인력으로 자리잡고 있습니다. 반려동물에 대한 사회적 관심과 그 지위 상승에 따라, 여러 대학에서 동물보건사를 양성하고 있으며 『반려동물해부생리학 첫걸음』은 동물보건사 진로를 목표로 하는 학생들뿐만 아니라 유사 관련 전공자들에게 필수적으로 이수해야 하는 교과목입니다.

『반려동물해부생리학 첫걸음』은 동물의 신체 구조와 그 기능을 깊이 이해하고, 현장실무에 질병을 진단하고 치료할 수 있는 능력을 갖춘 전문 인력이 되기 위해 꼭 필요한 지식을 담았습니다. 이 교과목이 동물에 대해 처음 배우는 학생들에게는 어려운 교과목일 수도 있다는 생각을 해왔습니다. 이러한 점을 고려해, 이 책을 집필하면서 가장 중요하게 생각한 것은 학생들이 좀 더 쉽게 동물의 해부와 생리학에 접근할 수 있도록 돕는 것이었습니다.

이 책을 통해 학생들이 기초를 확실히 다지고, 동물의 신체와 기능에 대한 호기심을 지속적으로 가지면서 관심을 기울일 수 있기를 바랍니다. 또한 이 책이 언제든지 쉽게 찾아볼 수 있는 친근한 교재가 되어, 모든 독자들에게 실질적인 도움이 되기를 바랍니다.

마지막으로 이 교재가 나오기까지 힘써주신 모든 참여 교수님들과 출판관계자들께 감사의 뜻을 전합니다.

차 례

CONTENTS

CHAPTER 6   동물체의 내분비계   103

CHAPTER 7   동물체의 순환기계   121

CHAPTER 8   동물체의 호흡기계   143

CHAPTER 1
동물체의 구성

학습목표

- 포유동물 세포의 구조와 기능에 대해 이해한다.
- 포유동물 세포의 분열에 대해 이해한다.
- 동물체의 해부학적 구조를 이해한다.
- 동물체의 체액과 구성 화합물에 대해 이해한다.

학습개요

꼭 알아야 할 학습 Must know points
- 포유동물 세포의 구조와 기능
- 포유동물 세포의 생리학적 기전
- 동물체의 체세포와 생식세포 분열
- 동물체의 체액과 구성 화합물의 특성

알아두면 좋은 학습 Good to know
- 세포소기관에 주요 역할과 생리적 기전
- 동물체의 해부학적 구조 명칭

세포의 구조 및 기능

동물의 몸은 가장 작은 단위인 **세포(cell)**로 이루어져 있으며, 이를 동물세포라고 부른다. 동물세포는 여러 가지 세포소기관을 포함하고 있어, 각각의 소기관이 특정 기능을 수행하며 생명 활동을 유지하고 있다. 세포는 크게 두 가지 주요 구조인 세포막과 세포내 소기관으로 나눌 수 있으며, 여기서 동물세포를 기준으로 세포의 주요 구조와 기능에 대해 알아보자.

1) 세포막(plasma membrane)

세포막은 세포의 내부와 외부 환경을 구분하며, 세포의 기능과 생명 활동을 조절하는 중요한 구조로써 세포의 다양한 기능을 조절하는 핵심적인 구조이다.

세포막은 다음과 같은 주요 구성 요소로 이루어져 있다: ① 인지질 이중층(phospholipid bilayer)은 두 개의 인지질 층이 서로 마주보는 형태로 배열되어 있다. 각 층의 친수성 머리(물과 친화적)는 세포막의 외부와 내부를 향하고, 소수성 꼬리(물과 반대 성질)는 인지질 이중층의 중앙에 배열되어 있다(그림 1.1). 그 기능은 세포막의 기본 틀을 형성하며, 물질의 선택적 이동을 조절한다(소수성 중앙층은

물과 친화적인 물질의 통과를 막아준다). ② 막단백질(membrane Proteins)은 인지질 이중층을 가로지르는 단백질이며, 대부분은 세포막을 관통하여 물질의 수송, 세포 신호 전달 등에 관여한다. ③ 콜레스테롤(cholesterol)은 인지질 이중층 사이에 분포하는 지방질 화합물로 세포막의 유동성을 조절하여 세포막이 너무 유동적이거나 너무 고체화되지 않도록 균형을 유지한다. ④ 당단백질과 당지질(glycoproteins and glycolipids)은 단백질이나 지질에 탄수화물 사슬이 결합된 구조로 세포 인식, 세포 간 상호작용, 면역 반응 등에 중요하다. 예를 들어, ABO 혈액형 시스템에서 이들 당단백질이 중요한 역할을 한다.

2) 세포내 소기관(organelle)

(1) 세포질(cytoplasm)

세포막 내부를 채우는 젤리 같은 물질로, 세포소기관이 떠 있는 매체이다. 세포질은 다음과 같은 구성 요소로 나뉘는데 ① 세포질 기질은 세포질의 액체 부분으로, 물, 이온, 단백질, 탄수화물, 지질 등 다양한 용질이 포함되어 있으며, ② 세포골격은 세포질 내에 존재하는 섬유상 구조로 세포 형태 유지, 세포 분열 과정에 중요한 역할을 한다.

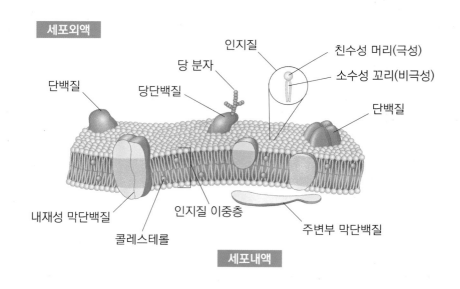

그림 1.1 동물세포의 세포막의 구조

(2) 세포핵(nucleus)

세포의 중심적인 구조로, 유전자 정보를 저장하고 조절하는 핵심 역할을 한다. 세포핵은 다음과 같은 구조로 이루어져 있다(그림 1.2).

① 핵막(nuclear Envelope)

세포막과 같이 두 개의 인지질 이중층으로 이루어져 있으며, 핵막에는 핵공이라는 작은 구멍이 존재하여 세포핵과 세포질 간의 물질 이동을 조절한다.

② 핵질(nucleoplasm)

세포핵 내부의 젤리 같은 물질로, 물, 이온, 단백질, 핵산 등이 포함되어 있으며, 핵 내의 물질을 지지하고, 핵 내의 다양한 생화학적 반응이 일어나는 장소를 제공한다.

③ 핵소체(nucleolus)

세포핵 내의 특정 구역으로, 리보솜 RNA(rRNA)와 리보솜 단백질이 집합하여 형성된다. 단백질 합성에 필수적인 rRNA의 합성과 리보솜 소단위의 조립이 일어나는 장소이다.

④ 염색체(chromosomes)

DNA와 단백질(히스톤)로 이루어진 구조로, 세포핵 내에서 유전 정보를 저장하며, 단백질을 합성하기 위한 정보를 가지고 있는 유전 물질인 DNA를 포함하고 있다.

세포핵은 여러 가지 중요한 기능을 수행한다.
① 유전자 정보 저장 및 DNA의 유전 정보가 RNA로 전사되는 과정이 일어난다. ② 세포의 기능과 상태에 따라 유전자 발현 조절을 한다. ③ 세포 분열 과정을 통하여 염색체의 응축과 분리 과정에 중요한 역할을 한다.

(3) 리보솜(ribosome)

단백질과 RNA로 이루어진 세포소기관 중 가장 작은 입자 형태로 자유 리보솜과 소포체에 부착된 리보솜이 있으며, 단백질의 합성에 관여한다.

(4) 소포체 또는 세포질세망(endoplasmic reticulum, ER)

막으로 이루어진 중요한 역할을 하는 세포 소기관 중 하나로, 주로 단백질과 지질의 합성, 운반, 그리고 수정에 관여한다. 소포체는 두 가지 형태로 나뉘는데 ① 거친면 소포체(rough ER)는 표면에 리보솜이 부착되어 있어, 이러한 리보솜이 거칠게 보이기 때문에 '거친'

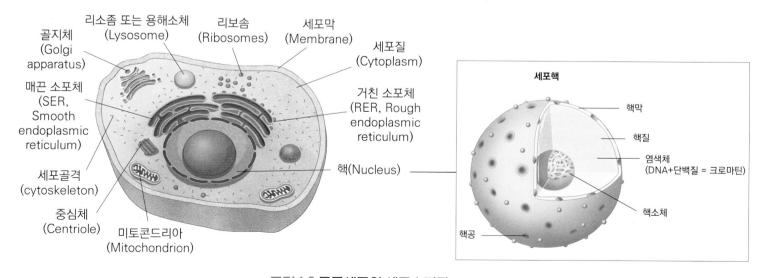

동물세포
(ANIMAL CELL)

골지체 (Golgi apparatus)
리소좀 또는 용해소체 (Lysosome)
리보솜 (Ribosomes)
세포막 (Membrane)
세포질 (Cytoplasm)
매끈 소포체 (SER, Smooth endoplasmic reticulum)
거친 소포체 (RER, Rough endoplasmic reticulum)
세포골격 (cytoskeleton)
핵(Nucleus)
중심체 (Centriole)
미토콘드리아 (Mitochondrion)

세포핵
핵막
핵질
염색체 (DNA+단백질 = 크로마틴)
핵소체
핵공

그림 1.2 동물세포의 세포소기관

소포체라고 부른다. 리보솜에서 합성된 단백질이 소포체 내로 들어가면, 그곳에서 폴딩(접힘) 및 수정이 이루어지며 합성된 단백질은 소포체에서 골지체로 운반되어, 최종적으로 세포 외부나 다른 소기관으로 이동한다. ② 매끈면 소포체(smooth ER)는 리보솜이 부착되어 있지 않기 때문에 표면이 부드럽게 보이며, 지질, 인지질 및 스테로이드 호르몬을 합성하는 역할을 한다. 예를 들어, 간세포의 매끈 소포체는 콜레스테롤을 포함한 지질의 합성에 중요한 역할을 한다. 그 외에 탄수화물 대사, 세포독성의 해독, 칼슘 이온 저장에도 관여한다.

(5) 골지체(golgi apparatus)

평평한 막 주머니가 겹쳐진 구조로 이루어져 있으며, 단백질과 지질을 수정, 포장하여 세포 내외로 운반한다.

(6) 미토콘드리아(mitochondria)

이중막 구조로, 세포 내에서 에너지를 생산하는 중요한 세포소기관으로 흔히 "세포의 발전소"라고 불리며, 영양소를 산화하여 세포가 사용할 수 있는 형태인 ATP(아데노신삼인산)를 생성한다. 또한 세포 호흡의 주요 장소이며, 에너지 대사 외에도 여러 가지 중요한 생리적 기능을 수행한다.

(7) 리소좀 또는 용해소체(lysosomes)

단일막으로 둘러싸인 소낭 형태로, 가수분해 효소를 포함하고 있어 세포 내 소화작용을 담당하여 불필요한 물질과 손상된 세포소기관을 분해한다. 세포 자신을 파괴하기도 한다.

(8) 세포골격(cytoskeleton)

미세섬유(actin filaments), 중간섬유(intermediate filaments), 미세소관(microtubules)으로 구성되어 세포의 형태를 유지하고, 소기관의 위치를 고정하며, 세포의 이동, 분열, 물질의 운반을 돕는다.

(9) 중심체(centrosome)

두 개의 중심소체(centriole)로 구성된 구조로 세포 분열 시 방추사를 형성하여 염색체의 이동을 조절한다.

(10) 편모(flagella)와 섬모(cilia)

일부 세포에서 발견되는 운동 구조로, 편모는 길고 섬모는 짧다. 세포의 이동을 돕거나 외부 물질을 이동시키며 포유류에 있어 편모의 유일한 예로 정자의 꼬리가 있다.

2 세포의 생리

세포 내에서 일어나는 다양한 생명 활동과 과정들을 의미하며 여기에는 다음과 같은 주요 활동들이 포함된다.

1) 세포막과 물질 이동

세포막은 인지질 이중층으로 구성되어 있으며, 여기에 다양한 단백질과 콜레스테롤이 포함되어 있어 유동성과 선택적 투과성을 제공한다. 세포막을 통해 물질이 이동하는 방식은 크게 수동적 이동과 능동적 이동으로 나뉘게 된다.

(1) 수동적 이동(passive transport)

에너지를 사용하지 않고 농도 기울기를 따라 높은 농도에서 낮은 농도로 자연스럽게 이동하게 된다. ① 단순 확산(simple diffusion)은 분자들이 농도 차이에 따라 세포막을 자유롭게 통과한다. 주로 작은 비극성 분자나 지용성 물질이 단순 확산을 통해 이동한다. 예를 들어, 산소(O_2)와 이산화탄소(CO_2) 그리고 지용성 분자(스테로이드 등)는 세포막을 통해 자유롭게 확산 이동한다. ② 촉진 확산(facilitated diffusion)은 특정 단백질을 통해 물질이 이동하며, 농도 기울기를 따른다. 세포막을 통과하기 어려운 극성 분자나 이온은 채널 단백질이나 운반체 단백질을 통해 이동한다. 그 예로 포도당은 GLUT 단백질을 통해 세포 내로 들어가며, 나트륨과 칼륨 이온은 이온 채널을 통해 이동하게 된다. ③ 삼투(osmosis)는 물 분자가 농도 차이를 따라 반투과성 막을 통해 이동하는 과정으로 물은 농도가 낮은 곳에서 높은 곳으로 이동하여, 세포의 부피를 변화시키는 현상을 일으켜 세포 내의 수분 균형을 유지한다(그림 1.3).

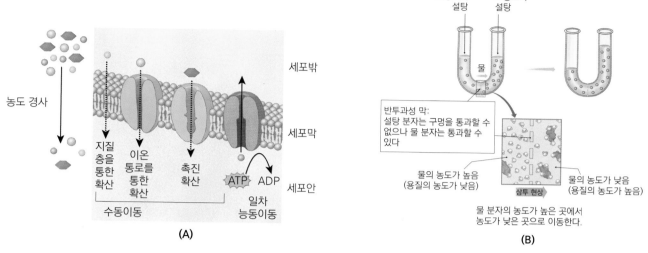

그림 1.3 세포막을 통한 물질의 이동

(2) 능동 수송(Active Transport)

에너지를 사용하여 물질을 농도 기울기에 역행하여 이동시킨다. ATP를 소비하여 물질을 이동시키며, 주로 펌프 단백질이 사용된다. 가장 잘 알려진 예는 나트륨-칼륨 펌프(Na^+/K^+ pump)로, ATP의 에너지를 사용하여 나트륨 이온을 세포 밖으로, 칼륨 이온을 세포 안으로 이동시킨다. 이는 세포 내외의 이온 농도 차이를 유지하는 데 중요한 역할을 한다(그림 1.3).

(3) 소낭 수송

① 엔도사이토시스(Endocytosis; 내포)는 물질이 세포막에 의해 둘러싸여 소낭(vacuole)으로 형성되어 세포 내부로 들어가는 과정을 말한다. 세포소기관 중 용해소체의 기능인 큰 입자(예: 세균, 세포 찌꺼기)를 섭취하는 과정이 그 예이다.
② 외부사이토시스(Exocytosis; 외포)는 세포 내부의 물질이 소낭으로 형성된 후 세포막과 융합되어 외부로 방출되는 과정을 말한다. 호르몬, 신경전달물질, 효소 등을 세포 외부로 방출하는 현상이 그 예이다(그림 1.4).

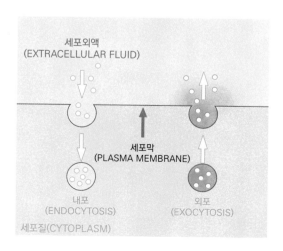

그림 1.4 소낭 수송

2) 세포 호흡

세포는 에너지를 얻기 위해 영양소를 산화시키며, 이 과정에서 ATP 라는 고에너지 분자를 생성하게 된다. 세포 호흡은 크게 세포질에서 해당과정(포도당을 피루브산으로 분해), 미토콘드리아에서 일어나는 시트르산 회로(TCA 회로)와 전자전달계로 나뉘며, 산소가 있는 조건에서는 산화적 인산화가 일어나며, 없는 조건에서는 발효 과정을 통해 ATP가 소량 생성하게 된다(그림 1.5).

3) 단백질 합성

세포 내에서 필요한 단백질은 DNA의 유전 정보를 바탕으로 합성된다. 단백질 합성과정에는 DNA의 정보가 RNA로 복사되는 과정인 전사(transcription)와 mRNA의 코드를 해석하여 리보솜에서 아미노산을 연결, 단백질을 형성하게 되는 번역(translation)이 있다(그림 1.6).

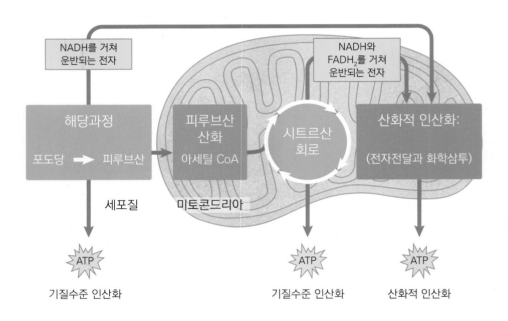

그림 1.5 세포호흡

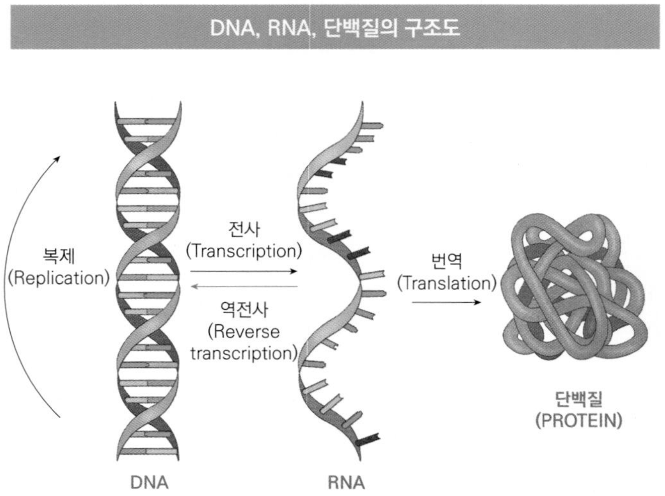

그림 1.6 단백질 합성

4) 세포 신호전달

세포는 다양한 외부 신호에 반응하기 위해 신호를 수용하고 전달하는 시스템을 가지고 있다. 호르몬, 신경전달물질 등의 신호는 수용체에 결합하여 세포 내에서 다양한 반응을 유도하며, 신호는 세포막 수용체나 세포 내 수용체를 통해 전달된다.

5) 세포 분열

세포는 성장하고 증식하기 위해 분열을 하는데 세포 분열에는 두 가지 방식이 있다. ① 체세포 분열(유사 분열, Mitosis)은 일반 세포가 증식하여 두 개의 동일한 딸세포를 형성하는 것이다. ② 감수 분열(Meiosis)은 생식세포가 생성될 때 일어나며, 염색체 수가 절반으로 줄어든다.

6) 세포 대사

세포 내에서 일어나는 물질대사는 에너지를 생산하거나 필요한 화합물을 합성하는 과정으로 ① 동화작용은 작은 분자를 결합하여 더

큰 분자를 만드는 과정으로, 에너지를 소비하게 된다(예: 단백질 합성). ② 이화작용은 큰 분자를 분해하여 에너지를 방출하는 과정이다(예: 세포 호흡).

세포는 이 모든 과정을 통해 생명체가 유지되고 성장할 수 있도록 기본적인 기능을 수행하게 된다.

3 세포의 분열

세포의 분열은 생명체가 성장하고 손상된 조직을 재생하며 번식하는 데 중요한 과정이다.

1) 유사 분열(체세포 분열, Mitosis)

유사 분열은 일반적인 체세포의 분열 과정으로, 한 개의 모세포가 두 개의 동일한 딸세포로 나뉘는 과정으로 단계는 다음과 같다. ① 간기에는 핵 속에 염색체가 실처럼 풀어진 상태로 존재하며 핵막이 뚜렷하다. 세포가 성장하고 단백질을 합성하는 G1기(제1 간기), DNA

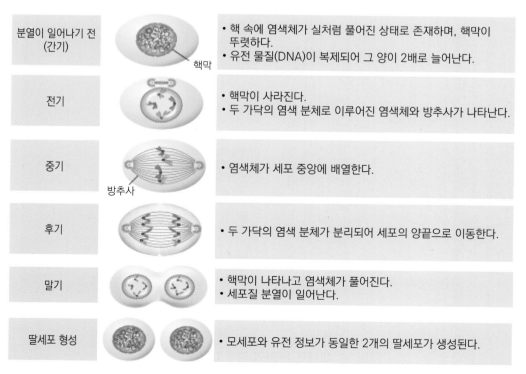

그림 1.7 유사 분열(체세포 분열) 과정

가 복제가 일어나는 S기(합성기), 그리고 세포가 계속 성장하고 분열을 준비하는 G2기(제2 간기)로 구성된다. ② 전기에는 염색사가 응축되어 염색체를 형성하며, 중심체가 반대쪽 극으로 이동하여 방추사가 형성된다. 특징적으로 핵막과 인이 사라지게 된다. ③ 중기에는 염색체가 세포의 중앙에 배열되며 방추사가 염색체의 동원체에 부착된다. ④ 후기에는 방추사가 염색체를 염색분체로 분리하여 반대쪽 극으로 이동시킨다. ⑤ 말기에는 염색체가 풀어져 다시 염색사가 되고 핵막이 나타나며 세포질이 분열되어 두 개의 딸세포가 형성된다(그림 1.7).

2) 감수 분열(생식세포 분열, Meiosis)

감수 분열은 생식세포(정자와 난자)를 형성하는 과정으로, 한 개의 모세포가 네 개의 비슷하지만 유전적으로 다른 딸세포로 나뉘게 된다. 감수 분열은 두 번의 분열 과정으로 다음과 같다. 제1 감수분열(Meiosis I)은 ① 간기에는 DNA가 복제되고, 세포 분열에 필요한 물질이 합성된다. ② 전기 I에는 염색사가 응축하여 염색체가 나타나고, 인이 사라진다. 방추사가 형성되고 핵막이 사라진다. 특징적으로 상동 염색체끼리 결합하여 2가 염색체를 형성한다. ③ 중기 I에는

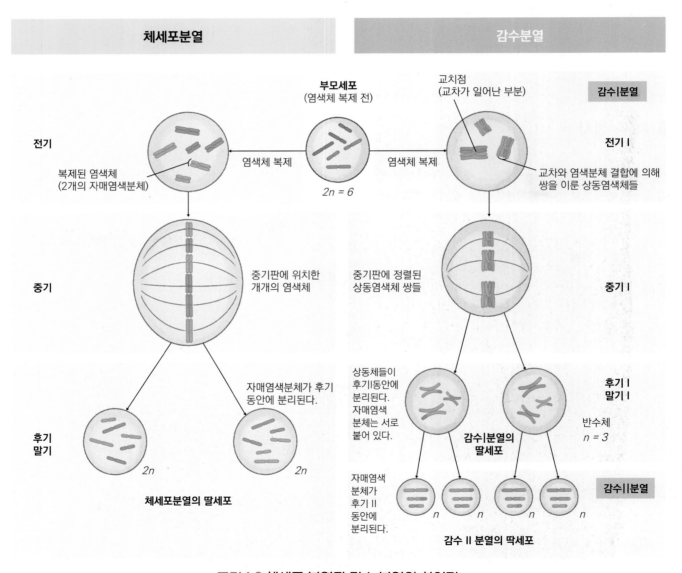

그림 1.8 체세포 분열과 감수 분열의 차이점

상동 염색체가 세포의 중앙에 배열된다. ④ 후기 I에는 상동 염색체가 분리되어 양쪽 극으로 이동한다. ⑤ 말기 I에는 세포질이 분열되어 두 개의 딸세포가 형성된다. 제2 감수분열(Meiosis II)은 체세포 분열과 유사하나 DNA 복제는 일어나지 않는다. ① 전기 II에는 새로운 방추사가 형성된다. ② 중기 II에는 염색체가 중앙에 배열된다. ③ 후기 II에는 염색분체가 분리되어 양쪽 극으로 이동한다. ④ 말기 II에는 세포질이 분열되어 네 개의 딸세포가 형성된다(그림 1.8).

이러한 과정들은 생명체가 정상적으로 성장하고 번식하며 유전적 다양성을 유지하는 데 필수적이다.

4 동물체의 해부학적 구조 용어

동물체의 기본 구조는 세포, 조직, 기관, 기관계로 구성되며, 이를 설명하는 데 사용되는 다양한 해부학 용어는 동물체의 형태와 기능을 이해하고 설명하는 데 중요하다. 동물체의 해부학 용어를 알아보자(그림 1.9).

1) 방향 용어

- 앞쪽(전방, Anterior): 동물의 머리와 가까운 쪽
- 주둥이쪽(Rostral): 코 방향, 머리에서 앞쪽을 설명할 때 사용
- 뒤쪽(후방, Posterior): 동물의 뒤쪽 끝이나 꼬리쪽, 즉 머리에서 먼 쪽
- 상부(Superior): ~보다 위쪽
- 하부(Inferior): ~보다 아래쪽
- 내측(Medial): 몸의 중앙에 가까운 쪽, 정중면 근처
- 외측(Lateral): 몸의 중앙에 먼 쪽, 정중면에서 먼 쪽, 몸의 옆쪽 방향
- 몸쪽(근위, Proximal): 몸통에 가까운 쪽, 몸에 붙어있는 앞다리(날개)의 상부
- 먼쪽(원위, Distal): 몸통에서 먼 쪽, 다리(날개)의 끝부분
- 얕은(표재, Superficial): 몸 표면에 가까운 쪽
- 깊은(심부, Deep): 몸 표면에 깊은 쪽, 몸 중앙에 가까운 부분
- 등쪽(배측, Dorsal): 몸의 등이나 척주 쪽 방향
- 배쪽(복측, Ventral): 몸의 배 부분이나 바닥쪽
- 앞발바닥쪽(palmar): 앞발볼록살을 지탱하는 앞발의 뒤쪽 표면
- 뒷발바닥쪽(plantar): 뒷발볼록살을 지탱하는 뒷발의 뒤쪽 표면
- 배등자세(vetro-dorsal, VD자세): 등쪽이 바닥에 닿고 배쪽이 하늘을 향하는 자세(사람의 경우 똑바로 누운 자세)
- 등배자세(Dorso-ventral, DV자세): 배쪽이 바닥에 닿고 등쪽이 하늘을 향하는 자세(사람의 경우 엎드린 자세)

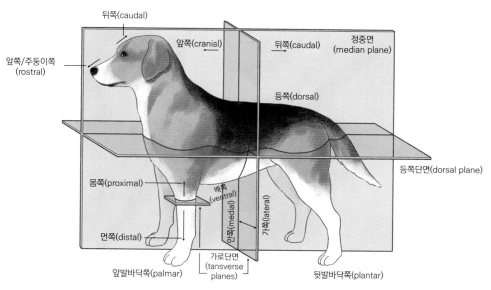

그림 1.9 체내 구조의 상대적 위치를 설명해주는 해부학적 측면과 방향성 용어

② 단면 용어

- 정중면(Median plane) 또는 시상면(Sagittal plane): 몸을 좌우로 나누는 수직면
- 등쪽 단면(Dorsal plane): 몸의 등쪽과 배쪽을 나누는 가로(수평) 단면
- 가로 단면(Transverse plane) : 몸의 앞쪽과 뒤쪽을 나누는 단면

5 동물체의 체액과 구성 화합물

체액와 구성 화합물은 생명 유지와 세포 기능에 중요한 역할을 한다. 여기서는 체액의 종류와 주요 구성 화합물에 대해 알아보자.
동물체의 체액은 크게 세포내액과 세포외액으로 나뉘며, 세포내액(Intracellular Fluid, ICF)의 경우 세포 내부에 존재하는 액체로, 전체 체액의 약 2/3를 차지한다. 이곳에 존재하는 무기화합물은 칼륨(K^+), 마그네슘(Mg^{2+})이며, 유기화합물은 단백질, ATP, 인산염이다. 세포외액(Extracellular Fluid, ECF)의 경우 세포 외부에 존재하는 액체로, 전체 체액의 약 1/3을 차지한다. 세포외액의 종류인 ① 혈장(Plasma)은 혈액의 액체 성분으로, 물, 단백질, 전해질, 영양소, 호르몬 등을 포함되어 있으며, ② 조직액(Interstitial Fluid)은 세포와 세포 사이의 공간에 존재하는 액체로, 영양소와 폐기물의 교환을 돕는다. ③ 체강액(Transcellular fluid)은 분비 기작에 의하여 만들어지는 뇌척수액, 림프액, 소화액이 해당된다. 세포외액에 존재하는 무기화합물은 나트륨(Na^+), 염화물(Cl^-), 중탄산염(HCO_3^-)이다. 이러한 체액과 구성 화합물은 동물체의 항상성 유지와 정상적인 생리 기능을 지원하는 데 필수적이다.

체액과 구성 화합물은 끊임없이 체내에서 움직이는 현상이 일어나는데 이러한 움직임을 만드는 생물학적 과정에는 확산(diffusion)과 삼투(osmosis)가 있다. 확산은 체액에 존재하는 구성 화합물의 농도가 높은 쪽에서 낮은 쪽으로 평형에 도달할 때까지 자연스럽게 이동하는 과정으로, 이는 세포 내외의 균형을 유지하는 데 중요한 역할을 한다. 예를 들어, 산소와 이산화탄소는 폐에서 혈액으로, 그리고 혈액에서 세포로 확산된다. 삼투는 물이 농도가 낮은 쪽에서 높은 쪽으로 이동하는 과정을 의미하는데 이는 세포막과 같은 반투과성 막을 통해 일어난다. 예를 들어, 세포 내부의 물 농도가 상대적으로 낮아지면 물이 세포 안으로 확산되어 세포가 부풀어 오를 수 있으며, 반대로 세포 내부에 비해 세포 외부의 물이 적은 상태에 있을 때, 세포 내부의 물이 외부로 빠져나가면서 세포가 축소되는 현상이 일어난다(그림 1.10).

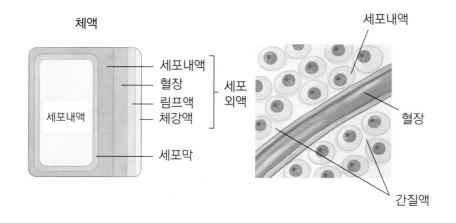

그림 1.10 동물세포의 체액 구성

- 세포(cell): 모든 생물체의 구조적, 기능적 기본 단위
- 세포막(cell membrane): 모든 세포가 가지고 있는 구성요소이며, 세포 내부와 외부를 서로 구분
- 핵(nucleus): 모든 진핵생물에서 발견할 수 있는 세포 내의 기관 중 가장 핵심기관으로 유전 정보를 가지고 있는 DNA가 존재
- 핵막(nuclear membrane): 핵을 둘러싸고 있는 두 개의 지질 이중층 막
- 리보솜(ribosome): 아미노산을 연결하여 단백질 합성을 담당하는 세포 소기관
- 거친면 소포체(조면소포체, rough ER): 세포막, 세포소기관에서 사용될 단백질 및 세포 밖으로 분비될 단백질을 합성
- 매끈면 소포체(활면소포체, smooth ER): 세포막의 인지질을 포함한 여러 지질 및 지방산, 호르몬 등의 스테로이드의 합성에 관여하며, 또한 탄수화물 대사, 세포 독성의 해독, 칼슘 저장 등에도 중요한 역할을 수행
- 골지체(Golgi complex): 세포질 속에 있는 막으로 이루어진 납작한 형태의 리본 구조가 쌓여 있는 세포 내 구조물로, 소포체에서 만든 단백질을 세포 밖으로 분비하거나 막으로 싸서 세포질에 저장하는 기능
- 미토콘드리아(mitochondria): 진핵생물에서 산소 호흡의 과정이 진행되는 세포 속에 있는 중요한 세포소기관
- 리소좀(lysosome): 단백질 분해 효소가 들어있는 세포 내의 작은 주머니이다. 오래 되어서 못 쓰게 된 세포소기관을 파괴하거나 외부에서 탐식작용을 통해 먹어 치운 바이러스나 박테리아 같은 외부 물질들을 파괴
- 세포골격(cytoskeleton): 세포 내의 골격기관
- 중심체(centrosome): 세포 분열 시 방추사를 형성하여 염색체의 이동을 조절
- 염색체(chromosome): 생명체의 유전 정보를 유전자 형태로 운반하는, 핵산과 단백질로 이루어진 실 같은 구조
- 세포분열(cell division): 하나의 모세포가 분열하여 2개 또는 그 이상의 딸세포로 나뉘는 과정

- 앞쪽(전방, Anterior): 동물의 머리와 가까운쪽
- 주둥이쪽(Rostral): 코 방향, 머리에서 앞쪽을 설명할 때 사용
- 뒤쪽(후방, Posterior): 동물의 뒤쪽 끝이나 꼬리쪽, 즉 머리에서 먼 쪽
- 상부(Superior): ~보다 위쪽
- 하부(Inferior): ~보다 아래쪽
- 내측(Medial): 몸의 중앙에 가까운 쪽, 정중면 근처
- 외측(Lateral): 몸의 중앙에 먼 쪽, 정중면에서 먼 쪽, 몸의 옆쪽 방향
- 몸쪽(근위, Proximal): 몸통에 가까운 쪽, 몸에 붙어있는 앞다리(날개)의 상부
- 먼쪽(원위, Distal): 몸통에서 먼 쪽, 다리(날개)의 끝부분
- 얕은(표재, Superficial): 몸 표면에 가까운 쪽
- 깊은(심부, Deep): 몸 표면에 깊은 쪽, 몸 중앙에 가까운 부분
- 등쪽(배측, Dorsal): 몸의 등이나 척주 쪽 방향
- 배쪽(복측, Ventral): 몸의 배 부분이나 바닥쪽
- 앞발바닥쪽(palmar): 앞발볼록살을 지탱하는 앞발의 뒤쪽 표면
- 뒷발바닥쪽(plantar): 뒷발볼록살을 지탱하는 뒷발의 뒤쪽 표면
- 배등자세(vetro-dorsal, VD자세): 등쪽이 바닥에 닿고 배쪽이 하늘을 향하는 자세(사람의 경우 똑바로 누운 자세)
- 등배자세(Dorso-ventral, DV자세): 배쪽이 바닥에 닿고 등쪽이 하늘을 향하는 자세(사람의 경우 엎드린 자세)
- 정중면(Median plane) 또는 시상면(Sagittal plane): 몸을 좌우로 나누는 수직면
- 등쪽 단면(Dorsal plane): 몸의 등쪽과 배쪽을 나누는 가로(수평) 단면
- 가로 단면(Transverse plane): 몸의 앞쪽과 뒤쪽을 나누는 단면
- 체액(body fluid): 동물의 몸 안을 흐르는 액체

복습문제

1. ATP를 생성하고 저장하는 역할을 하는 세포소기관은 무엇인가?

   ① 리보솜(ribosomes)

   ② 미토콘드리아(mitochondria)

   ③ 골지기관(golgi apparatus)

   ④ 무과립형질내세망(smooth endoplasmic reticulum)

2. 혈관계 밖에서 세포를 둘러싸고 있는 체액으로, 체중의 약 15%를 차지하고 있는 것은 무엇인가?

   ① 혈장(plasma)

   ② 체강액(transcellular fluid)

   ③ 사이질액(interstitial fluid)

   ④ 세포내액(intracelluar fluid)

3. 세포분열의 과정에 따라 올바르게 설명된 것을 고르시오.

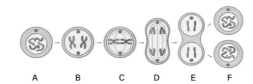

   A   B   C   D   E   F

   ① B - 감수분열 - 전기

   ② C - 유사분열 - 중기

   ③ D - 감수분열 - 후기

   ④ E - 유사분열 - 휴지기

4. 체내에서 일어나는 화학반응을 조절하고 속도를 빠르게 하는 촉매제 역할을 하는 것은 무엇인가?

   ① 산(acid)

   ② 지질(lipids)

   ③ 단백질(protein)

   ④ 효소(enzyme)

5. 등단면(dorsal plane)이란?

   ① 몸을 등쪽과 배쪽 절반으로 나누는 단면

   ② 몸을 앞쪽과 뒤쪽 절반으로 나누는 단면

   ③ 몸을 머리와 나머지 부분으로 나누는 단면

   ④ 몸을 오른쪽과 왼쪽으로 나누는 단면

6. 지질(lipids)의 구성물이 아닌 것은?

   ① 산소(oxygen)

   ② 탄소(carbon)

   ③ 수소(hydrogen)

   ④ 칼슘(calcium)

7. 다음 중 체내에 가장 많은 유기화합 분자는?

   ① 아미노산(amino acid)

   ② 지질(lipids)

   ③ 단백질(proteins)

   ④ 프로스타글란딘(prostaglandins)

8. 구조단백질(structural protein)의 특징이 아닌 것은?

   ① 안정성

   ② 소수성

   ③ 단단함

   ④ 스테로이드 성질

9. 다음 중 고장액(hypertonic)에 적용되는 알맞은 설명은 무엇인가?

   ① 적혈구가 수축하고 오목해지게 한다.

   ② 적혈구가 팽창하고, 때로는 용해될 수 있다.

   ③ 혈액보다 낮은 삼투 농도를 가진 용액이다.

   ④ 물이 적혈구 안으로 이동하게 한다.

10. 기능단백질(function protein)에 해당하는 것은?

   ① 구조단백질(structural protein)

   ② 구상단백질(globular protein)

   ③ 섬유단백질(fibrous protein)

   ④ 정답 없음

정답: 1 ② 2 ③ 3 ② 4 ⑤ 5 ① 6 ④ 7 ③ 8 ④ 9 ① 10 ②

☐ 참고문헌

1. 동물해부생리학 개론. introduction to veterinary anatomy and physiology texbook second edition. 동물해부생리학 교재연구회 역. 범문에듀케이션. 2014.
2. 수의생리학. 제4판. 강창원 외. 광일문화사. 2006.

CHAPTER 2

동물체의 조직 및 체강

학습목표

- 동물 신체를 구성하는 기관(organ)의 근본인 조직(tissue)의 체계를 이해한다.
- 상피조직, 결합조직, 근육조직, 신경조직의 형태와 기능을 파악한다.
- 신체 체강의 구조를 학습하고 각 체강의 장기에 따른 장막 체계를 이해한다.

학습개요

꼭 알아야 할 학습 Must know points
- 동물 신체의 조직학적 분류
- 상피조직의 조직학적 형태와 보호, 흡수 및 분비 기능
- 결합조직의 조직학적 형태와 연결, 지지, 영양소 운반 및 이동 기능
- 근육조직의 조직학적 형태와 운동 기능
- 신경조직의 조직학적 형태와 자극전달 기능
- 체강의 해부학적 구분 및 체강을 이루는 장막의 구조

알아두면 좋은 학습 Good to know
- 각 조직을 이루고 있는 세포들의 구조 및 기능 특징
- 동물 신체 체강별 체액의 기능 및 특징

조직은 동물 신체에 구성하고 있는 기관 내에 존재하는 같은 종류의 세포덩어리를 말한다. 일반적으로 동물의 몸을 구성하고 있는 조직은 상피조직, 근육조직, 신경조직, 결합조직 총 네 가지로 나뉘어 있다.

1 상피조직

상피조직(epithelial tissue)에는 상피와 샘이 있어, 상피는 몸의 표면을 덮고 몸의 내측에 있는 체강 또는 관(소화관 등)을 덮는 조직으로, 샘과 점액 등의 분비 기능을 갖는 세포(샘세포)로부터 이루어진 조직이다. 무엇보다도 단순한 샘(선)은 상피 중에 단독으로 존재하는 홑세포샘(unicellular gland)이라고 불리며, 소화관에서 확인되는 것으로는 술잔(배상, Goblet cell)세포가 있다. 샘의 대부분은 상피가 특수화된 것이므로, 상피조직으로 취급한다. 그러나 정소의 간질세포 등의 내분비샘의 일부에는 상피 이외의 것으로부터 되어 있는 것도 포함되어 있다. 또한, 샘세포가 모여서 기능적인 상피로부터 독립하고 있는 것을 뭇세포샘(multicellular gland)이라고 부르며, 이는 외분비샘(exocrine gland)과 내분비샘(endocrine gland)이 있다.

상피를 구성하는 세포와 세포의 사이에는 물질이 대부분 존재하지 않으며, 기저막(basement membrane)에 밀착하여 나란히 있다. 혈관과 림프관이 분포하는 것 없이, 영양이나 노폐물이 상피조직의 심층에 있는 혈관이나 림프관과의 사이를 확산에 의해 이동한다. 일반적인 세포의 재생이 빠른 것이 상피조직의 특징이다. 소위 말하는 기관의 상피(광의의 상피)는 외계와 접하는 부분의 상피(협의의 상피), 체강을 뒷받쳐 주는 중피(mesothelium), 외계와 접촉하지 않는 심장, 혈관, 림프관 등의 내면을 덮는 내피(endothelium)로 분류되어 있다. 그리고, 광의의 상피는 기저막에 나란히 있는 세포의 배열 방식(단층(simple), 중층(stratified), 거짓중층(pshudostratified))이나 세포의 높이(편평(squamous), 입방(cuboidal), 원주(columnar))에 의해서도 분류되어진다(그림 2.1).

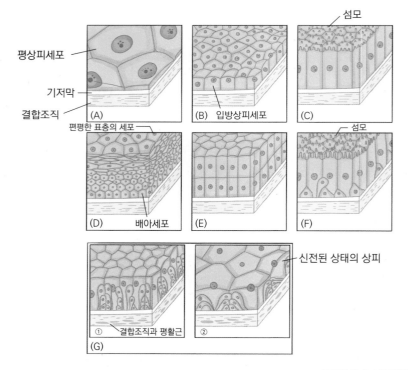

(A) 단순편평상피
(B) 단층입방상피
(C) 단층원주상피
(D) 중층편평상피
(E) 중층원주상피
(F) 거짓(위)중층원주상피
(G) 이행상피 ① 방광에 뇨가 없는 경우 ② 방광에 뇨가 저장이 된 경우

그림 2.1 상피세포

1) 단층상피

단층상피(simple epithelium)는 기저막의 위에 세포가 한 층 배열된 상피이다. 중피, 혈관내피 등의 단층편평상피(simple squamous epithelium, 그림 2.1A), 갑상선의 여포상피 등의 단층입방상피(simple cuboidal epithelium, 그림 2.1B), 위나 장의 점막상피 등의 단층원주상피(simple columnar epithelium), 상피세포의 표면에 섬모 (cillia)를 가지고, 자궁 혹은 난소의 상피인 단층원주섬모상피(simple columnar cilliated epithelium, 그림 2.1C) 등으로 분류된다.

2) 중층상피

중층상피(stratified epithelium)는 기저막 위에 세포가 겹쳐져 복수의 층을 형성하고 있는 상피이다. 주요한 세포의 모양에 의해, 표피, 구강상피, 식도상피, 질상피, 각막상피 등의 중층편평상피(stratified squamous epithelium, 그림 2.1D), 중층원주상피(stratified columnar epithelium, 그림 2.1E) 등이 있다.

3) 거짓중층상피(위중층상피)

거짓중층상피(pseudostratified epithelium)는 얼핏 보면 중층상피로 보여지지만, 모든 세포가 기저막에 붙어 있는 상피이다. 상피세포의 표면에 섬모를 가지고, 비강이나 기관, 정관이나 정소상체의 상피인 거짓중층원주섬모상피(pseudostratified columnar epithelium, 그림 2.1F)가 있다.

4) 이행상피

중층상피의 특수한 형태로, 뇨관, 방광 등의 요로가 확인되는 상피로, 뇨의 양에 의해 상피세포의 형태, 세포층의 수가 변화하는 이행상피(transitional epithelium, 그림 2.1G)가 있다.

2 결합조직

상피조직, 근육조직 및 신경조직의 간극을 채우며 지지하고 있는 조직을 결합조직(connective tissue)이라고 부른다. 결합조직은 중간엽세포(mesenchymal cell), 섬유아세포(fibroblast), 섬유세포(fibrocyte), 그물세포(reticular cell, reticulum cell), 지방세포(adipocyte, fat cell, adipose cell), 혈관주위세포(pericyte), 비만세포(mast cell), 큰포식세포(macrophage), 형질세포(plasma cell), 색소세포(pigment cell) 등의 세포성분과 이들의 세포가 만들어내는 아교섬유(콜라겐, collagen fiber), 그물섬유(reticular fiber), 탄력섬유(엘라스틴, elastic fiber) 등의 섬유성분(fiber contents), 글리코스아미노글리칸(GAGs), 단백당(proteoglycans), 히알루론산(hyaluronic acid), 혈장 성분, 대사산물, 수분, 이온 등으로 구성된

무형질(바탕질, 기질, ground substance, matrix)로 이루어진다. 그리고, 여러 성분의 비율 등에 의해, 지방조직 등의 성긴(소성)결합조직(loose connective tissue, 기저 성분 혹은 세포 성분이 대부분을 차지하고 있는 결합조직), 힘줄(건, tendon), 인대(ligemant) 등의 치밀(밀성)결합조직(dense connective tissue, 섬유 성분이 대부분을 차지하고 있는 결합조직) 등으로 나뉘어져 있다. 혈액, 림프라 하는 액성결합조직(liquid connective tissue)과 뼈, 연골이라 하는 지지성 결합조직(supportive connective tissue)은 특수화된 결합조직이다.

1) 골조직

골조직(bony tissue)은 세포성분(cell ingredient), 골기질(bone matrix), 섬유성분(교원섬유(fiber contents)으로 되어 있다. 세포성분은 약 2%로 적으며, 골아세포(조골세포, osteoblast), 골세포(osteocyte), 파골세포(osteoclast)가 있다.
골아세포는 새로운 골기질을 생산하는 세포로, 골수강의 내면과 골피질의 외면에 존재한다. 골세포는 골아세포가 분화한 세포로서, 새로운 뼈(기질)를 만드는 능력은 없으나, 골기질을 유지하고 있으며, 층의 사이에 있는 골소강(lacuna of bone)에 넣는다. 파골세포는 골기질을 녹인다(골흡수). 골아세포와 파골세포는 활동의 밸런스가 중요하다. 파골세포의 활동이 골아세포보다도 왕성해지면 뼈는 약해져서, 골다공증(osteoporosis) 등을 일으킨다.

(A) 골조직

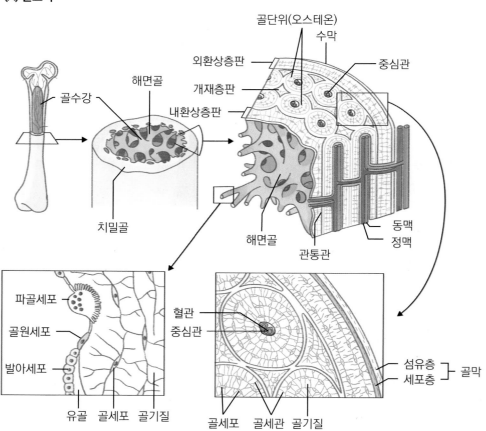

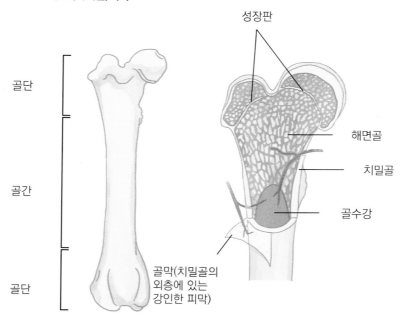

(B) 장골(대퇴골)의 구조

성장판

골단

골간

골단

해면골

치밀골

골수강

골막(치밀골의
외층에 있는
강인한 피막)

그림 2.2 골조직 A, B

세포의 사이를 채워주는 세포간질(interstitial matrix)세포와 세포 사이의 성분)의 약 2/3가 인산칼슘 등의 결정(하이드록시아파타이트(hydroxyapatite)으로부터 골기질에도 있으며, 뼈의 강도에 영향을 미친다. 남은 약 1/3은 교원섬유로 되어 있으며, 뼈의 유연성을 지니게 한다.

골조직에는 항상 골아세포가 새로운 골기질을 만들고, 파골세포가 골기질을 흡수하고 있다. 육안으로는 겉보기에 변화가 없더라도, 늘 끊임없이 대규모의 재구축이 일어나고 있다. 그러므로 골조직은 골절 등의 골의 손상이 생긴 경우에도 수복이 가능하다.

골조직에는 치밀골(compact bone tissue)과 해면골(cancellous bone, spongiosa, spongy bone)이 있다(그림 2.2). 치밀골은 밀도가 높으며 딱딱하고, 해면뼈는 다수의 얇은 판상의 들보가 망목상(스펀지와 같은 작은 구멍이 있는 구조)으로 배열되어 있다.

치밀골에는 동심원주상의 골단위(오스테온(osteon, Haversian system))라고 불리는 구조가 있어, 중앙에는 혈관이 지나가는 중심관(하버스관(central canal, Haversian canal, osteonal cannel))이 있으며,

주위를 골층판(오스테온 층판, osteon lamellae))이 동심원상으로 배열되어 있다. 골층판 사이에는 골세포가 들어가 있는 뼈방(골소강, lacuna osteocyte)이 존재하고, 각각의 뼈방은 골세관(bone canaliculi)에 의해 연결되어 있기 때문에 골세포들끼리는 골세관을 통해서 연결되어 있다. 골단위의 사이에는 개재층판(lamellae)이 있고, 그 주위를 환상층판(circumferential lamella)이 둘러싸고 있다. 혈관이 지나가는 관으로서, 중심관과 수직으로 교차하는 관통관(가로관, 수평관, perforating canel, Volkmann's canal)이 뼈의 외측과 내측(골수강)을 연결한다. 해면골은 치밀골과 비슷한 구조로 되어 있으나, 골단위가 없다.

골수공간, 중심관, 관통관은 편평한 뼈모세포, 뼈모세포, 뼈파괴세포의 층으로 덮여 있는데, 이와 같은 층을 뼈속막(endosteum)이라고 하며, 가장 바깥은 질긴 결합조직 층인 뼈막(periosteum)으로 싸여 있다.

뼈와 칼슘

체내 대부분의 칼슘(calcium, Ca²⁺)은 뼈에 저장되어 있다. 칼슘은 뼈 혹은 치아의 구성성분뿐만 아니라, 근육의 수축이나 신경전달, 지혈, 정상적인 세포 활동의 유지 등 다양한 기능을 하고 있다. 생체내의 칼슘 농도를 유지하기 위해서는 뼈로부터 칼슘 공급도 중요하며, 파골세포와 골세포의 역할에 의해 조정되어 진다.

골기질(bone matrix)

골과 세포간질이 골기질만으로 되어 있는 경우, 뼈는 딱딱해지겠지만, 부서지기 쉽게 무르게 된다. 얼핏, 뼈의 강도를 낮춰주는 것으로 보여지는 섬유 성분은 외부로부터 힘에 저항하는 것이기 때문에 중요한 기능을 한다.

영양과 노폐물의 교환은 전부 기질을 통해 확산하는 것으로 이루어지기 때문에, 손상을 받으면 수복이 어렵다.

연골은 유리(초자)연골(hyaline cartilage), 탄성연골(elastic cartilage), 섬유연골(fibrous cartilage)로 분류된다.

유리연골(hyaline cartilage)은 연골기질이 비교적 풍부하고, 섬유 성분이 적어, 탄력성은 적으나 내구성이 우수한 연골이다. 늑연골, 후두연골(후두덮개를 제외), 기관연골, 관절연골 등이 있다.

탄성연골(elastic cartilage)은 탄성섬유가 비교적 많으며, 탄력성이 높은 연골로, 이개 혹은 후두덮개에서 보여진다.

섬유연골(fibrous cartilage)은 연골기질이 비교적 적고, 교원섬유가 풍부하여 튼튼하며 단단한 연골이다. 추간판(intervertebral disk), 관절의 반월판(semilunar), 골반결합(pelvis symphysis) 등에서 보인다.

3 근육조직

근육조직(muscle tissue)은 수축하는 기능을 가진 조직으로, 근세포의 수축과 이완은 액틴과 미오신이라는 두 가지 종류의 단백질 분자 결합과 분리에 의해 발생한다. 그들의 단백질은 섬유상의 필라멘트를 구성하고 있다. 근조직은 몸(뼈와 피부)를 움직이는 골격근, 내장이나 혈관을 움직이는 평활근, 심장을 움직이는 심근, 이렇게 세 가지로 분류되어 진다(그림 2.4).

2) 연골조직

연골조직(cartilaginous tissue)은 연골세포(chondrocyte), 교원섬유(collagenic fiber)와 탄성섬유(elastic fiber)라고 하는 섬유 성분(fiber contents), 콘드로이친(chondroitin)을 포함하고 있는 딱딱한 젤라틴상의 물질(프로테오글리칸, proteoglycan)로 되어 있는 연골기질로부터 이루어진다(그림 2.3). 뼈보다도 부드럽고 탄력성을 가지며, 특히 압축력에 잘 견디는 특성이 있다. 연골에는 혈관이 없고,

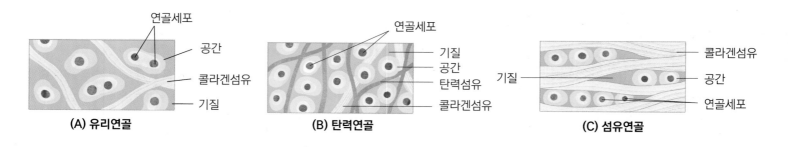

(A) 유리연골 (B) 탄력연골 (C) 섬유연골

그림 2.3 연골조직

1) 근육의 종류

골격근(skeletal muscle)은 신속하며 강력한 수축을 하는 것이 가능하나 피로되기 쉬우며, 반대로 평활근(smooth muscle)은 수축력은 강하지 않은 반면, 쉽게 피로해지지 않는다고 알려져 있다. 한편, 심근(myocardium)은 비교적으로 강한 힘으로 수축을 반복하고 있으며, 피로가 적다고 말해진다. 골격근과 심근의 근세포는 액틴 필라멘트(actin filament)와 미오신 필라멘트(myosin filament)가 규칙적으로 평행으로 나란히 있으며, 현미경으로 근섬유(근세포, myocyte)를 관찰하면 횡문(가로무늬, striated)이라고 불리는 근섬유 중의 모양을 확인하는 것이 가능하다(그림 2.4). 골격근은 의지대로 움직이는 수의근(voluntary muscle)이며, 평활근과 심근은 의지와 상관없이 움직이는 불수의근(involuntary muscle)이다. 각각의 근섬유의 특징을 [표 2.1]에 정리하였다.

2) 골격근의 수축기전

심근과 평활근이 자율신경에 의해 지배되어 있다는 것에 반해, 골격근의 수축은 운동신경(체성운동신경, somatic nervous system(SNS))에 의해 지배되어 있다. 축삭종말로부터 분비되는 신경전달물질(neurotransmitter, 아세틸콜린(acetylcholine))은 근세포내의 근소포체(sarcoplasmic reticulum)라고 불리는 주머니로부터 칼슘이온(Ca^{2+})의 방출을 일으킨다(그림 2.5 ①). Ca^{2+}는 액틴필라멘트에 결합하면 액틴의 미오신 결합 부위가 노출되고, 미오신 머리부분에 결합이 되어 있던 ATP가 분해(ATP → ADP(아데노신이인산+Pi(인산))되어 액틴필라멘트와 결합을 하게 되면 미오신필라멘트가 액틴필라멘트를 끌어당기는 것에 의해 근의 수축이 일어난다(그림 2.5 ②~④). 그리고 새로운 ATP가 미오신 머리부분에 결합되면 액틴과 분리되어 새로운 근수축을 준비한다.

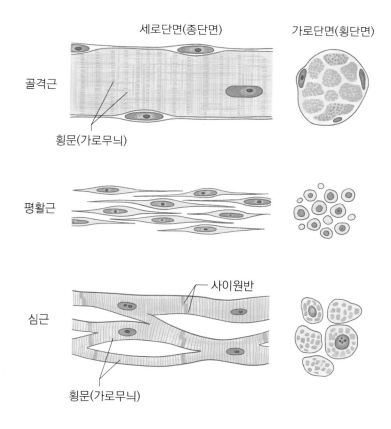

세로단면(종단면)   가로단면(횡단면)

골격근

횡문(가로무늬)

평활근

심근

사이원반

횡문(가로무늬)

그림 2.4 근조직의 종단면과 횡단면

표 2.1 근조직의 특징

	골격근(횡문근)	평활근	심근(횡문근)
횡문	있음	없음	있음
핵	다핵, 변연	단핵, 거의 중앙	1~2개, 중앙
세포의 형태	원주상	방추형	유사원주상(갈라지는 모양)
신경분지	운동신경	자율신경	자율신경
의식에 의한 제어	가능(수의근)	불가능(불수의근)	불가능(불수의근)
존재부위	앞다리, 뒷다리, 체간, 눈, 혀, 항문 등	혈관 및 심장 이외의 내장(소화기, 호흡기, 비뇨기, 생식기)	심장
기능	운동	음식, 오줌 등의 운반, 혈관, 기관내경의 조절 등	혈액의 순환, 혈압의 보존

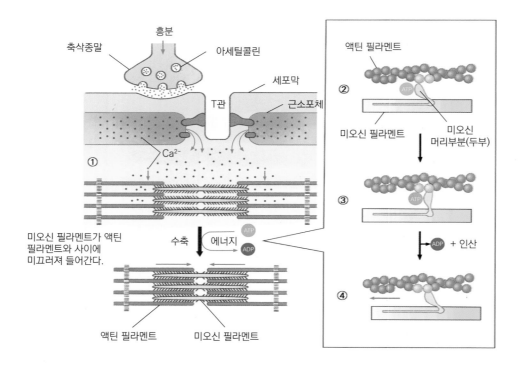

골격근의 수축 기준
① 소포체로부터 방출된 Ca^{2+}에 의해 근수축이 일어난다.
② 미오신 머리부분이 액틴 필라멘트로부터 멀어지고 있는 상태
③ 미오신 머리부분과 액틴 필라멘트의 결합
④ 미오신 필라멘트가 액틴 필라멘트를 끌어당긴다.

그림 2.5 골격근의 수축기전

4 신경조직

신경조직(nervous tissue)은 신경계를 구성하는 기본조직으로, 신경세포(뉴런, neuron)와 신경아세포(글리아세포, gliacyte 또는 glial cell)의 두 종류의 세포로부터 구성된다. 신경세포의 구조와 움직이는 방식은 다음과 같다.

1) 신경조직의 세포

① 신경세포

신경세포(nerve cell)는 정보를 전달하는 세포이다. 핵을 포함하는 세포체와 그것으로 늘어나는 두 종류의 돌기로부터 된다(그림 2.6). 나무와 같이 가지가 나뉘어 있는 돌기를 가지돌기(dendron), 세포체로부터 하나만 나와, 멀리 나아가는 돌기를 축삭(axon)이라고 부른다. 가지돌기와 축삭을 포함하는 하나의 신경세포가 정보를 전달하는 기본적인 기능단위로, 그것을 뉴런(neuron)이라고 부르고, 신경세포와 같은 의미로 사용된다. 신경세포의 전기적 전달은 일방향으로, 다른 신경 세포로부터 정보를 가지돌기와 세포체로 받아, 받

은 정보를 세포의 흥분(전기 신호)으로서 축삭의 선단을 향해 전달한다. 축삭의 선단은 부풀어 있는 형태를 하고 있으며, 축삭종말(신경종말, nerve ending)이라고 한다. 축삭종말은 다음에 정보를 전달하는 세포(신경세포, 근세포 및 샘세포 등)에 접촉해 있으며, 그 접촉부를 시냅스(연접, synapse)라고 한다.

② 신경아교세포

신경아교(교질)세포(neuroglia cell)는 신경세포의 지지 혹은 보존을 담당하고 있다. 중추신경계(central nervous system(CNS))에는 별아교세포(성상교세포, astrocyte), 희소돌기아교세포(oligodendrocyte), 소교세포(microglia)라고 불리는 3종류의 신경아교세포가 있다(그림 2.7).

별아교세포(astrocyte)는 신경아교원섬유(glial fibrils)를 포함하는 많은 돌기를 지니며, 백색질에서는 돌기를 길게 하여 혈관과 신경세포에 접촉하여 있으며, 혈액과 신경섬유의 사이의 물질교환을 담당하고 있다. 희소돌기아교세포(oligodendrcyte)는 그 돌기로 신경섬유의 축삭을 말고, 전기가 통하지 않으므로 절연 물질에 해당하는 원통형의 말이집(myelin sheath)을 만든다. 소교세포(microglia)는 신경조직에 의해 감염 혹은 손상이 일어날 때, 보호작용을 하거나 세포독성을 나타낸다. 뇌에서는 활성화되면 큰포식(대식)세포로 변

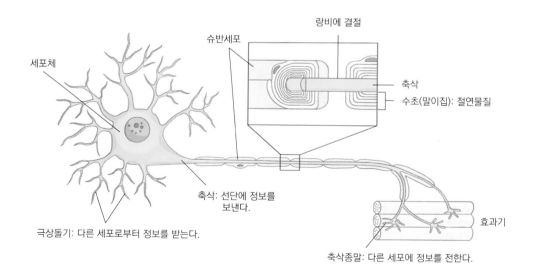

수초는 중추신경계에서는 희돌기교세포,
말초신경계에서는 슈반세포에 의해 형성되어 있다.

그림 2.6 신경세포의 구조

하여 항원을 제시하거나 병원체를 제거하는 포식기능을 수행한다.

③ 신경섬유

신경세포의 축삭과 그를 포함하는 신경아교세포(희소돌기세포 혹은 슈반세포(Schwan's cell))의 수초(말이집, myelin)를 합쳐서 신경섬유(nerve fiber)라고 한다. 신경섬유에는 수초를 지닌 유수섬유(medullated fiber)와 수초가 없는 무수섬유(unmyelinated fibers)가 있다.

2) 신경세포의 흥분과 정보전달

신경세포는 그 외의 세포로부터 자극을 받으면 흥분하는(전기신호 발생) 성질을 갖는다. 그 전기신호를 활동전위(action potential)라고 부르며, 활동전위는 축삭에 전달된다. 활동전위가 축삭 끝까지 전달되면 신경전달물질이라고 하는 화학물질이 방출되며 이 물질은 다음 세포에 신호를 전달하게 된다. 이러한 과정을 전도(conduction)라 부른다.

① 활동전위

세포의 내측과 외측에는 막전위(membrane potential)라고 하는 전위 차이가 존재하며, 이는 세포막의 안팎에 있는 이온 분포의 차이로 인해 발생한다. 흥분하지 않는 신경세포의 내부는 세포 외부에 비해 약 -65mV의 전압을 가지고 있다(그림 2.8). 이때의 막전위를 안정막전위(resting potential)라고 한다. 신경세포가 자극을 받으면, 세포내외에 이온의 유출입이 발생되어 막전위는 안정막전위로부터 정방향으로 감소한다(탈분극, depolarization). 탈분극이 일정 레벨(역치, threshold)을 넘으면, 막전위에 급격한 변화가 생긴다. 그 크기가 변화하는 전위를 활동전위(action potential)라고 한다. 활동전위의 크기는 항상 일정하기 때문에, 신경세포의 활동은 활동전위가 발생하는지 여부에 따라 결정된다. 즉, 활동전위가 발생하면 세포가 흥분하고, 발생하지 않으면 흥분하지 않는다. 이러한 활동전위의 반응에서 나타나는 규칙성을 실무율(all or none) 법칙이라고 한다.

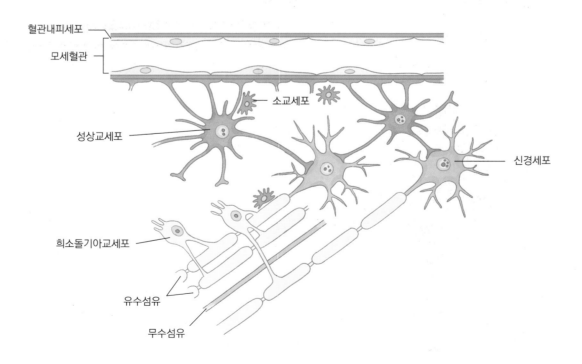

그림 2.7 다양한 신경아교세표

② 활동전위의 전도

활동전위(action potential)가 세포체에서 축삭으로 전달되면, 활동전위가 발생한 축삭의 특정 부분과 다음 세포 간의 시냅스 경계에서 국소전류가 발생한다. 이 전류는 연접부에서 활동전위를 유도하는 자극이 되어, 흥분이 축삭의 끝을 따라 순차적으로 이동하게 된다. 그 전류가 자극이 되어 연접부의 활동전위를 일으키기 때문에, 흥분은 축삭의 선단을 행해서 순번으로 이동한다(그림 2.9). 무수섬유의 경우, 흥분은 바로 옆 부분에 순서대로 전달된다. 유수섬유에서는 축삭이 절연물질(지방성 물질)의 수초로 싸여져 있어, 활동전위는 수초가 없는 부분인 랑비에르 결절(Ranvier nodule)에서 발생한다. 그러므로, 유수섬유에서는 흥분이 수초가 있는 구간을 뛰어넘어 전달되며, 무수섬유에 비해 훨씬 빠르게 전파된다. 이러한 전도 방식은 도약전도(saltatory conduction)라고 한다.

③ 시냅스에 의한 전달

축삭의 선단에 있는 축삭종말은 그 외의 신경세포의 극상돌기 혹은 세포체 등에 접촉해서 시냅스(synapse)를 형성한다(그림 2.10). 축삭종말과 정보를 받아들이는 세포(시냅스후세포, postsynaptic cell)의 사이에는 좁은 공간이 있으며, 시냅스 간극(synaptic cleft)이라고 한다. 축삭종말에는 시냅스 소포(synaptic vesicle)라고 하는 주머니가 있어, 그 안에는 신경전달물질을 저장하고 있다. 활동전위가 축삭종말에 전달되면, 축삭종말로부터 신경전달물질이 시냅스 간극에 방출된다. 그 신경전달물질이 시냅스후세포에 있는 수용체와 결합하는 것으로 시냅스후세포는 작용한다(전달).

시냅스로의 전달은 방출되는 신경전달물질의 종류에 따라, 시냅스후세포에 다른 작용을 일으킨다. 시냅스후세포를 흥분시키는 작용을 하는 시냅스를 흥분성 시냅스, 반응에 흥분을 억제하는 역할을 하는 것은 시냅스를 억제성 시냅스로 부른다(그림 2.10).

신경전달물질(neurotransmitter)

중추신경계(central nervous system(CNS))의 주요한 신경전달물질에는 글루타민산과 감마-아미노뷰티르산(GABA)이 있다. 글루타민산에는 흥분성 작용이, GABA는 억제성 작용이 있다. 말초신경계(peripheral nervous system(PNS))에서는 아세틸콜린이 골격근의 수축 등에 작용한다.

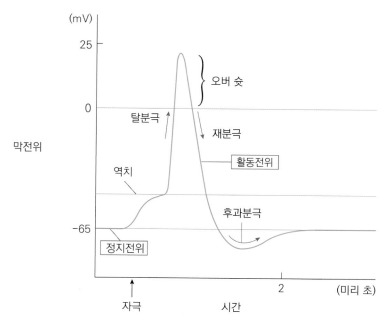

신경세포는 음(마이너스)으로 대전하고 있으나, 자극을 받으면 탈분극하여 스파이크상의 활동전위가 발생한다.

그림 2.8 활동전위

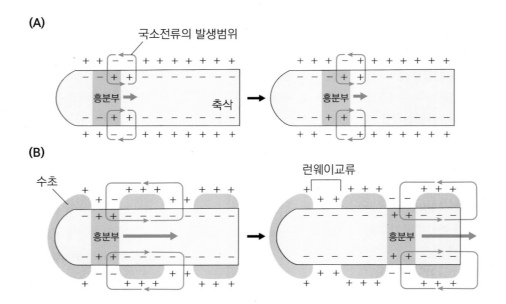

(A) 무수섬유에 발생되는 전도
(B) 유수섬유에 발생되는 전도

무수섬유에서는 활동전위가 인접하는 부분의 순으로 전도하여 간다. 유수섬유에서는 활동전위가
수초의 잘린 부분(런웨이 교류)에서 발생하여, 전도하기 때문에 전도속도는 무수섬유와
비교해서 빨라진다. 그 전도는 도약 전도라고 한다.

그림 2.9 활동전위의 전도

간질(epilepsy)과 시냅스 전달

간질(전간)은 뇌의 신경세포의 과잉 흥분이 원인으로, 동물이 경련이나 몸의 경직을 발생하는 질병이다. 정상은 신경세포에서는 억제성 작용이 감약, 흥분성 작용이 과잉, 시냅스후세포의 수용체 이상 등이 일어나서, 신경세포가 과잉으로 흥분하는 것으로 생각되어진다(그림 2.11).

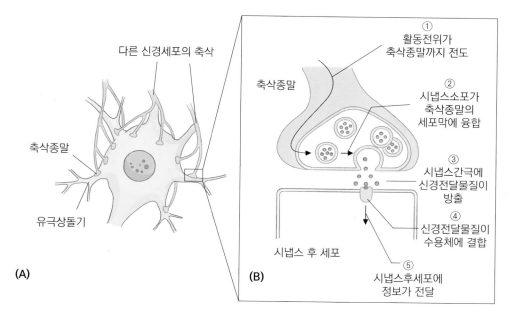

시냅스 전달

(A) 축삭종말

(B) 시냅스에 발생되는 정보의 전달: 축삭종말로부터 방출되는 신경전달물질에 의해, 정보가 다른
    신경세포(시냅스후세포)에 전달된다.

그림 2.10 시냅스 전도

그림 2.11 간질 발작의 병태

몸은 안에서 외계(밖)로 연결되지 않은 공간을 체강(bady cavities)이라고 불리며, 흉곽(thorax, thoracic cage) 내에서 가로막(횡격막, diaphragm)보다도 앞쪽에 있는 흉강(thoracic cavity), 뒤쪽에 있는 복강(abdominal cavity), 그리고 복강으로부터 연결되어 보다 더 뒤쪽에 있는 골반에 둘러싸여 있는 골반강(pelvic cavity)으로 나뉘어져 있다(그림 2.12). 각 체강에 존재하는 장기를 흉강 장기(폐, 심장 등), 복강 장기(위, 장, 간장, 신장 등), 골반강 장기(직장, 방광, 요도의 일부 등)라 한다.

흉벽, 복벽, 골반벽으로 하는 각 체강의 벽(parietal)의 내측과 체강 내에 있는 장기의 표면(visceral)에는 장막이 존재하며, 중피와 결합조직으로 이루어진다. 흉강에 있는 것을 흉막(pleura), 복강과 골반강에 있는 것을 복막(peritoneum)이라고 한다. 장막은 체강 내에 존재하고 있는 부위에 따라, 체벽을 뒤로 닿고 있는 벽측장막, 장기를 싸고 있는 장측장막, 그리고 장기와 장기의 사이를 연결하고 있는 중간장막(간막)으로 나뉘어 있다(그림 2.13). 둘러싸여 있는 장소에 따라 명칭이 변경되나, 이러한 장막은 하나로 연결된 막으로, 체강 내에 접히기를 반복하는 것으로 주머니 모양의 장막강(serous cavity)

을 형성하고 있다. 장관과 장관의 사이를 연결하고 있는 간막은 장간막(mesentery)이라고 한다. 난소를 매달고 있는 간막은 난소간막(mesovarium), 미세혈관과 지방으로 구성된 그물구조인 그물막(omentum)은 위장(stomach)의 큰만곡(greater curvature)에서 시작되는 큰그물막(greater omentum)과 작은만곡(lesser curvature)에서 시작되는 작은그물막(lesser omentum)으로 나뉜다.

흉막으로부터 연결되어 있는 공간을 흉막강(pleural cavity), 복막으로부터 연결되어 있는 공간을 복막강(peritoneal cavity)이라고 부른다. 흉막의 두 개 층에 의해 좌우로 분리되는 중앙부분은 종격(mediastinum)이라고 한다.

정상적으로는 벽측장막, 장측장막, 중간장막은 밀착되어 있으며, 장막강에는 소량의 액체(장액)가 존재하고 있는 곳으로, 실질적인 공간은 없다. 장액(serum)은 장막으로부터 분비되는 림프나 조직액에 가까운 성분으로, 반투명하며 광택감이 있는 액체이며, 체강 내에서 움직이는 장기 등의 주위에 생기는 마찰을 경감시켜 주는 윤활액이 된다. 흉막강 혹은 복막강은 여러 원인에 의해 확대되는 경우가 있다. 예를 들면, 기흉(pneumothorax)은 흉막이 찢어져 공기가 흉막강에 유입되어, 폐의 확장이 억제되고 있는 상태이다. 또한 흉수(pleural effusion fluid) 혹은 복수(ascites)는 장액이 흉막강이나 복막강에 대량으로 저류된 상태이다. 만약 염증에 의해 장액이 증가하는 경우에는 흉수, 복수가 혼탁해진다.

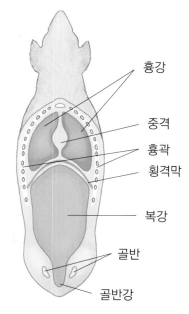

흉강

중격

흉곽

횡격막

복강

골반

골반강

그림 2.12 체강(복측면)

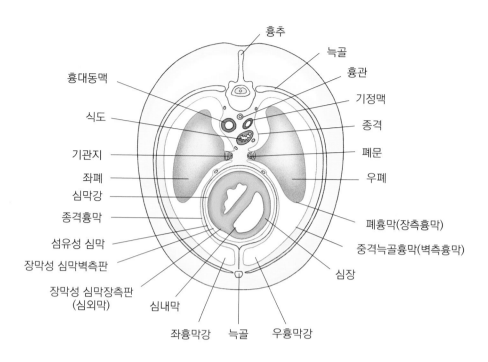

흉추

늑골

흉관

기정맥

종격

폐문

우폐

폐흉막(장측흉막)

중격늑골흉막(벽측흉막)

심장

흉대동맥

식도

기관지

좌폐

심막강

종격흉막

섬유성 심막

장막성 심막벽측판

장막성 심막장측판
(심외막)

심내막

좌흉막강   늑골   우흉막강

그림 2.13 흉강의 횡단면

흉막강이나 복막강 이외에도 몸 안에 닫혀 진 공간으로 장막의 일종인 심막에 의해 둘러싸여진 심막강(pericardial cavity, 장막강의 일종), 수막에 의해 둘러싸여진 두개강(cranial cavity, 두개골 내부에 있는 뇌가 들어가 있는 공간), 척추관(vertebral canal) 등이 있으며, 이들도 체강으로 포함되어 있는 경우도 있다.

흉곽 및 흉곽내복강

흉추(thoracic vertebrae), 늑골(ribs, 늑경골과 늑연골), 흉골(sternum)에 의해 구성되는 가슴의 공간을 흉곽(chest, thoracic cavity)이라고 한다. 심장(heart)이나 폐(lung) 등의 중요한 장기를 보호하고 있다.
횡격막(diaphragm)은 흉곽의 내측으로 들어와 있다. 그러므로, 복강이 흉곽 내에 들어와 있는 것으로, 그 부분은 흉곽내복강이라고 부른다. 흉곽내복강에는 간장(liver), 담낭(gall bladder), 위(stomach), 비장(spleen), 췌장(pancreas) 등이 존재한다.

장막의 회수 기능

장막(serous membrane)은 장액(serous fluid)을 분비하고, 또 스스로 회수하는 것으로 끊임없이 새로운 윤활액을 장기의 주변에 제공하고 있다. 수술 중에 감염증의 예방적 처치로서 항균막이 되는 액체를 복강(정확하게는 복막강)에 뿌려주는 경우가 있으나, 최종적으로는 장막으로부터 흡수된다. 장막은 또한 공기나 가스도 흡수하므로, 복강경 검사(laparoscopy)의 경우에 사용되는 이산화탄소 등도 장막으로부터 흡수된다.

핵심용어

- 상피조직(epithelial tissue): 내장의 속면(점막)을 덮거나 신체의 표면 층을 형성하는 조직
- 결합조직(connective tissue): 신체의 여러 구조를 서로 결합시키고 지지하는 조직을 만들고 있는 조직
- 바탕질(기질(matrix, ground substance), 사이질(interstitium, interstitial tissue)): 조직 구조물이 만들어지는 조직의 세포와 세포 사이의 물질을 이르는 말
- 골조직(bony tissue, osseous tissue): 뼈를 형성하는 특수화한 섬유성 결합조직
- 연골조직(cartilaginous tissue): 관절 내 혹은 뼈의 말단에 존재하여 충격을 완충하는 역할을 하는 연골세포와 기질로 이루어진 결합조직(연골, cartilage)
- 근육조직(muscular tissue): 수축과 이완의 능력을 지닌 근육세포와 세포사이물질로 구성된 조직(근육, muscle)
- 신경조직(nervous tissue): 신경계를 구성하는 주된 조직으로 전기 자극을 받으면 흥분하는 신경세포와 신경아교세포로 이루어진다(신경, nerve).
- 시냅스(연접, synapse): 신경세포접합부라고도 하며 신경세포에서 다른 신경세포, 근육세포, 샘세포 등으로 신호를 전달하는 연결 지점

- 체강(somatic cavity): 동물의 체벽과 내장의 바깥 내벽의 빈 공간
- 흉곽(thorax, thoracic cage): 가슴뼈 · 가슴등뼈 · 갈비뼈에 의하여 바구니 모양으로 이루어진 흉부의 골격
- 가슴안(흉강, thoracic cavity): 흉곽의 내강, 목과 가로막 사이의 부분. 심장, 허파 등이 있다.
- 가슴막(흉막, pleura): 폐의 표면 및 흉부의 내면을 뒤덮는 장막
- 가슴막안(흉막강, pleural cavity): 폐를 중심으로 내외로 감싸고 있는 두 겹의 장막으로 이루어진 공간
- 배안(복강, abdominal cavity): 복막에 둘러싸여 있는 공간이며 아래쪽에는 골반강이 있다.
- 배막(복막, peritoneum): 복강과 골반강에서 벽의 안쪽 면과 장기의 표면을 덮고 있는 장막
- 배막안(복막강, peritonal cavity): 복강 장기를 중심으로 내외로 감싸고 있는 두 겹의 장막으로 이루어진 공간
- 장간막(mesentery): 복강내의 장을 매달아 유지하는 복막의 일부분
- 골반안(골반강, pelvic cavity): 골반으로 둘러싸인 체내의 공간

1. 다음 중 조직학적 분류로 적합하지 않은 것은?

① 상피조직

② 결합조직

③ 뼈조직

④ 근육조직

⑤ 신경조직

2. 다음 중 결합조직에 해당하지 않은 것은?

① 혈액

② 근육

③ 뼈

④ 연골

⑤ 콜라겐

3. 흉강과 복강을 나누는 기준이 되는 신체의 구조는?

① 흉막

② 복막

③ 장막

④ 비막

⑤ 횡격막

4. 심장, 혈관, 림프관의 속면을 덮는 상피세포의 형태는?

① 단층편평상피

② 단층입방상피

③ 단층원주상피

④ 중층편평상피

⑤ 이행상피

5. 연골조직 중, 유리연골로 이루어진 기관이 아닌 것은?

① 관절표면

② 코

③ 후두

④ 척추사이원반

⑤ 기관

6. 신경조직에 대한 설명으로 올바른 것은?

① 신경세포체로부터 한 가닥 길게 뻗어 나온 것을 축삭이라 한다.

② 유수신경이 무수신경보다 전기자극의 전도 속도가 느리다.

③ 신경세포가 흥분하는 전기신호를 정지전위라고 한다.

④ 가지돌기는 신경의 신호를 내보내는 역할을 한다.

⑤ 랑비에 결절이 있는 신경섬유가 랑비에 결절이 없는 섬유보다 전파 속도가 느리다.

7. 치밀뼈 조직에서 확인할 수 없는 구조는?

① 하버스관

② 뼈세포

③ 뼈방

④ 층판

⑤ 골수강

8. 근육조직에 대한 특징으로 올바르게 연결된 것은?

① 뼈대근육 – 불수의근

② 뼈대근육 – 세로무늬(종문)근

③ 민무늬근육 – 불수의근

④ 민무늬근육 – 사이원반

⑤ 심장근 – 수의근

9. 흉수가 존재하는 공간을 무엇이라 하는가?

① 흉강

② 흉막강

③ 복강

④ 복막강

⑤ 골반강

10. 복강에서 내장 기관들을 매달고 있는 장막을 무엇이라고 하는가?

① 흉막(pleura)

② 심장막(pericardium)

③ 가로막(diaphragm)

④ 장간막(mesentary)

⑤ 큰그물막(greater omentum)

🗂 참고문헌

1. 동물해부생리학 개론. introduction to veterinary anatomy and physiology texbook second edition. 동물해부생리학 교재연구회 역. 범문에듀케이션. 2014.

2. 수의조직학. 제3개정판. Dellmann's Textbook of Veterinary Histology 한국수의조직학교수협의회 역. 범문에듀케이션. 2017.

3. 수의생리학. 제4판. 강창원 외. 광일문화사. 2006.

4. 동물 간호 교과서. 녹서방편집부. 녹서방. 2020.

CHAPTER 3
동물체의 골격관절계

학습목표

- 뼈의 기능과 구조를 설명할 수 있다.
- 골격계의 각 부분을 구성하는 뼈의 이름과 위치를 알고, 역할을 설명할 수 있다.
- 관절의 종류와 특징을 이해하고 기능을 구별할 수 있다.

학습개요

꼭 알아야 할 학습 Must know points
- 뼈의 기능과 구조
- 몸통뼈대의 구성
- 다리뼈대의 구성
- 관절의 분류와 특징

알아두면 좋은 학습 Good to know
- 개와 고양이의 차이점
- 치식
- 척추식

골격계(skeletal system)는 뼈(bone), 연골(cartilage), 인대(ligament)와 같은 결합조직과 관절(joints)로 구성되어 있으며, 이것이 함께 몸의 틀을 형성한다. 뼈대는 몸통뼈대(axial skeleton), 다리뼈대(appendicular skeleton)와 내장뼈(splanchnic skeleton; Visceral skeleton)로 나뉜다.

1   뼈

1) 뼈의 기능

뼈는 단순히 몸을 지지하고 보호하는 기능을 넘어, 다양한 생리학적 과정에서 중요한 역할을 수행한다. 뼈의 주요 기능으로는 **지지, 보호,** 운동, 저장, 조혈작용이 있다. 뼈는 신체의 형태를 유지하고 연부조직과 장기를 지지하며, 주요 장기를 외부 충격으로부터 보호한다. 또한, 뼈는 근육과 인대의 부착점으로 작용하여 근육 수축 시 신체의 다양한 부분을 움직이게 하는 **운동성**을 제공한다. 이 외에도 칼슘과 인을 포함한 **무기질 저장소**로 필요할 때 혈류로 무기질을 방출하여 체내 무기질 균형을 유지한다. 마지막으로, 뼈 내부의 골수는 적혈구, 백혈구, 혈소판 등 혈구를 생성하는 **조혈작용**을 담당한다.

2) 뼈의 구조

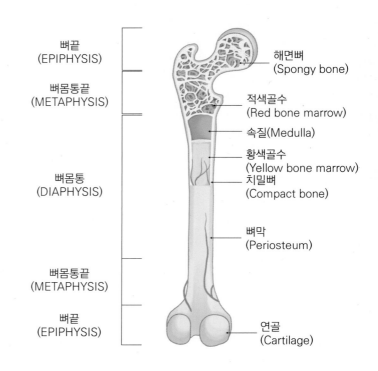

그림 3.2 뼈의 구조

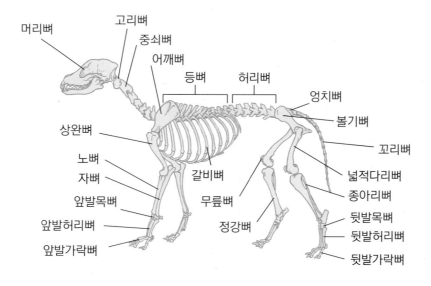

그림 3.1 개의 골격

뼈는 뼈막, 겉질, 뼈속막, 속질로 구성된다. **뼈막(periosteum)**은 관절연골(articular cartilage)을 제외한 모든 뼈의 바깥면을 덮어 뼈를 보호한다. 이중막 구조로 이루어진 바깥막은 힘줄(tendon)과 인대가 부착하고, 속막은 뼈막이 뼈에 단단히 붙도록 한다. **겉질(cortex)**은 뼈막 아래에 위치하며, **치밀뼈(compact bone)**와 **해면뼈(spongy bone)**로 이루어져 뼈를 보호하고 지지한다. 치밀뼈는 긴뼈의 몸통, 짧은뼈, 납작뼈, 불규칙뼈의 표면을 형성하며, 해면뼈는 적색골수(red bone marrow)를 보호하고 뼈의 무게를 줄여 움직임의 효율을 높인다. 뼈속막(endosteum)에는 **뼈모세포(oteoblast)**와 뼈파괴세포(osteoclast)가 존재한다. **속질(medulla)**은 골수공간과 그 안에 있는 골수 및 혈관으로 이루어진다. **골수(bone marrow)**는 조혈작용이 활발한 적색골수와, 나이가 들수록 지방세포로 대체되는 황색골수(yellow bone marrow)로 나뉜다(그림 3.2).

3) 뼈의 발생과 성장

뼈의 발생인 **뼈되기(ossification)**는 막뼈되기와 연골뼈되기로 구분된다. **막뼈되기(membranous ossification)**는 **막내골화(intramembranous ossification)**라고도 하며, 연골 단계를 거치지 않고 섬유성 결합조직 내에서 직접 뼈가 형성된다. 주로 뼈의 굵기를 성장시키는 과정이며, 얼굴뼈(facial bone)나 뒤통수뼈(occipital bone)와 같은 납작뼈(Flat bone)가 이 방식으로 형성된다. **연골뼈되기(cartilaginous ossification)**는 **연골내골화(endochondral ossification)**라고 하며, 연골이 뼈로 변하는 과정을 의미한다. 대부분의 긴뼈(Long bone)는 이 과정을 통해 형성되며, 주로 뼈의 길이 성장을 담당한다.

(1) 막뼈되기

1. 섬유성 결합조직으로 구성된 막의 중앙부위에 뼈되기가 시작되는 뼈되기중심(ossification center)이 형성된다.
2. 유기성 뼈바탕질(bone matrix)인 풋뼈조직(osteoid tissue)에 무기물이 침착되면서 뼈모세포가 뼈세포로 전환된다.
3. 바깥쪽은 치밀뼈가 되고 안쪽은 해면뼈가 된다.

(2) 연골뼈되기

1. 유리연골이 나중에 형성될 뼈의 모양대로 형성된다.
2. 뼈몸통(diaphysis)에 일차뼈되기중심(primary ossification center)이 형성되고 해면뼈(spongy bone)의 성분이 많다.
3. 뼈끝(epiphysis)에서 이차뼈되기중심(secondary ossification center)이 형성되고 치밀뼈의 성분이 많다.
4. 뼈끝에 얇은 층을 이루는 관절연골(articular cartilage)과 성장판(growth plate)이라고도 불리는 뼈끝판(epiphyseal plate)이 일차뼈되기중심과 이차뼈되기중심 사이에 남는다. 뼈끝판은 동물이 성장하는 동안 뼈의 길이 성장에 관여하고 성장을 마치면 뼈조직으로 대체된다.

4) 뼈의 모양

뼈는 모양에 따라 긴뼈, 짧은뼈, 납작뼈, 불규칙뼈, 종자뼈, 공기뼈로 분류된다. **긴뼈(long bone)**는 뼈몸통(diaphysis; shaft)과 뼈끝(epiphysis)으로 구성되며, 뼈끝에 가까운 뼈몸통을 뼈몸통끝(metaphysis)이라고 한다(그림 3.2). 성장 과정에서 성장판(growth plate)이 존재하며, 성장이 완료되면 사라진다. 대표적인 예로는 넓적다리뼈(femur)와 상완뼈(humerus)가 있으며, 길이가 긴 것이 특징이다. **짧은뼈(short bone)**는 손목뼈와 발목뼈에만 존재하며, 다양한 모양을 가진다. **납작뼈(flat bone)**는 어깨뼈와 같은 근육 부착을 담당하거나, 머리뼈처럼 중요한 장기를 보호하는 역할을 한다. 이러한 뼈들은 얇고 평평한 형태를 가진다. **불규칙뼈(irregular bone)**는 척추뼈처럼 모양이 복잡하며, 근육과 인대가 부착되거나 관절 형성에 중요한 역할을 한다. **종자뼈(sesamoid bone)**는 무릎뼈처럼 관절 부위의 힘줄을 보호하며, 마찰이 많이 발생하는 곳에 위치한다. 씨앗 모양을 하고 있어 '종자뼈'라 불린다. **공기뼈(pneumatic bone)**는 이마뼈의 이마굴(frontal sinus)과 같이 내부에 공기 공간이 있어 뼈의 무게를 줄여주는 역할을 한다.

2 몸통뼈대

몸통뼈대(axial skeleton)는 머리뼈(skull), 혀뼈(hyoid bones), 척주뼈(vertebral column), 갈비뼈(rib)와 복장뼈(sternum)로 구분되며, 머리뼈는 50개, 척주뼈는 50개, 갈비뼈는 26개, 복장뼈는 8개의 뼈로 되어 있다.

1) 머리뼈

머리뼈(skull)는 뇌를 둘러싸고 있는 **뇌머리뼈**(cranium)와 눈, 호흡기 및 소화기의 통로를 둘러싸는 **얼굴뼈**(facial bones)로 구분되며, 뇌와 얼굴을 보호하고, 형태 안정성을 제공한다.

(1) 뇌머리뼈(Cranium)

뇌머리뼈는 머리뼈의 등쪽과 뒤쪽을 형성하며, 뒤통수뼈, 마루뼈, 이마뼈, 관자뼈, 나비뼈, 벌집뼈로 구성된다. 이 구조는 뇌를 보호하고 주요 신경과 혈관이 지나가는 통로를 제공하는 역할을 한다(그림 3.3).
뒤통수뼈(occipital bone)는 몸체에서 가장 큰 뼈 구멍인 **큰구멍**(foramen magnum)을 통해 뇌줄기와 척수가 연결된다. 이 구멍 양

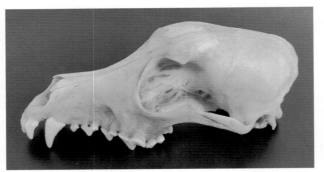

사진 3.1 머리뼈

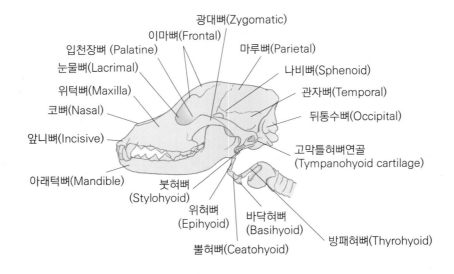

그림 3.3 머리뼈

옆에 있는 **뒤통수뼈관절융기**(occipital condyle)는 첫 번째 목뼈인 고리뼈(atlas)와 관절한다. **마루뼈**(parietal bone)는 뇌머리뼈의 등쪽과 가쪽을 차지하며, 이마뼈와 함께 **머리덮개**(calvaria)를 형성한다. 마루뼈 가쪽에는 관자근이 부착되는 관자우묵(temporal fossa)이 있으며, 개의 경우 이 부위가 불룩하게 되어 있다.

이마뼈(frontal bone)는 눈확(orbital)을 형성하는 **눈확인대**(orbital ligament)의 부착점이 되고, **이마굴**(frontal sinus)이 있어 코안과 통한다. **관자뼈**(temporal bone)는 머리의 뒤가쪽에 위치하며, 비늘부분, 고실부분, 암석부분으로 나뉜다. 비늘부분에는 아래턱뼈와 관절하는 턱관절오목(mandibular fossa)과 광대활(zygomatic arch)이 있는 광대돌기(zygomatic process)가 있다. **고실부분**에는 소리를 가운데귀로 전달하는 바깥귀길(external acoustic meatus)과, 가운데귀와 귓속뼈를 감싸는 고실융기(tympanic bulla)가 위치한다. 이 구조 내부에는 고실(tympanic cavity)과 유스타키오관이라고도 불리는 귀관(auditory tube)이 있어 고막의 압력을 조절한다. **암석부분**은 머리뼈의 내강에서 중요 신경과 혈관을 보호하며, 근육 부착점인 꼭지돌기(mastoid process)만 밖에서 관찰된다. **나비뼈**(sphenoid bone)는 바닥나비뼈와 앞나비뼈로 나뉘며, 머리뼈의 바닥에 위치하여 다양한 신경과 혈관이 지나가는 통로를 제공한다. **벌집뼈**(ethmoid bone)는 머리뼈 내강에 위치해 비강과 두개강을 나누며, 코뼈와 보습뼈, 이마뼈와 함께 비강을 오른쪽과 왼쪽으로 나누어 코중격을 형성한다.

(2) 얼굴뼈(Facial bones)

얼굴뼈는 총 36개의 뼈로 구성되어 있으며, 호흡 및 후각 기능을 보조하고 치아가 자리 잡을 수 있는 넓은 면적을 제공한다. 얼굴뼈의 앞부분(apex)은 뾰족하고 뒤로 갈수록 넓어지며, 뇌머리뼈와 이어진다. 얼굴뼈는 위턱뼈, 앞니뼈, 광대뼈, 눈물뼈, 아래턱뼈, 입천장뼈, 코뼈, 코선반, 보습뼈, 날개뼈로 이루어져 있으며, 보습뼈를 제외한 나머지 뼈는 쌍을 이루고 있다(그림 3.3).

위턱뼈(maxilla)는 위턱어금니와 송곳니를 가지고 있으며, **앞니뼈**(incisive bone)는 앞니 세 개를 가지고 있다. **광대뼈**(zygomatic)는 위턱뼈의 관자광대돌기(zygomatic process), 관자뼈의 위턱관대돌기와 함께 광대활(zygomatic arch)을 형성하여 머리뼈의 가쪽에 위치한다. 광대뼈는 눈확(orbit)의 일부를 구성하며, 개의 품종과 얼굴 형태에 따라 그 크기와 모양이 다르다. 안구가 자리잡은 공간

을 눈확(orbit)이라고 한다. 눈확의 아래부분에는 위턱뼈가 위치하고, 눈확의 앞 안쪽에는 **눈물뼈**(lacrimal bone)가 자리잡고 있다. 눈물뼈에는 눈물주머니오목이 있어, 코눈물관을 통해 눈물이 배출된다. 아래턱을 구성하는 **아래턱뼈**(mandible)는 좌우측뼈가 **아래턱뼈결합**(mandibular symphysis)을 하고 관자뼈의 턱관절오목에서 **턱관절**(temporomandibular joint)을 만든다. 아래턱뼈는 수평부분인 턱뼈몸통(body of mandible)과 수직부분인 턱뼈가지(ramus of mandible)로 나뉜다. 몸통에는 이틀(alveolus)이 있고, 가지에는 턱관절을 형성하는 **관절돌기**(condylar process)와 깨물근이 부착하는 **깨물근오목**(masseteric fossa)이 있다(그림 3.4). 얼굴뼈 배쪽면에 입천장뼈, 위턱뼈, 앞니뼈의 일부들이 단단입천장을 이룬다. **입천장뼈**(palatine bone)는 단단입천장의 뒤쪽 1/3을 구성하며 음식물이 입을 통해 이동할 때 물리적인 장벽이 된다. **코뼈**(nasal bone)는 뒤쪽은 좁고 앞쪽이 넓어지는 긴 형태를 하고 있으며, 품종에 따라 크기와 모양이 다양하다. 코의 안쪽은 **코중격**(nasal septum)으로 양쪽이 대칭으로 나뉘어 **콧길**(nasal meatus)을 따라 뒤콧구멍까지 이어진다. 코중격의 뼈 부분은 벌집뼈, 이마뼈, 보습뼈 일부로 구성된다. 코안에는 점막에 덮여 공기정화와, 흡입한 공기의 온도를 유지하는 **코선반**(concha)이 있다. **보습뼈**(vomer)는 얇고 길며 코안의 배쪽에 있으며 쌍을 이루지 않은 단일구조이다. 입천장뼈와 나비뼈 사이에 위치하며 코중격의 뼈 부분을 구성한다. **날개뼈**(pterygoud bone)는 머리뼈의 배쪽에서 입천장뼈와 나비뼈와 관절해 있고 인두의 측면벽을 구성한다.

(3) 치아(Teeth)

치아는 위턱의 위치아활과 아래턱의 아래치아활에 위치하며, 아래치아활이 위치아활보다 좁다. 윗니는 앞니뼈에 뿌리를 두는 **앞니**(incisor teeth; I), 조금 떨어져 위턱뼈에 뿌리를 두는 **송곳니**(canine teeth; C), 그 뒤에 **작은어금니**(premolar teeth; PM)와 **큰 어금니**(molar teeth; M)로 구성된다. 일반적으로 아랫니도 윗니와 유사하지만, 큰어금니가 하나 더 있다는 차이점이 있다. 윗니와 아랫니 각각 앞니 3개, 송곳니 1개, 작은어금니는 4개이며, 큰어금니는 윗니 2개 아랫니 3개이다. 위턱뼈에서 가장 큰 어금니는 넷째작은어금니(PM4)이고, 아래턱뼈에서 가장 큰 어금니는 첫째큰어금니(M1)인데 이들을 **절단치아**(shearinr teeth)라고 한다.

치아는 치아관(crown of tooth), 치아뿌리(root of tooth), 치아목

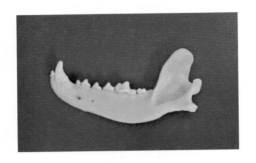

사진 3.2 아래턱뼈

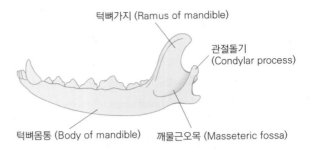

그림 3.4 아래턱뼈

(neck of tooth)을 갖고 있다. 개의 탈락치아(유치)는 생후 4주에서 8주 사이에 빠지며, 첫째 작은어금니와 모든 큰어금니는 탈락치아가 없다. 일반적으로 마지막 영구치는 6개월에서 7개월이 되면 난다. 개의 치아식은 다음과 같다.

$$I \frac{3}{3} \; C \frac{1}{1} \; PM \frac{4}{4} \; M \frac{2}{3} = \frac{10}{11}$$

영구치아 치아식 (좌우합 42개)

$$I \frac{3}{3} \; C \frac{1}{1} \; PM \frac{3}{3} = \frac{7}{7}$$

탈락치아 치아식 (좌우합 28개)

치아번호 부여 규칙과 고양이의 치아식

- 치아의 번호는 앞쪽에서부터 번호를 부여하며, 오른쪽 왼쪽 각각 앞니부터 I1~I3, C1, PM1~PM4, M1~M3으로 표기된다. Modified Triadan System을 기준으로 부여된 치아 번호는 오른쪽윗니, 왼쪽윗니, 왼쪽아랫니, 오른쪽아랫니의 방향으로 1, 2, 3, 4의 쿼드란트(Quadrant) 번호를 부여하고, 그 뒤에 각 쿼드란트구역 치아의 앞쪽 순서대로 01~10의 치아 위치 숫자를 부여해 두 숫자를 함께 표기한다(예:101~110, 201~210, 301~311, 401~411).
- 고양이는 광대활(zygomatic arch)이 발달되었고, 관자우묵이 개보다 더 크다.
- 고양이의 치아식은 다음과 같다.

$$I \frac{3}{3} \; C \frac{1}{1} \; PM \frac{3}{2} \; M \frac{1}{1} = \frac{8}{7} \qquad I \frac{3}{3} \; C \frac{1}{1} \; PM \frac{3}{2} = \frac{7}{6}$$

영구치아 치아식 (좌우합 30개)   탈락치아 치아식 (좌우합 26개)

2) 혀뼈

혀뼈장치(hyoid apparatus)는 혀와 후두를 머리뼈에 연결하는 9개의 뼈와 한 쌍의 연골로 구성되며, 관자뼈 바위부분의 꼭지돌기(mastoid process)에서부터 후두의 방패연골까지 자리 잡고 있다. 이는 단일뼈가 아닌 여러 개의 작은 뼈들이 연결된 복잡한 구조로, 혀와 후두 및 인두의 움직임에 중요한 역할을 한다. 혀뼈장치는 한개의 바닥혀뼈, 한 쌍씩의 뿔혀뼈, 위혀뼈, 붓혀뼈, 방패혀뼈의 뼈 구조와 한쌍의 연골 구조인 고막틀목뿔뼈연골로 이루어진다(그림 3.3). **바닥혀뼈**(basihyoid)는 혀뼈(hyoidbone)의 중심에 위치한 유일한 단일구조로 다른 혀뼈들이 부착된다. **뿔혀뼈**(ceretohyoid)는 바닥뼈와 연결되어 혀와 후두의 움직임에 중요한 역할을 하며, **위혀뼈**(epihyoid)는 뿔혀뼈 위쪽에 위치해 혀의 운동을 돕는다. **붓혀뼈**(stylohyoid)는 혀의 상부구조로 머리뼈에 부착하여 혀뼈를 지지한다. **방패혀뼈**(thyrohypoid)는 머리뼈에 부착해 후두와 인두의 움직임을 조절한다. **막틀목뿔뼈연골**(tympanohyoid cartilage)은 붓혀뼈를 머리뼈와 연결하는 역할을 한다.

3) 척주뼈

척주(vertebral column)는 **목뼈**(cervical vertebrae), **등뼈**(thoracic vertebrae), **허리뼈**(lumbar vertebrae), **엉치뼈**(sacral vertebrae), **꼬리뼈**(caudal vertebrae)로 구성된다(그림 3.1). 이들은 순서대로 7개, 13개, 6개, 3개, 20여 개로 이루어진 총 약 50개의 불규칙뼈이다. 단어의 첫글자와 해당 그룹의 뼈의 갯수를 결합한 것이 척추공식(vertebral formula)이 되며 개의 척추공식은 C7 T13 L7 S3 Cd20 이다. 꼬리뼈의 경우는 일부 품종에서는 비교적 일정하지만, 많은 개의 꼬리뼈 갯수가 일정하지 않다. 엉치뼈를 제외한 모든 척추뼈는 서로 분리되어 있으며, 인접한 척추와 관절을 이루어 가동성을 제공한다. 척추뼈는 척수(spinal cord)와 신경뿌리를 보호하고, 머리를 지지하고, 근육 부착면을 제공한다. 개별 척추뼈의 움직임은 제한적이지만 척추 전체는 유연성을 가진다.

전형적인 척추뼈는 **척추몸통**(body of vertebra), **척추고리**(vertebral arch), **가로돌기**(transverse process), **가시돌기**(spinous process), 관절돌기(articular process)로 구성된다. 척추몸통은 중앙이 약간 좁아져 있으며, 앞쪽 관절면은 약간 볼록하고, 뒤쪽 관절면은 약간 오목하게 되어 있다. 척추몸통 사이는 섬유연골로 이루어진 **척추사이원반**(intervertebral disc)이 존재하여 척수사이를 연골관절로 연결한다. 척추몸통에서 뻗어나온 척추고리는 왼쪽과 오른쪽 고리판으로 되어 있고, 척추몸통과 함께 척수신경과 혈관들이 지나가는 **척추구멍**(vertebral foramen)을 형성하고, 척추구멍들이 서로 이어져 **척추관**(vertebral canal)을 형성한다. 왼쪽와 오른쪽 척추고리판이 등쪽 정중에서 만나 한개의 가시돌기를 형성한다. 척추고리가 척추몸통과 만나서 가쪽에서 한쌍의 가로돌기를 형성한다. 척추고리판과 척추고리뿌리가 만나는 부위에 앞뒤 각 한쌍의 관절돌기가 형성되어 척추사이를 윤활관절로 연결한다.

(1) 목뼈(Cervical vertebrae)

목뼈는 7개로 구성되며, 머리와 목을 지탱하고 움직임을 가능하게 하는 중요한 구조이다. 7개의 목뼈 중에 첫째목뼈(C1)와 둘째목뼈(C2)는 다른 목뼈와 뚜렷하게 다르다. 첫째목뼈(C1)는 **고리뼈**(atlas)라고 하며, 가시돌기가 없고, 가로돌기가 두껍고 넓게 발달되 **고리뼈날개**(wing of atlas)를 형성한다. 머리뼈의 뒤통수뼈관절융기와 관절하여 머리뼈를 지탱하고, 굽힘과 폄 운동을 한다. 둘째목뼈(C2)는 **중쇠뼈**(axis)라고 하며, 다른 척추와 달리 척추몸통에서 돌출되어 나온 **치아돌기**(dens)가 존재한다(그림 3.5). 치아돌기는 고리뼈의 뒤쪽과 관절하여 회전운동이 일어난다. 중쇠뼈의 가시돌기는 앞뒤로 길쭉하게 뻗어있으며 척추와 머리를 지지하고 목을 안정화시키는 강력한 인대인 **목덜미인대**(nuchal ligament)가 부착한다. 세번째(C3), 네번째(C4), 다섯번째(C5) 목뼈는 다른 목뼈와 약간의 차이는 있으나 구분이 어렵다. 여섯번째(C6)와 일곱번째(C7) 목뼈는 충분히 구별이 가능한 차이를 보이는데 여섯번째 목뼈는 가시돌기가 높고 가로돌기가 넓게 확장되며, 일곱번째 목뼈는 목뼈 중 가시돌기가 가장 높다.

> #### 고양이 목뼈의 구조적 차이
>
> - 고양이의 여섯번째목뼈(C6) 가로돌기는 개에 비하여 두드러지게 넓지 않다.
> - 고양이는 무거운 머리를 지지해주는 구조인 목덜미인대(nuchal ligament)가 없다. 이것은 고양이 척추의 유연성을 극대화 시킨다.

(2)　등뼈(Thoracic vertebrae)

등뼈는 13개로 구성되어 허리뼈의 두배가량 많지만 몸통이 목뼈나 허리뼈보다 짧아 등길이가 허리보다 1/3 정도만 더 길다. 등뼈는 갈비뼈의 머리와 관절하는 앞·뒤 갈비오목(cranial/ caudal costal fovea)이 몸통에 있으며, 갈비뼈의 결절과 관절하는 가로돌기갈비오목(transvers fovea)이 가로돌기에 있다(그림 3.6). 갈비오목은 대략 열번째(T11) 이후부터 앞갈비 오목만 있다. 등뼈는 가시돌기가 높은 것이 특징이지만 뒤로 갈수록 차례로 감소한다. 9번째(T9)와 10번째 등뼈(T10)를 지나면서 뒤쪽으로 더 기울어지고 짧아지며, 11번째등뼈(T11)에서 수직이 된다. 수직이 된 11번째 등뼈(T11)를 수직척추뼈(anticlinal vertebra)라고 하며 이후 등뼈의 가시돌기는 앞을 향한다(그림 3.7). 등뼈의 관절돌기의 관절면 방향이 앞쪽과 뒤쪽이 달라서 앞쪽과 뒤쪽의 운동방향이 다르게 나타난다. 10번등뼈(T10)까지는 등쪽과 앞안쪽방향으로 관절하여 측면운동이 가능하며, 10번(T10)부터 13번(T13)까지는 관절면이 앞면의 관절돌기의 관절면이 가쪽으로 이동하면서 측면운동은 어렵고, 굽힘 폄 운동을 할 수 있다.

(3)　허리뼈(Lumbar vertebrae)

허리뼈는 7개로 구성되며, 등뼈보다 몸통이 길다. 가시돌기는 앞쪽으로 기울어져 있고, 중간에서 가장 높고 크다. 허리뼈의 가로돌기는 머리쪽을 향하고 있다. 관절돌기는 시상면에 위치하여 굽힘과 폄 운동을 할 수 있다(그림 3.8).

(4)　엉치뼈(Sacrum)

엉치뼈는 세 개의 엉치척추뼈가 융합된 것이다. 볼기뼈(hip bone)와 관절하며 엉덩뼈(ilium)의 사이에 위치한다(사진 3.6). 엉치뼈의 앞으로 향해있는 면은 엉치뼈바닥(base of sacrum)이고 엉치뼈바닥의 배쪽 부분의 가로 방향의 모서리가 엉치뼈곶(promontary)이다. 엉치뼈곶은 볼기뼈와 함께 앞골반문을 형성하고, 암컷의 경우 산도(birth canal)가 된다.

(5)　꼬리뼈(Caudal vetebra)

꼬리뼈의 평균 개수는 20개이며, 6개부터 23개까지 다양하다. 꼬리뼈의 앞쪽 부위는 척추뼈의 일반적인 형태를 가지고 있으나 뒤로 갈수록 점차 단순한 막대 모양으로 축소되어 마지막 꼬리뼈는 매우 작고 끝이 뾰족한 돌기로 끝난다. 꼬리뼈에는 네번째, 다섯번째, 여섯번째 꼬리뼈의 몸통배쪽 표면과 관절되 있는 혈관고리(hemal arch)가 있으며, 정중꼬리동맥을 보호하는 기능을 한다.

4)　갈비뼈와 복장뼈

(1)　갈비뼈(Rib)

갈비뼈는 등쪽 중앙의 척주뼈, 배쪽 중앙의 복장뼈와 함께 가슴우리(thorax)안의 중요 장기를 보호한다. 갈비뼈는 13쌍으로 이루어져 있으며 각 갈비뼈는 등쪽의 뼈부분과 배쪽의 연골부분을 가지고 있

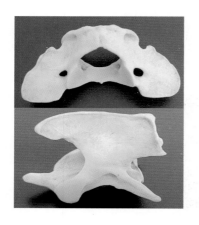

사진 3.3 고리뼈와 중쇠뼈

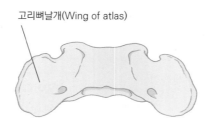
고리뼈날개(Wing of atlas)

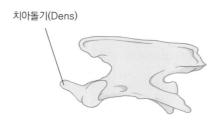
치아돌기(Dens)

그림 3.5 고리뼈와 중쇠뼈

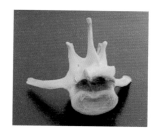
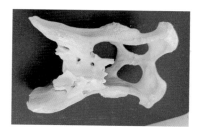

사진 3.4 여섯번째등뼈와 열두번째등뼈   사진 3.5 다섯번째 허리뼈   사진 3.6 볼기뼈와 엉치뼈

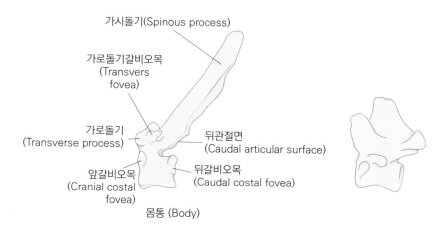

그림 3.6 여섯번째등뼈와 열두번째등뼈

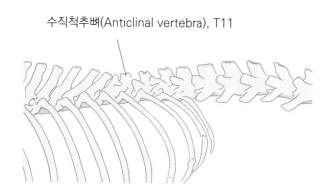

그림 3.7 수직 척추뼈

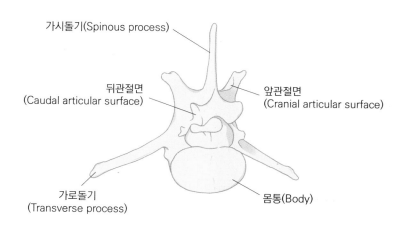

그림 3.8 다섯번째 허리뼈

다. 첫번째부터 아홉번째의 갈비뼈는 갈비뼈와 직접 관절하여 참갈비뼈(true ribs)라고 하며, 뒤의 네 개의 갈비뼈는 직접 갈비뼈와 관절하지 않아 거짓갈비뼈(false ribs)라고 한다. 열번째, 열한번째, 열두번째 갈비연골은 서로 합쳐져서 갈비활(costal arch)을 형성한다. 그리고, 마지막 열세번째 갈비뼈의 연골부분은 어디에도 부착되지 않아서 뜬갈비뼈(floating rib)라고 한다. 일반적인 갈비뼈는 일곱번째 갈비뼈로 예시되며, 갈비뼈머리(head of rib), 갈비뼈목(neck of rib), 갈비뼈결절(tubrcle of rib)로 되어 있다(그림 3.9).

(2) 복장뼈(Sternum)

복장뼈는 8개의 복장뼈분절(sternebrae)과 7개의 복장뼈분절사이연골(intersternebral cartilages)로 구성된다. 갈비뼈는 복장뼈분절사이연골과 연골간 관절하며, 첫번째 갈비뼈만 첫번째 복장뼈와 관절한다. 복장뼈의 첫번째 분절은 복장뼈자루(manubrium)라고 하며, 마지막 복장뼈 분절은 칼돌기(xiphoid process)라고 한다. 칼돌기의 끝에는 칼돌기를 연장해주는 칼돌기연골(xiphoid cartilage)이 있으며, 백선(linea alba)이 부착한다(그림 3.10).

3 다리뼈대

다리뼈대(appendicular skeleton)는 앞다리뼈대(thoracic limb)와 뒷다리뼈대(pelvic limb)로 되어 있다. 앞다리뼈대는 앞다리이음(thoracic girdle), 상완(arm), 전완(forearm), 앞발(forepaw)로 구분되고 뒷다리뼈대는 뒷다리이음(pelvic girdle), 넓적다리(thigh), 종아리(leg), 뒷발(hindpaw)로 구분되어 앞다리뼈대 90개, 뒷다리뼈대 90개의 뼈로 되어 있다(표 3.1).

1) 앞다리

앞다리뼈는 체중 지지, 이동, 균형, 물체 조작 등의 중요한 기능을 수행하며, 다양한 신체 활동을 가능하게 한다. 앞다리는 앞다리이음대, 상완부, 전완부, 앞발로 구성되어 있다. 앞다리이음대는 어깨뼈(scapula)와 빗장뼈(clavicle)가 있다. 상완은 상완뼈(humerus), 전완은 노뼈(radius)와 자뼈(ulna)로 되어 있고 앞발은 앞발목뼈(capal bones), 앞발허리뼈(metacaal bones), 발가락뼈(phalanges)로 되어 있다(그림 3.1).

(1) 어깨뼈(Scapula)

어깨뼈는 앞다리의 가장 윗부분에 위치한 삼각형 모양의 납작뼈이다. 다른뼈와 관절하지 않고 근육과 인대로 몸통 가쪽에서 가슴벽과 연결되어 있다. 어깨뼈에서 가장 두드러진 구조인 가쪽의 길게뻗은 어깨뼈가시(spine of scapula)를 경계로 앞쪽면 전체는 가시위오목(supraspious fossa), 뒤쪽면은 가시아래오목(infraspious fossa)이다. 가시아래오목의 끝에는 어깨뼈가 좁아진 어깨뼈목(neck of scapula)이 있다. 어깨뼈가시의 먼쪽 끝에는 봉우리(acromion)가 돌출되어 있다. 어깨뼈의 배쪽에 상완뼈와 어깨관절을 이루는 얕게 패인 접시오목(glenoid cavity)이 있고, 접시오목 앞부분에 있는 오목위결절(supraglenoid tubercle)이 융기되어 있다(그림 3.11).

사진 3.7 갈비뼈

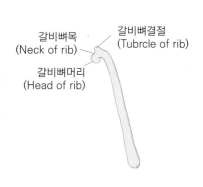

갈비뼈목
(Neck of rib)

갈비뼈결절
(Tubrcle of rib)

갈비뼈머리
(Head of rib)

그림 3.9 갈비뼈

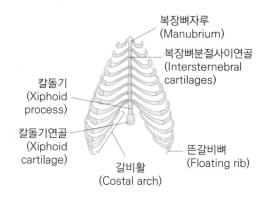

복장뼈자루
(Manubrium)

복장뼈분절사이연골
(Intersternebral cartilages)

칼돌기
(Xiphoid process)

칼돌기연골
(Xiphoid cartilage)

갈비활
(Costal arch)

뜬갈비뼈
(Floating rib)

그림 3.10 복장뼈와 갈비활

(2) 빗장뼈(Clavicle)

개의 빗장뼈는 어깨관절 앞에 상완머리근 힘줄속에 작은 띠형태로 있다. 태아 때는 뼈되기중심을 보이지만 성체가 되면서 위축되어 힘줄에 더 가까워진다.

고양이 빗장뼈의 구조적 차이

고양이의 빗장뼈는 개보다 발달되어 있다. 약 2cm의 가느다란 막대 형태로 방사선 사진에서 쉽게 관찰되지만, 관절로 고정되지 않고 상완과 흉부를 연결하는 근육에 묻혀있다.

(3) 상완뼈(Humerus)

상완뼈는 어깨뼈와 관절하여 어깨관절을 이루며 노뼈, 자뼈와 관절하여 앞다리 굽이 관절을 형성한다. 상완뼈의 몸쪽 끝에는 어깨뼈와 관절하는 상완뼈머리(head of humerus)가 있고 큰 반원형 융기인 큰결절(greater tubercle)이 상완뼈머리의 앞쪽에 위치한다. 상완뼈머리의 안쪽에는 큰결절 보다 크거나 높지 않은 작은결절(lesser tubercle)이 있다. 상완뼈목은 뒤쪽을 제외하고 명확하지 않으며 선으로서 상완뼈머리, 큰결절, 작은결절이 이 선을 따라 상완뼈몸통에 융합한다. 상완뼈의 먼쪽 끝은 상완뼈관절융기(humeral condyle)로 능선 안쪽구역에 노뼈, 자뼈와 관절을 하는 상완뼈도르래(trochlea)가 있다. 상완뼈관절융기 앞쪽면은 노오목(radial fossa)과 도르래위구멍(supratrochlear foramen)이 확인되고, 뒤쪽에서 확인되는 구멍은 자뼈꿈치돌기를 수용하는 자뼈꿈치오목(olecranon fossa)이 있으며 도르래위구멍과 통해 있다. 상완뼈 먼쪽 끝에 가쪽위관절융기(lateral epicondyle)가 있고, 먼 안쪽 끝에는 안쪽위관절융기(medial epicondyle)가 위치하여 근육과 인대가 부착하고 있다(그림 3.12).

표 3.1 다리 뼈대의 분류

앞다리뼈대(thoracic limb)		뒷다리뼈대(pelvic limb)	
앞다리이음 (thoracic girdle)	어깨뼈(scapula)	뒷다리이음 (pelvic girdle)	엉덩뼈(ilium)
	빗장뼈(clavicle)		궁둥뼈(ischum)
			두덩뼈(pubis)
상완 (arm)	상완뼈(humerus)	넓적다리 (thigh)	넓적다리뼈(femur)
			무릎뼈(patella)
전완 (forearm)	노뼈(radius)	종아리 (leg)	정강뼈(tibia)
	자뼈(ulna)		종아리뼈(fibula)
앞발 (forepaw)	앞발목뼈(capal bones)	뒷발 (hindpaw)	뒷발목뼈(tarsal bones)
	앞발허리뼈(metacaal bones)		뒷발허리뼈(metatarsal bones)
	발가락뼈(phalanges)		발가락뼈(phalanges)

사진 3.8 어깨뼈

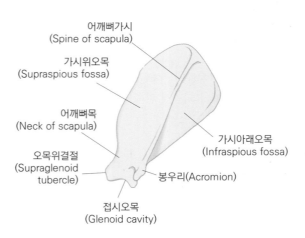

어깨뼈가시
(Spine of scapula)

가시위오목
(Supraspious fossa)

어깨뼈목
(Neck of scapula)

오목위결절
(Supraglenoid tubercle)

가시아래오목
(Infraspious fossa)

봉우리(Acromion)

접시오목
(Glenoid cavity)

그림 3.11 어깨뼈

고양이 상완뼈의 구조적 차이

고양이는 개와 다르게 상완뼈에 다양한 돌기(process)들이 존재하여 골증식체로 오인되기도 하며, 돌기에 골절이 일어날 수 있다. 고양이의 상완뼈 도르래위구멍(supratrochlear foramen)이 폐쇄되어 있고, 관절융기위구멍(supracondylar foramen)이 존재하여 상완동맥과 정중신경이 통과한다.

(4) 노뼈(Radius)

노뼈는 자뼈와 함께 전완뼈를 이룬다. 노뼈는 자뼈보다 짧고 몸쪽에서는 노뼈머리오목(capitular fovea)이 상완뼈와 관절한다. 노뼈 먼쪽의 앞발목관절면(articular face)는 앞발목뼈와 관절을 형성하여 오목하다. 먼쪽 끝의 안쪽면은 붓돌기(styloid process)로 끝나는데 앞발목관절면과 함께 노뼈도르래(trochlea)를 형성한다. 노뼈와 자뼈의 관절은 몸쪽에서는 뒤면, 먼쪽에서는 가쪽 모서리가 관절하여 두 뼈가 비스듬하게 엇갈려 있다. 자뼈의 몸쪽 끝은 노뼈보다 안쪽에 있고, 먼쪽 끝은 가쪽에 있다(그림 3.13).

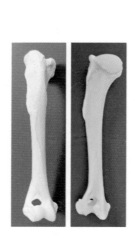

사진 3.9 상완뼈

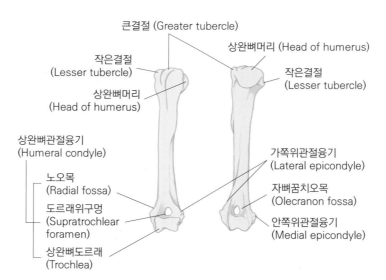

큰결절 (Greater tubercle)

작은결절
(Lesser tubercle)

상완뼈머리
(Head of humerus)

상완뼈머리 (Head of humerus)

작은결절
(Lesser tubercle)

상완뼈관절융기
(Humeral condyle)

노오목
(Radial fossa)

도르래위구멍
(Supratrochlear foramen)

상완뼈도르래
(Trochlea)

가쪽위관절융기
(Lateral epicondyle)

자뼈꿈치오목
(Olecranon fossa)

안쪽위관절융기
(Medial epicondyle)

그림 3.12 상완뼈

(5) 자뼈(Ulna)

자뼈는 전완의 뒤쪽에 위치되어 있으며 개에서 가장 긴 뼈이다. 자뼈의 몸쪽은 상완뼈도르래와 관절을 이루는 도르래패임(trochlear notch)이 있고 도르래패임의 먼쪽 끝에 가쪽갈고리돌기(lateral coronoid process)와 안쪽갈고리돌기(medial coronoid process)가 존재한다. 가쪽과 안쪽 갈고리돌기 사이의 패임이 노패임(radial notch)으로 노뼈와 관절을 이룬다. 도르래패임의 몸쪽끝은 자뼈꿈치돌기(anconea process)이며 관절을 폈을 때 상완뼈의 자뼈꿈치오목으로 들어간다. 상완뼈의 팔꿈치인 앞다리굽이끝(point of elbow)은 자뼈꿈치머리이며 앞다리굽이관절을 펴는 근육들의 지렛대 역할을 한다. 자뼈의 먼쪽에 뚜렷하게 뾰족한 붓돌기(styloid process)가 있는 부분이 자뼈머리(head of ulna)이다(그림 3.13).

(6) 앞발목뼈(Carpal bone)

앞발목에 7개의 작고 불규칙한 뼈가 두열로 정렬되어 있는 것이 앞발목뼈이다. 앞발목뼈의 몸쪽에 3개의 몸쪽앞발목뼈(proximal carpal bone)가 있고, 먼쪽에 4개의 먼쪽앞발목뼈(distal carpal bone)가 있다. 몸쪽앞발목뼈는 노뼈와 관절하는 노쪽앞발목뼈(radial carpal bone), 자뼈와 관절하는 자쪽앞발목뼈(ulnar carpal bone), 뒤쪽에 자뼈붓돌기와 관절하는 덧앞발목뼈(accessory carpal bone)로 되어 있다. 먼쪽앞발목뼈는 안쪽에서부터 번호를 부여해 첫째, 둘째, 셋째, 넷째앞발목뼈이다. 먼쪽앞발목뼈는 순서대로 앞발허리뼈와 관절하는데 넷째앞발목뼈가 가장 크고 넷째, 다섯째 앞발허리뼈 두개와 관절한다.

(7) 앞발허리뼈(Metacarpal bones)

앞발허리뼈는 가는 몸통과 두꺼운 끝을 가지고 있는 5개의 긴뼈이다. 안쪽에서부터 순서대로 첫째, 둘째, 셋째, 넷째, 다섯째 앞발허리뼈이다. 몸쪽의 끝이 바닥(base)이고 먼쪽 끝이 머리(head)이다.

(8) 앞발가락뼈(Phalanges)

앞발에서는 엄지발가락인 2개의 마디로 되어 있는 첫째발가락을 제외하고 4개의 발가락이 각각 3개의 뼈마디로 구성되며, 첫마디뼈와 중간마디뼈는 몸쪽에서부터 바닥(base), 몸통(body), 머리(head)로 되어 있다. 끝마디뼈는 바닥(base), 발톱뿌리 주위에 띠를 형성하고 발톱 위를 부분적으로 덮는 갈고리발톱능선(claw crest), 끝마디뼈가 발톱속으로 뻗은 갈고리발톱돌기(claw process)로 구성된다. 앞발허리뼈와 앞발가락뼈가 관절하는 앞발허리발가락관절에서 둘째, 셋째, 넷째, 다섯째 관절에는 종자뼈가 전형적인 개수로 있다. 발바닥쪽에는 몸쪽종자뼈(proximal sesamoid bones)가 각각 2개씩 있고, 발등쪽에는 등쪽종자뼈(dorsal sesamoid bones)가 각각 하나씩 존재한다.

2) 뒷다리

뒷다리뼈는 앞다리뼈와 함께 체중지지, 이동, 균형유지 등의 기능을 수행하며, 강한 근육과 관절구조로 인하여 힘과 추진력을 제공해 개의 이동 능력을 극대화하는 중요한 역할을 한다.

뒷다리는 뒷다리이음, 넓적다리, 종아리, 뒷발로 구성되어 있다. 뒷

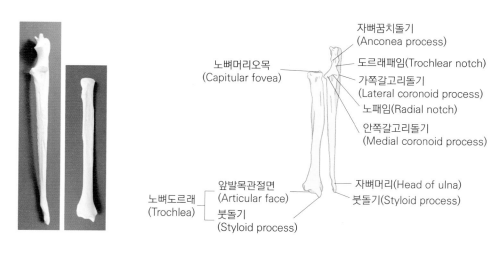

사진 3.10 노뼈와 자뼈   **그림 3.13** 노뼈와 자뼈

다리이음은 한쌍의 볼기뼈(hip bone)로 되어 있으며, 넓적다리는 넙다리뼈(femur), 무릎뼈(patella)로 되어 있다. 종아리는 정강뼈(tibia)와 종아리뼈(fibula), 뒷발은 뒷발목뼈(tarsal bones), 뒷발허리뼈(metatarsal bones), 발가락뼈(phalanges)로 되어 있다(그림 3.1).

(1)　볼기뼈(Hip bone)

볼기뼈(hip bone)는 배쪽 정중선에서 골반결합(symphysis pelvis)이 되어 합쳐진 한쌍의 뼈구조이며, 등쪽으로는 엉치뼈(sacrum)와 관절하고 있다. 각 볼기뼈는 엉덩뼈(ilium), 궁둥뼈(ischium), 두덩뼈(pubis)가 유합한 것이고, 유합부위에서 넙다리뼈머리와 관절을 하는 절구모양의 볼기뼈절구(acetabulum)가 생긴다. 암컷의 경우 엉덩뼈, 궁둥뼈, 두덩뼈가 엉치뼈와 만나 산도(birth canal)를 형성한다. 궁둥뼈와 두덩뼈로 둘러쌓인 폐쇄구멍(obturator foramen)으로 폐쇄신경이 지나가는데 산도와 겹쳐있어서 난산의 경우 신경이 눌리거나 손상될 수 있다(그림 3.14).

(2)　넙적다리뼈와 무릎뼈(Femur & Patella)

몸체에서 가장 큰뼈인 넙적다리뼈(femur)의 몸쪽끝 안쪽에 볼기뼈절구와 관절하는 넙적다리뼈머리(head of femur)가 있다. 넙적

다리뼈머리의 대부분은 관절면을 형성하며 넙적다리뼈머리인대가 부착한다. 넙적다리뼈머리와 넙적다리뼈몸통 사이의 잘록한 곳이 관절주머니가 부착되는 넙적다리뼈목(neck of femur)이다. 넙적다리뼈 먼쪽끝 앞면에는 무릎뼈와 관절을 이루는 넙적다리뼈도르레(femoral trochlear)가 있고, 뒷면에는 깊은곳에 무릎십자인대(cruciate lig of knee)가 부착하는 융기사이오목(intercondylar fossa)이 있다(그림 3.15). 무릎뼈(patella)는 무릎관절과 힘줄을 보호하고 힘줄 방향을 바로 잡아주는 종자뼈이다.

(3)　정강뼈(Tibia)

정강뼈(tibia)의 몸쪽은 관절을 이루는 넙적다리뼈머리보다 넓은 관절면이 있다. 넙적다리뼈머리의 관절면에 안쪽관절융기(medial condyle), 가쪽관절융기(lateral condyle), 융기사이융기(intercondylar eminence)가 있으며, 융기사이융기에 십자인대가 부착된다. 정강뼈의 몸쪽은 삼각형 모양을 하고 있으며 앞쪽에 앞모서리와 앞모서리 몸쪽에 넙적다리근육이 무릎인대에 연결되어 부착하는 정강뼈거친면(tibial tuberosity)이 있다(그림 3.16). 정강뼈의 먼쪽끝 안쪽은 안쪽복사(medial malleolus)이며 가쪽은 종아리뼈와 관절한다.

(4)　종아리뼈(Fibula)

종아리뼈(fibula)는 몸쪽끝, 몸통, 먼쪽끝으로 구분된다. 종아리뼈머리(head of fibula)는 정강뼈 가쪽관절융기와 관절하고 먼쪽끝 안쪽면은 정강뼈 먼쪽끝 가쪽면과 관절한다. 종아리뼈 먼쪽 가쪽에 가쪽복사(lateral malleolus)가 있다(그림 3.16).

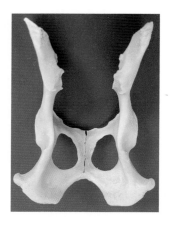

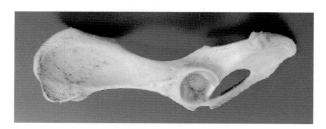

사진 3.11 볼기뼈

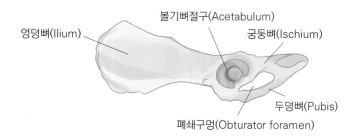

그림 3.14 볼기뼈

(5) 뒷발목뼈(Tarsal bone)

뒷발목뼈(tarsal bone)는 몸쪽열, 중간열, 먼쪽열의 3열로 구성된다. 몸쪽열은 가쪽에 뒷발목뼈중 가장 큰 뒷발꿈치뼈(calcaneus)와 안쪽에 목말뼈(talus)로 구성되어 있다. 목말뼈의 몸쪽에는 정강뼈와 종아리뼈가 관절을 이루는 목말뼈도르래(trochlea)가 있다. 중간열은 중심뒷발목뼈가 있고, 먼쪽열에는 첫째, 둘째, 셋째, 넷째뒷발목뼈로 구성되어 있다.

(6) 뒷발허리뼈(Metatarsal bone)

뒷발허리뼈(metatarsal bone)는 앞발허리뼈와 같이 안쪽에서부터 순서대로 첫째, 둘째, 셋째, 넷째, 다섯째뒷발허리뼈이다. 몸쪽의 끝이 바닥(base)이고 먼쪽 끝이 머리(head)이며, 첫째 뒷발허리는 떨어져 있거나 흔적만 있는 경우가 많다.

(7) 뒷발가락뼈(Phalanges)

뒷발가락뼈(phalanges)는 앞발과 동일하게 둘째, 셋째, 넷째, 다섯째발가락이 각각 몸쪽에서부터 바닥(base), 몸통(body), 머리(head) 3개의 뼈마디로 구성되어 있다. 첫째발가락은 없는 경우가 많으나 혹시 있는 경우에는 곁갈고리발톱(dewclaw)이라고 한다.

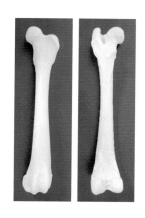

사진 3.12 넓적다리뼈

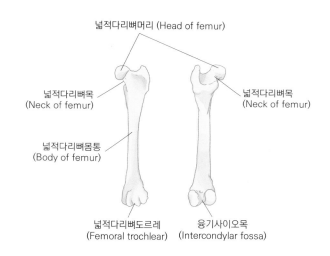

넓적다리뼈머리 (Head of femur)

넓적다리뼈목 (Neck of femur)

넓적다리뼈목 (Neck of femur)

넓적다리뼈몸통 (Body of femur)

넓적다리뼈도르래 (Femoral trochlear)

융기사이오목 (Intercondylar fossa)

그림 3.15 넓적다리뼈

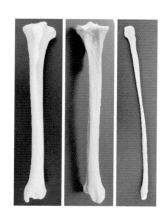

사진 3.13 정강뼈와 종아리뼈

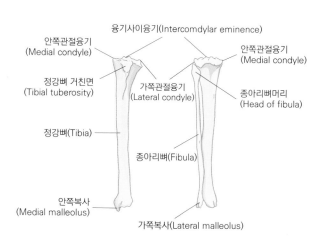

융기사이융기(Intercomdylar eminence)

안쪽관절융기 (Medial condyle)

안쪽관절융기 (Medial condyle)

정강뼈 거친면 (Tibial tuberosity)

가쪽관절융기 (Lateral condyle)

종아리뼈머리 (Head of fibula)

정강뼈(Tibia)

종아리뼈(Fibula)

안쪽복사 (Medial malleolus)

가쪽복사(Lateral malleolus)

그림 3.16 정강뼈와 종아리뼈

4　내장뼈

뼈는 모양, 구조, 기능, 위치 등에 따라 분류될 수 있다. 내장뼈(splan-chnic bone, visceral skeleton)는 이소성뼈(heterotopic bones)라고도 불리며 정확히는 뼈의 위치에 따라 분류되며, 모든 동물에서 나타나지 않고, 특정 동물에서 발견되는 독특한 구조로 몸체의 내장기관이나 연조직 속에 위치한 독립적인 뼈이다. 몸통뼈대나 다리뼈대에 속하지 않으며, 특정 기관을 구조적으로 지지하고 내장 기능을 보조하는 특수역할을 한다. 개와 고양이의 수컷에서 발견되는 음경뼈(os penis)는 음경속에 위치하여 교미 시 안정성을 부여한다.

> **기타 내장뼈의 예시**
>
> • 음경뼈(os penis) 외에 내장뼈(splanchnic bone)의 예로 소와 같은 일부 동물에서 심장판막의 구조적 안정성을 유지하여 심장 기능을 안정화시키는 심장뼈(os cordis), 돼지에서 땅을 파거나 물건을 밀 때 코의 힘을 증가시키는 코뼈(os rostrale)가 있다. 곁갈고리발톱(dewclaw)은 내장뼈에 포함되지 않는다.
> • 고양이의 음경뼈는 나이가 많은 고양이에서 보인다.

5　관절계통

두 개 이상의 뼈가 만나 연결되어 관절이 되며, 뼈가 연결되는 뼈 사이의 틈새의 구조에 따라 운동성의 정도가 달라진다. 관절의 분류는 연결조직 유형과 운동성에 따라 분류할 수 있다. 관절의 연결조직 유형에 따라서 섬유관절(fibrous joints), 연골관절(cartilaginous joints), 윤활관절(synovial joints)로 구분되고, 관절의 운동성에 따라서 부동관절(synarthroses), 반관절(amphiarthroses), 관절(diarthroses)로 구분된다. 섬유관절과 일부 연골관절에서 움직임이 제한되거나 단단한 구조를 가진 구조가 부동관절이며, 반면에 관절을 자유롭게 움직일 수 있는 구조가 관절이다. 그리고 반관절은 부동관절과 가동관절 사이에 해당하는 중간 단계로 움직임에 제한을 주면서도 약간의 유연성이 있어서 무게의 분산과 안정성을 유지한다.

1)　섬유관절

섬유관절(fibrous joints)은 많은 섬유성 결합조직으로 이루어진 관절로서 운동성이 없는 부동관절이다. 섬유관절은 뼈들을 단단히 연결하여 구조적으로 안정되게 고정시키는 역할을 한다. 대부분의 경우 움직임이 거의 필요없는 부위에서 발견되며 머리뼈의 봉합(sutures), 노뼈와 자뼈의 인대결합(syndesmoses), 치아를 치조골에 이식하는 못박이관절(gomphosis)이 이에 속한다.

2)　연골관절

뼈가 연골에 의해 결합되는것이 연골관절(cartilaginous joints)이다. 연골관절은 유리연골관절(synchondroses)과 섬유연골관절(symphysis)로 구분되며 제한된 운동만 가능하다. 유리연골관절은 두 뼈가 유리연골에 의해 관절되고 성장판(growth plate)이라고도 불리는 뼈끝판(epiphyseal plate)이 대표적인 예다. 대부분 일시적인 구조로서 성장이 끝나고 나이들면서 사라진다. 영구적인 유리연골관절은 혀뼈장치(hyoid apparatus)에서 발견된다. 섬유연골관절은 두 뼈가 섬유연골에 의해 관절되고, 약간의 움직임이 허용되어 유연성과 안정성을 준다. 예로는 골반결합(pelvic symphysis), 아래턱결합(mandibular symphysis), 척추사이결합(intervertebral symphysis)이 있다.

3)　윤활관절

윤활관절(synovial joints)은 자유로운 운동이 가능한 가동관절로 몸체의 주요 운동 관절들이 윤활관절로 구성되어 복잡하고 다양한 움직임이 가능하다. 윤활관절은 유리연골(hyaline cartilage)로 덮여 있는 두 뼈가 윤활액(synovial fluid)으로 채워진 공간인 관절강(joint cavity)에 의해 분리되고 관절강은 윤활막(synovial membrane)으로 덮여 있다. 윤활막은 관절주머니(joint capsule)와 인대(ligaments)에 의해 안정적으로 유지된다. 윤활관절은 관절면의 수, 관절면의 형태, 기능에 따라 여러 가지로 분류될 수 있으나 관절면의 형태에 따라 더 정확히 분류된다. 관절면의 형태에 따른 분류는 다음의 표와 같이 기본적으로 7개로 분류된다.

표 3.2 관절면의 형태에 따른 분류

분류	도식	운동 및 특징	예
평면관절 (Plane joint)		관절면이 평평함 약간의 회전, 미끄럼운동	척추뼈의 관절돌기 (articular processes)
경첩관절 (Hinge joint)		한방향의 굽힘과 폄 운동	팔꿈치관절(elbow joint)
중쇠관절 (Pivot joint)		하나의 뼈가 다른뼈의 축을 중심으로 회전	고리중쇠관절 (atlantoaxial joint)
융기관절 (Condylar joint)		한쪽 돌기와 반대쪽 패임이 맞물림 굽힘과 폄, 제한된 회전운동	턱관절(temporomandibular joint) 무릎관절(stifle joint)
타원관절 (Ellipsoid joint)		타원형의 볼록면과 오목면의 관절 굽힘과 폄 운동	머리뼈와 고리뼈 관절 (occipital bone and atlas)
안장관절 (Saddle joint)		상호적으로 오목볼록함 (상반된 곡선) 굽힘, 폄, 모음, 벌림 운동	발가락뼈사이관절 (interphalangeal joints)
절구관절 (Ball & socket joint)		구형과 오목한 면의 관절 거의 모든 반경의 자유로운 운동	어깨관절(shoulder joint) 엉덩관절 (hip joint)

임상적 고려사항(Clinical considerations)

- 골절(Fracture)
- 탈구(Luxation, Dislocation)
- 인대파열(Rupture of ligament)
- 관절염(Arthritis)
- 추간판 탈출증(Intervertebral disc hernation)
- 골수염(Osteomyelitis)
- 고관절 이형성증(Hip dysplasia)
- 종양(Tumors)

- 골격계(Skeletal System): 뼈, 연골, 인대, 관절로 구성된 신체의 기본 구조로, 신체를 지지하고 보호하는 역할을 함.
- 뼈(Bone): 신체의 골격을 구성하는 주요 단단한 결합 조직. 신체를 지지, 보호하며 무기질 저장과 조혈작용을 수행함.
- 연골(Cartilage): 뼈 사이의 관절을 형성하거나 뼈의 성장을 돕는 탄력 있는 결합 조직.
- 인대(Ligament): 뼈와 뼈를 연결하는 결합 조직으로 관절을 안정시키는 역할을 함.
- 관절(Joints): 두 개 이상의 뼈가 만나는 부위로, 신체의 다양한 움직임을 가능하게 함.
- 조혈작용(Hematopoiesis): 뼈 속 골수에서 혈구를 생성하는 과정.
- 뼈막(Periosteum): 뼈의 바깥면을 덮는 얇은 결합 조직 막으로, 뼈를 보호하고 힘줄과 인대가 부착되는 부위
- 겉질(Cortex): 뼈의 외부 층을 이루는 단단한 구조. 치밀뼈로 구성됨.
- 뼈속막(Endosteum): 뼈의 내부 표면을 덮는 얇은 막으로, 뼈의 형성과 재생에 중요한 역할을 함.
- 속질(Medulla): 뼈의 중심에 위치한 부분으로, 골수와 혈관이 포함된 공간.
- 뼈되기(Ossification): 뼈가 형성되는 과정
- 막뼈되기(Membranous Ossification): 연골 단계를 거치지 않고 섬유성 결합조직 내에서 직접 뼈가 형성되는 과정.
- 막내골화(Intramembranous Ossification): 막뼈되기의 또 다른 명칭으로, 주로 얼굴과 납작뼈에서 발생하는 뼈 형성 과정.
- 연골뼈되기(Cartilaginous Ossification): 연골이 뼈로 변하는 과정.
- 연골내골화(Endochondral Ossification): 연골뼈되기의 또 다른 명칭으로, 주로 긴뼈에서 발생하는 뼈 형성 과정.
- 뼈되기중심(Ossification Center): 뼈 형성이 시작되는 특정 부위.
- 일차뼈되기중심(Primary Ossification Center): 뼈몸통에서 처음으로 뼈 형성이 시작되는 부위.
- 이차뼈되기중심(Secondary Ossification Center): 뼈끝에서 뼈 형성이 시작되는 부위.
- 풋뼈조직(Osteoid Tissue): 유기성 뼈바탕질로, 뼈모세포가 뼈세포로 전환되는 과정에서 형성됨
- 뼈몸통(Diaphysis): 긴뼈의 중앙 부분.
- 뼈끝(Epiphysis): 긴뼈의 양 끝 부분.
- 성장판 / 뼈끝판(Growth Plate / Epiphyseal Plate): 어린 동물의 뼈에서 길이 성장을 담당하는 연골층
- 관절연골(Articular Cartilage): 뼈 끝을 덮어 관절 부위를 보호하고 마찰을 줄이는 역할을 하는 연골.

뼈 표면의 구조물 용어정리

- 융기(Eminence): 돌출 구조물
  - 머리(head, caput): 뼈의 몸쪽 끝 또는 뼈에서 가장 뭉툭한 부분
  - 관절융기(condyle): 뼈끝이 둥글게 튀어나와 다른 뼈와 관절을 이루는 부분
  - 위관절융기(epicondyle): 관절융기의 위쪽으로 돌출한 부분
  - 도르래(trochlea): 도르래 모양으로 홈이 패인 부분
  - 돌기(process): 뼈의 일부가 튀어나온 부분
  - 융기(tuber): 비교적 잘 구분되는 둥근 융기
  - 결절(tubercle): 작고 둥근 융기(융기보다 작음)
  - 거친면(tuberosity): 표면이 특히 거친 부분
  - 가시(spine): 날카로운 돌기
  - 능선(crest): 뼈가 가늘고 길게 돌출된 부분
  - 선(line): 길고 좁게 줄모양으로 두드러진 부분
- 오목(Depression): 움푹한 구조물
  - 오목(fossa, fovea): 깊거나 얕게 움푹 들어간 부분
  - 자국(impression): 얕고 넓게 들어간 부분
  - 패임(notch): 뼈의 가장자리가 깊게 패이거나 틈처럼 생긴 부분
  - 고랑(groove or sulcus): 얕은 홈
  - 구멍(foramen): 뼈나 뼈 사이에 뚫린 자리
  - 관(canal): 긴 파이프 모양으로 속이 텅 빈 구조물
  - 굴(sinus): 뼈 속에 비교적 넓게 비어있는 곳
  - 틈새(fissure): 뼈와 뼈 사이의 좁은 틈
  - 날개(wing, ala): 날개모양으로 돌출된 구조물
  - 목(neck): 사람의 목처럼 어떤 구조물과 구조물 사이의 좁은 부분

복습문제

1. 자라는 뼈의 길이 성장이 일어나는 부위는 어디인가?

  ① 뼈끝판(epiphyseal plate)
  ② 뼈몸통끝(metaphysis)
  ③ 뼈몸통(diaphysis)
  ④ 뼈막(periosteum)

2. 힘줄(tendon)이나 인대(ligament)가 부착하기 위해 필요한 뼈 조직은 무엇인가?

  ① 뼈속막(endosteum)
  ② 뼈막(periosteum)
  ③ 연골(catilage)
  ④ 뼈몸통(diaphysis)

3. 뼈의 형태에 따른 분류가 잘못된 것을 고르시오.

  ① 긴뼈(long bone) – 넓적다리뼈(femur)
  ② 짧은뼈(short bone) – 뒷발목뼈(tarsal bone)
  ③ 납작뼈(flat bone) – 어깨뼈(scapula)
  ④ 공기뼈(pneumatic bone) – 무릎뼈(patella)

4. 뼈 표면의 구조물에 대한 용어를 올바르게 설명한 것을 고르시오.

  ① 돌기(process)는 표면이 특히 거친 부분이다.
  ② 도르래(trochlea)는 도르래 모양으로 홈이 패인 부분이다.
  ③ 오목(fossa, fovea)은 뼈와 뼈 사이에 좁은 틈이다.
  ④ 목(neck)은 날카로운 돌기 이다.

5. 성견의 정상 치식을 올바르게 표기한 것은?

  ① $I \frac{3}{3} C \frac{1}{1} PM \frac{4}{4} M \frac{3}{3}$
  ② $I \frac{3}{3} C \frac{1}{1} PM \frac{3}{4} M \frac{3}{3}$
  ③ $I \frac{3}{3} C \frac{1}{1} PM \frac{4}{4} M \frac{2}{3}$
  ④ $I \frac{3}{3} C \frac{1}{1} PM \frac{4}{4} M \frac{2}{2}$

6. 가슴우리의 배쪽 정중선에 위치한 뼈는 무엇인가?

  ① 복장뼈(sternum)
  ② 혀뼈(hyoid)
  ③ 갈비뼈(costa)
  ④ 척추뼈(vertebral)

7. 개의 척추공식(vertebral formula)을 꼬리뼈를 제외하고 올바르게 표기한 것은?

  ① C5 T13 L7 S3
  ② C7 T11 L7 S3
  ③ C7 T13 L7 S3
  ④ C7 T13 L7 S2

8. 목뼈(cervical vertebrae)에 대한 설명으로 잘못된 것을 고르시오.

  ① 목뼈 중에 첫째목뼈(C1)와 둘째목뼈(C2)는 다른 목뼈와 뚜렷하게 다르다.
  ② 첫째목뼈(C1)의 명칭은 고리뼈(atlas)이다.
  ③ 둘째목뼈(C2)의 명칭은 중쇠뼈(axis)이다.
  ④ 첫째목뼈(C1)에는 척추몸통에서 돌출되어 나온 치아돌기(dens)가 존재한다.

9. 암컷 개의 산도를 형성하는 뼈가 아닌것은?

  ① 엉덩뼈(ilium)
  ② 두덩뼈(pubis)
  ③ 복장뼈(sternum)
  ④ 엉치뼈(sacrum)

10. 척추뼈 중에 갈비뼈의 머리와 관절하는 갈비오목이 존재하며, 가시돌기가 높고, 뒤로 갈수록 가시돌기의 높이가 차례로 감소하는 그림과 같은 뼈는 무엇인가?

  ① 목뼈(cervical vertebrae)
  ② 등뼈(thoracic vertebrae)
  ③ 허리뼈(lumbar vertebrae)
  ④ 꼬리뼈(caudal vertebrae)

11. 체중을 지지하는 비중이 가장 낮은 다리뼈는 무엇인가?

① 종아리뼈(fibula)

② 넓적다리뼈(femur)

③ 정강뼈(tibia)

④ 상완뼈(humerus)

12. 자뼈(ulna)의 도르래패임(trochlear notch) 몸쪽 끝에 위치한 것은?

① 자뼈머리(head of ulna)

② 붓돌기(styloid process)

③ 노패임(radial notch)

④ 자뼈꿈치돌기(ancinea process)

13. 윤활관절의 종류가 아닌 것은?

① 어깨뼈와 상완뼈(scapula and humerus)

② 머리뼈와 고리뼈(occipital bone and atlas)

③ 머리뼈와 고리뼈(occipital bone and atlas)

④ 아래턱과 아래턱(mandibular and mandibular)

정답: 1. ①, 2. ②, 3. ④, 4. ②, 5. ③, 6. ①, 7. ③, 8. ④, 9. ③, 10. ②, 11. ①, 12. ④, 13. ④.

🔎 참고문헌

1. **Evans, H. E., & de Lahunta, A**. (2013). Miller's anatomy of the dog (4th ed.). Saunders Elsevier Inc.

2. **Evans, H. E., & de Lahunta, A**. (2010). Guide to the dissection of the dog (7th ed.). Saunders Elsevier Inc.

3. **SS Nahm (n.d.)**. Lecture materials, Department of Anatomy, College of Veterinary Medicine, Konkuk University.

CHAPTER 4

동물체의 근육계

학습목표

- 근육을 뼈대근육, 심장근육, 민무늬근육으로 분류하고 특징을 설명할 수 있다.
- 뼈대근육의 구조와 수축기전에 대해 설명할 수 있다.
- 얼굴을 이루는 표정근육, 씹기근육, 눈주위근육에 대해 설명할 수 있다.
- 몸통을 이루는 근육에 대해 설명할 수 있다.
- 사지를 이루는 근육의 이름과 위치, 작용을 설명할 수 있다.

학습개요

꼭 알아야 할 학습 Must know points

- 근육의 종류
- 뼈대근육의 미세구조
- 뼈대근육의 수축 기전
- 몸통을 이루는 근육
- 사지를 이루는 근육

알아두면 좋은 학습 Good to know

- 근육의 종류별 특징

1 근육의 구조와 생리

1) 근육

근육은 동물의 몸을 구성하는 조직 중 하나로, 수축성이 있는 단위로 이루어져 신경 자극과 체액성 물질(humoral substance)(예: 신경전달물질, 호르몬 등) 등에 의해 수축한다. 근육은 음식을 섭취하여 얻은 에너지를 통해 몸의 움직임, 자세 유지, 호흡, 소화 등의 다양한 작용을 위한 힘을 제공하며, 그 과정에서 열을 발생시켜 체온을 유지하는 역할을 한다.

2) 근육의 종류

근육은 위치와 작용, 현미경적 구조, 작용기전과 조율에 따라 몇 가지 방법으로 분류된다.

위치와 작용에 따라 분류하였을 때 민무늬근육(평활근, smooth muscle), 심장근육(심근, cardiac muscle), 뼈대근육(골격근, skeletal muscle)

으로 나뉜다. 현미경적 구조로 살펴보았을 때에는 가로무늬(횡문, striation)의 유무에 따라 가로무늬근육(횡문근, striated muscle)과 민무늬근육으로 나뉜다. 마지막으로 체성신경의 조절을 받아 의식적으로 움직일 수 있는 근육을 수의근(voluntary muscle), 자율신경의 조절을 받아 의식적으로 움직일 수 없는 근육을 불수의근(involuntary muscle)이라 한다. 이렇게 나뉘어진 근육은 [표 4.1]과 같다.

표 4.1 근육조직의 분류

위치와 작용	민무늬근육	심장근육	뼈대근육
현미경적 구조	민무늬근육	가로무늬근육	
작용기전과 조율	불수의근		수의근

(1) 민무늬근육

민무늬근육은 방추형(spindle-shaped)이며 1개의 핵이 세포 가운데 위치한다. 이 유형의 근육은 속이 빈 장기(소장, 대장 등)와 혈관의 벽, 샘(선, gland) 등에 분포하여 내장 근육(visceral muscle)이라고도 불린다. 민무늬근육은 자율신경계와 체액성 물질에 의해 조절되며 의지대로 움직일 수 없어 불수의근에 속한다(그림 4.1).

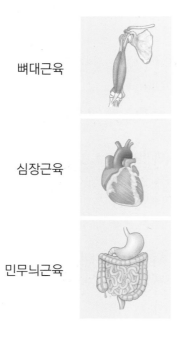
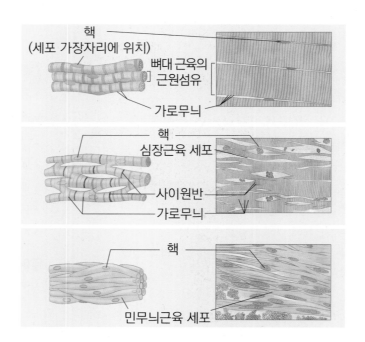

그림 4.1 근육의 종류

(2) 심장근육

심장근육은 심장을 이루는 근육이다. 심장근육은 핵이 여러 개인 다핵세포이며 핵은 세포의 가운데에 위치한다. 심장근육은 분지되어 인접한 심장근육 세포와 연접하는데 이 사이의 구조물을 사이원반(intercalated disc)이라 한다. 사이원반은 심장근육이 동시에 수축하여 일정한 리듬으로 수축·이완할 수 있도록 돕는다. 심장근육은 자율신경의 조절하에 무의식적으로 조절되는 불수의근이며 가로무늬가 있어 가로무늬근육에 속한다.

(3) 뼈대근육

뼈대근육은 뼈대에 부착하여 몸의 움직임을 담당한다. 원통형의 긴 심장근육은 여러 개의 핵을 가지며 핵은 세포 가장자리에 위치한다. 뼈대 근육은 가로무늬가 있으며 체성신경에 의해 의식적으로 조절할 수 있어 수의근에 속한다. 4장에서는 뼈대근육을 중심으로 근육의 구조와 수축기전을 학습하고 몸을 이루는 주요 근육에 대해 살펴본다.

3) 뼈대 근육

(1) 근육의 구조

전형적인 **뼈대근육**의 모양은 [그림 4.2]와 같다. 가운데 두껍고 두툼한 부위를 힘살(belly)이라 하고 이를 중심으로 양쪽으로 얇아지는 부위를 머리(head)라 한다. 머리 부위에는 근육을 싸고 있는 치밀섬유성 결합조직인 힘줄(tendon)이 있어 근육을 뼈에 부착시킨다.

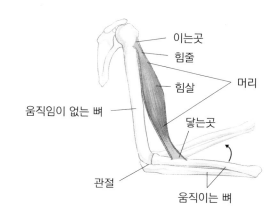

그림 4.2 근육의 구조

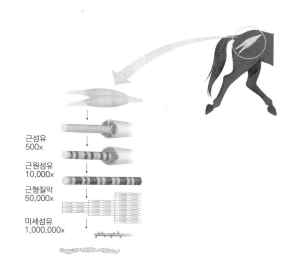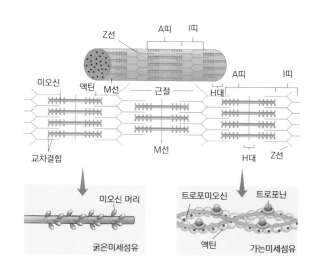

그림 4.3 근육의 미세구조

근육이 수축하면 근육의 길이가 짧아지면서 뼈의 위치가 이동된다. 이때 근육 부착 부위 중에서 근육의 수축·이완에 따라 움직임이 적은 부위를 이는곳(기시점, origin), 움직임이 큰 부위를 닿는곳(정지점, insertion)이라 한다.

(2) 근육의 미세구조

뼈대근육은 원통형의 다핵세포이자 긴 섬유 모양의 근섬유(myofiber, muscle fiber)로 구성된다. 여러 개의 근섬유가 모여 근다발(fasciulus)을 이루고, 여러 개의 근다발이 모여 근육을 구성한다. 하나의 근섬유는 여러 개의 근원섬유(myofibril)로 구성되는데, 이 근원섬유는 굵은 미세섬유(미오신, myosin filament, thick filament)와 가는 미세섬유(액틴, actin filament, thin filament)로 구성된다(그림 4.3).

굵은 미세섬유는 이중나선으로 구성되어 있으며 팔과 머리를 가지고 있다. 머리에는 액틴과 결합하는 부위 및 근육 수축의 원동력인 ATP가 결합하는 부위가 있다. 굵은 미세섬유 몸체에서 팔이 연결되는 부분에는 경첩(hinge)이라는 부위가 위치한다. 이 부위가 젖혀지면서 머리 부분이 액틴 방향으로 굽혀져 결합하며, 액틴을 미오신 방향으로 당기기도 한다.

가는 미세섬유는 액틴(actin), 트로포미오신(tropomyosin), 트로포닌(troponin)으로 구성된다. 가는 미세섬유는 이중나선 모양의 액틴 단백질로 구성된다. 액틴에는 미오신이 결합할 수 있는 결합 부위(binding site)가 있는데, 이 결합 부위를 트로포미오신이 덮고 있다. 따라서 근육 수축이 일어나지 않는 상황에서는 트로포미오신에 의해 액틴과 미오신이 결합할 수 없으나, 근육 수축 과정에서는 결합 부위가 노출되어 액틴과 미오신이 결합한다. 마지막으로 트로포닌(troponin)은 가는필라멘트를 따라 일정한 간격으로 배열되며, Ca^{2+}과 결합하여 근육 수축에 중요한 역할을 담당한다.

굵은 미세섬유와 가는 미세섬유는 일부분 서로 겹쳐서 위치한다. 이때 서로 겹쳐있는 부위는 어둡게 보이는데 이를 A띠(anisotropic band, A band), 겹치지 않고 가는 미세섬유만 있는 부위는 밝게 보이며 이를 I띠(isotropic band, I band)라고 한다. 현미경상에서는 A띠와 I띠가 반복적으로 보이기 때문에 명암대의 가로선이 나타나며 이를 가로무늬(횡문)라 한다. I띠의 가운데 부분을 가로질러 존재하는 선은 Z선(Z line), Z선과 Z선 사이를 근육원섬유마디(근절, sarcomere)라고 한다. 근육원섬유마디는 근육의 기본적 단위이다. 근육이 수축하게 되면 굵은 미세섬유와 가는 미세섬유가 서로 당겨지면서 Z선과 Z선 사이의 거리, 즉 근육원섬유마디가 짧아지고 근육의 길이도 짧아지게 된다.

(3) 근육 수축기전

뼈대근육의 수축은 신경세포를 따라 전달된 활동전위(action potential)에 의해 일어난다. 활동전위가 운동신경을 따라 이동하여 신경근육접합부(neuromuscular junction)에 이르면 신경세포의 축삭종말에서 아세틸콜린(acetylcholine, ACh)이 분비된다. 아세틸콜린은 근섬유막의 수용체와 결합하면서 근섬유막의 아세틸콜린 작동성 이온통로를 열리게 하고 이 통로를 통해 Na^+이 근육세포 내로 들어오면서 근육세포를 탈분극(depolarization)시킨다. 근육세포의 탈분극으로 인해 형성된 활동전위는 가로세관(transverse tubule, T-tubule)을 따라 세포 안으로 전달되고 근세포질그물(sarcoplasmic reticulum) 안에 저장되어 있던 칼슘이온(Ca^{2+})을 방출시킨다.

세포질 내로 방출된 Ca^{2+}은 트로포닌과 결합한다. 이 결합으로 인해 트로포미오신의 위치가 변화하면서 트로포미오신이 막고 있던 액틴의 미오신 결합 부위를 노출시킨다. 미오신의 연결다리가 움직여 미오신과 액틴이 교차결합(cross bridge)을 형성한다. 이때 미오신의 머리 부위가 팔 쪽으로 젖혀지는 강한 수축(power stroke)이 유발되고 이로 인해 액틴이 미오신을 따라 미끄러져 들어오게 되며 이를 활주운동이라 한다. 활주운동이 일어나는 동안 액틴과 미오신의 길이가 짧아지는 것이 아니라 두 미세섬유 간 겹친 영역이 증가하게 된다. 따라서 근육의 근육원섬유마디가 짧아지고 근육은 수축한다.

근육 수축과정에서 에너지, 즉 아데노신삼인산(Adenosine triphosphate, ATP)은 중요한 역할을 한다. 근육이 수축하기 위한 액틴과 미오신의 교차결합 및 미오신의 머리가 젖혀지는 운동을 위해 ATP가 필요하기 때문이다. 미오신의 머리에는 액틴 결합 부위와 함께 ATP와 결합 부위가 존재하며, 후자에는 ATP 분해효소(ATPase)가 있어 ATP를 ADP와 Pi(무기인산)으로 분해한다. 이 과정을 통해 미오신의 머리를 활성화하고 미오신이 액틴과 교차결합을 형성할 수 있도록 한다. 미오신이 액틴과 교차결합하면 분해된 Pi이 방출되고, 이때 미오신의 팔이 젖혀져 액틴을 미오신 방향으로 당기는 강한 수축이 발생한다. 수축 이후에는 새로운 ATP가 미오신의 머리에 결합하고 기존의 분해된 ADP가 방출되면서 액틴과 미오신의 교차결합이 끊어지게 된다. 이어서 새롭게 결합한 ATP는 ATPase에 의해 ADP와 Pi으로 분해되고 미오신의 머리를 다시 활성화시킨다(그림 4.4).

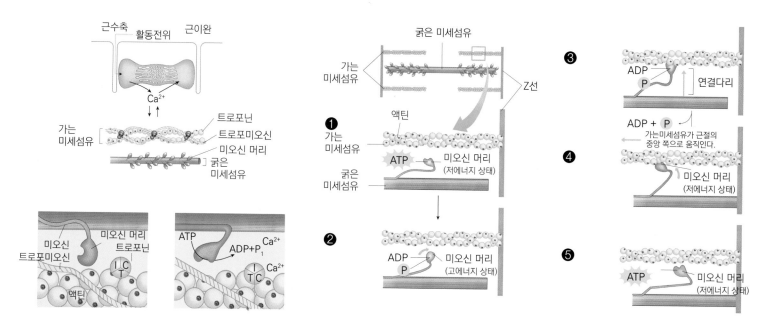

그림 4.4 근육의 수축기전

(4) 운동단위

근육을 수축시키는 신호는 운동신경으로부터 유래하여 각 근육 섬유 다발에 분포한다. 이때 하나의 신경섬유와 그로부터 자극받는 근육 섬유들을 운동단위(motor unit)라고 한다. 하나의 신경으로부터 자극받는 근육 섬유의 수는 근육의 작용에 따라 다양하다. 예를 들어 운동 단위가 작은 경우에는 하나의 신경섬유로부터 자극받는 근육 섬유의 수가 적기 때문에 수축 속도가 느리고 생성되는 힘도 약하지만, 근육의 섬세한 조작이 가능하며 피로도 저항성이 높아 오랜 기간 사용할 수 있다. 반면 운동 단위가 큰 경우 하나의 신경섬유에 대해 수많은 근육 섬유 다발이 자극을 받기 때문에 수축 속도가 빠르고 강한 힘을 생성할 수 있다(그림 4.5).

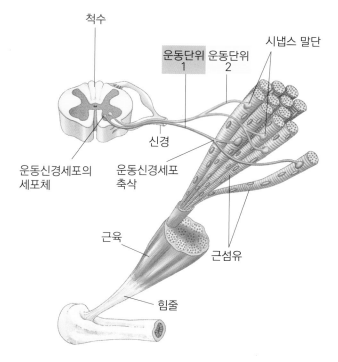

그림 4.5 운동단위

(5) 근육의 명명법

뼈대근육의 이름은 근육의 모양, 근육의 위치, 근육의 이는곳과 닿는곳, 근육의 상대적인 길이, 근육의 기능 등에 따라 명명된다.

- 근육의 모양: 근육의 모양에 따라 이름이 붙여진다. 예) 어깨세모근(deltoideus m.)
- 근육의 위치: 근육이 위치하는 신체 부위에 따라 가슴, 넙다리, 배 등의 용어가 사용된다. 예) 깊은 가슴근(deep pectoral m.), 바깥 갈비사이근(external intercostal m.)
- 근육의 이는곳과 닿는곳: 근육의 이는점과 닿는점의 위치가 이름에 포함된다. 예) 상완머리근(brachiocephalicus m.)
- 근육의 갈래 수: 근육의 이는 곳 혹은 닿는 곳이 여러 곳일 경우 각 근육을 갈래라고 표현한다. 예) 넙다리두갈래근(biceps femoris m.), 넙다리네갈래근(quadriceps femoris m.)
- 근육의 작용: 근육의 기능에 따라 이름이 명명된다. 예) 폄근(extensor), 굽힘금(flexor), 벌림근(abductor), 모음근(adductor), 노쪽앞발목폄근(extemsor carpi radialis m.)

2 머리 근육

1) 표정 근육

얼굴을 구성하는 근육은 입술, 볼, 눈꺼풀, 코 등의 움직임에 관여한다. 많은 종류의 근육이 얼굴 표정을 짓는데 관여하며, 이 근육들은 모두 7번 뇌신경인 얼굴신경(안면신경, facial nerve)의 지배를 받는다(그림 4.6).

2) 저작 근육

저작과 관련되는 근육에는 깨물근(masseter m.), 관자근(temporal m.), 안쪽 날개근(medial pterygoid m.)과 가쪽날개근(lateral pterygoid m.) 그리고 두힘살근(digastricus m.)이 있다. 이중 깨물근, 관자근, 안쪽과 가쪽날개근은 턱을 닫는데 관여하며 두힘살근을 턱을 벌리는 작용을 한다(그림 4.7).

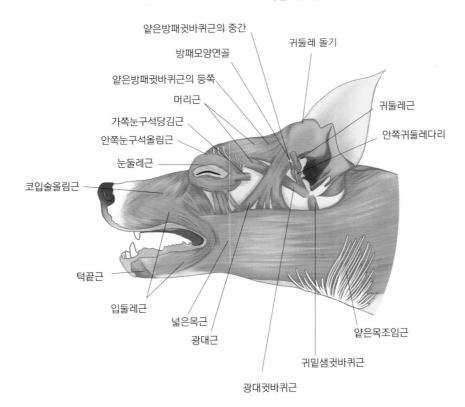

그림 4.6 표정 근육

(1) 깨물근(교근, masseter m.)

깨물근은 아래턱뼈(mandible)의 턱뼈가지(ramus) 가쪽과 광대활 (zygomatic arch) 배쪽에 위치한 근육이다. 깨물근은 광대활의 배쪽 경계에서 일어나 아래턱뼈의 배가쪽과 깨물근오목(masseteric fossa)에 닿는다.

- 작용: 턱을 올려 입을 닫는다.

(2) 관자근(측두근, temporal m.)

관자근은 머리에 위치한 가장 큰 근육으로 관자 오목(temporal fossa) 에서 일어나 아래턱뼈의 근육돌기(coronoid process)에 닿는다.

- 작용: 턱을 올려 입을 닫는다.

(3) 안쪽 날개근(내측익상근, medial pterygoid m.)과 가쪽 날개근(외측 익상근, lateral pterygoid m.)

안쪽 날개근과 입천장뼈(palatine bone)과 나비뼈(sphenoid bone)

가쪽에서 일어나 뒤 가쪽으로 주행하여 아래턱뼈 각돌기(angular process)의 뒤쪽과 안쪽에 닿는 근육이다. 가쪽 날개근은 뒤안쪽에 닿으며, 가쪽 날개근은 나비뼈에서 일어나 배가쪽으로 주행하며 관절돌기(condylar process) 안쪽면에 닿는다.

- 작용: 턱을 올린다.

(4) 두힘살근(악이복근, digastricus m.)

두힘살근은 뒤통수뼈(occipital bone)의 관절융기곁돌기(paracondylar process)에서 일어나 아래턱뼈의 배쪽 몸통에 닿는 근육으로, 가운데 나눔힘줄을 중심으로 두 개의 힘살을 가지는 근육이다.

- 작용: 턱을 벌린다.

3) 눈의 외재성 근육

눈의 외재성 근육은 두 개의 빗근(oblique m.), 네 개의 곧은근 (rectus m.), 안구당김근(retractor bulbi m.)까지 총 일곱 가지의 근

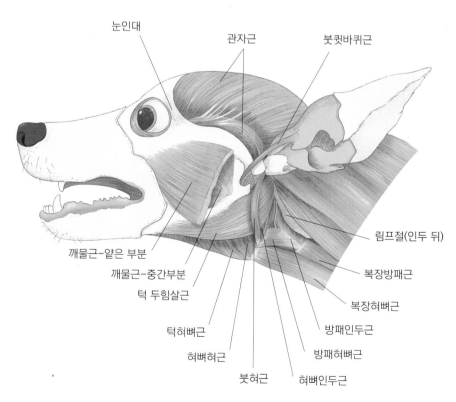

그림 4.7 저작 근육

육으로 구성된다(그림 4.8).

(1) 빗근(oblique m.)

등쪽 빗근(dorsal oblique)와 배쪽 빗근(ventral oblique)은 시각 축 (anterior-posterior axis)를 중심으로 안구를 회전시키는 근육이다. 등쪽빗근은 안구를 안쪽 회전(intorsion)시키며 배쪽빗근은 안구를 바깥쪽 회전(extorsion)시킨다. 왼쪽 안구에서 시각 축을 기준으로 등쪽 빗근은 시계 반대 방향으로, 배쪽 빗근은 시계 방향으로 안구를 회전시킨다. 반대로, 오른쪽 안구에서는 등쪽 빗근이 시계 방향으로, 배쪽 빗근은 시계 반대 방향으로 안구를 회전시킨다.

(2) 곧은근(rectus m.)

안구 곧은근은 직선으로 뻗은 안구 근육으로 가쪽 곧은근(rectus lateralis), 안쪽 곧은근(medial lateralis), 등쪽 곧은근(rectus dorsalis), 배쪽 곧은근(rectus ventralis)으로 구성된다. 곧은근은 안구를 각각 가쪽, 안쪽, 등쪽, 배쪽으로 당기는 역할을 한다.

(3) 안구당김근(retractor bulbi m.)

안구당김근은 안구 뒤쪽에 위치하는 근육이다. 시각 신경(optic nerve)과 함께 주행하며, 안구를 뒤쪽으로 당겨주는 역할을 한다.

4) 머리의 다른 근육

(1) 혀의 근육

혀를 이루는 근육에는 혀를 외부 구조물과 연결하는 외인성 근육[붓혀근(경상설근, styloglossus), 목뿔혀근(설골설근, hypoglossus), 턱끝혀근(이설근, genioglossus)] 및 다양한 내인성 근육들을 포함한다. 이 근육들은 혀밑신경(hypoglossus nerve)의 지배를 받는다.

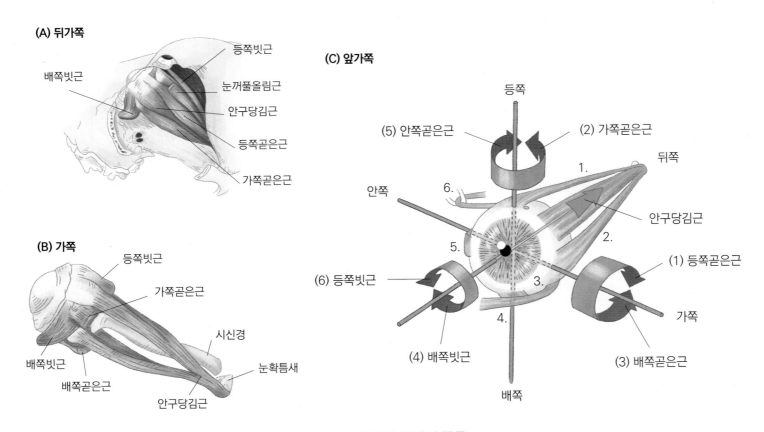

그림 4.8 안구 외재성 근육

(2) 인두와 후두의 근육

인두 주위 근육은 혀인두신경(glossopharyngeal nerve)과 미주신경(vagal nerve)의 지배를 받아 음식물을 삼키는 역할을 한다. 후두의 근육은 음식물을 삼킬 때 후두덮개(epiglottis)를 닫아 음식물이 기도로 들어가는 것을 방지하며, 성대(vocal fold)를 움직여 소리를 내도록 한다.

3 몸통 근육

몸통을 이루는 근육은 척추뼈의 가로돌기(transverse process)를 기준으로 몸통축위근육무리(epaxial muscle group)와 몸통축아래근육무리(hypaxial muscle group)로 나눌 수 있다. 몸통축위근육은 척추 가로돌기의 등쪽에 위치하며 주로 척추를 펴거나 몸통을 가쪽으로 굽힐 수 있도록 한다. 몸통축아래근육무리는 척추 가로돌기의 배쪽에 위치하는 근육으로 신체의 가슴이나 배 부위에 있다. 따라서 몸통을 굽히거나 호흡과 관련된 역할을 한다.

1) 축위 근육

축위근육은 척추를 따라 분포하며 서로 중첩되어 있으며 척추를 따라 복잡하게 얽어져 있다. 가장 가쪽에서부터 엉덩갈비근계통, 가장긴근계통, 가로가시근계통 근육무리가 위치한다(그림 4.9).

(1) 엉덩갈비근계통(장늑근, iliocostalis system)

엉덩갈비근계통은 축위 근육의 가장 바깥쪽에 위치하며 부위에 따라 목엉덩갈비근(m. iliocostalis cervicis), 등엉덩갈비근(m. iliocostalis thoracis), 허리엉덩갈비근(m. iliocostalis lumborum)으로 나뉜다.
- 작용: 양쪽 근육이 수축하는 경우 척주를 고정하며, 한쪽이 수축하는 경우 척주를 옆으로 굽힐 수 있다. 호기(expiration) 시에 갈비뼈를 뒤쪽으로 당겨 숨을 내쉬는 것을 돕는다.

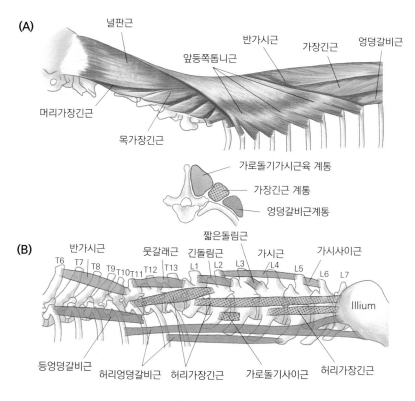

그림 4.9 축위 근육

(2) 가장긴근계통(최장근, longissimus system)

가장긴근계통은 엉덩갈비근계통의 안쪽에 위치하는 근육무리이다. 이 근육계통은 엉덩뼈부터 머리까지 여러 개의 중첩된 근육 다발로 구성되어 축위 근육의 대부분을 차지한다. 가장긴근계통은 머리가장긴근(m. longissimus capitis), 고리가장긴근(m. longissimus atlantis), 목가장긴근(m. longissimus cervicis), 등가장긴근(m. longissimus thoracis), 허리가장긴근(m. longissimus lumborum)으로 구성된다.
- 작용: 허리와 등가장긴근은 척주를 고정하거나 펴도록 도와준다. 뒷다리근육에 의해 골반에 부과되는 회전 동작에서 몸통을 안정화한다. 척주를 가쪽으로 굽힌다.

(3) 가로가시근계통(횡돌기극근, transversospinalis system)

가로가시근계통은 축위근육의 가장 안쪽에 위치한 근육으로, 하나 이상의 척추뼈를 연결하는 다양한 근육 다발로 구성된다. 가로가시근계통을 구성하는 근육은 짧은돌림근(short rotator), 긴돌림근(long rotator), 여러갈래근(multifidus), 반가시근(semispinalis)이 있다. 이 근육들은 척추를 회전하고 가쪽으로 굽힌다.

2) 가슴의 근육

갈비뼈 사이의 공간은 갈비사이근육이 채우고 있다. 이 근육층은 두층의 근육(바깥갈비사이근과 속갈비사이근)으로 구성되어 있으며 서로 다른 방향으로 교차한다(그림 4.10).

(1) 바깥갈비사이근(외늑간근, external intercostal m.)

바깥갈비사이근은 갈비사이근육 중 바깥쪽에 위치한 근육으로 앞 갈비뼈 뒤모서리에서 일어나 뒷 갈비뼈 앞쪽모서리에 닿는다. 이 근육은 뒤배쪽(caudoventrally)을 향하여 주행한다.
- 작용: 갈비뼈를 머리쪽으로 당기고 가슴안의 부피를 늘려 흡기를 유발한다.

(2) 속갈비사이근(내늑간근, internal intercostal m.)

속갈비사이근은 갈비사이근육 중 안쪽에 위치한 근육으로 뒤 갈비뼈 앞쪽모서리에서 일어나 앞 갈비뼈 뒤모서리에 닿는다. 즉 바깥갈비사이근과 교차되도록 앞배쪽(cranioventrally)을 향하여 주행한다.
- 작용: 갈비뼈를 꼬리쪽으로 당기고 가슴안의 부피를 줄여 호기를 유발한다.

(3) 가로막(횡격막, diaghragm)

가로막은 가슴안(흉강, thoracic cavity)과 배안(복강, abdominal cavity) 사이에 위치한 널힘줄 모양의 근육이다. 가로막은 흉곽(허리뼈, 갈비뼈, 복장뼈)으로부터 일어나 중심널힘줄(central tendon)에 닿는다. 가로막에는 3개의 구멍이 있어 가슴안과 배안의 통로 역할을 한다. 대동맥구멍(대동맥열공, aortic hiatus), 식도구멍(식도열공, esophageal hiatus), 대정맥구멍(대정맥공, caval foramen).

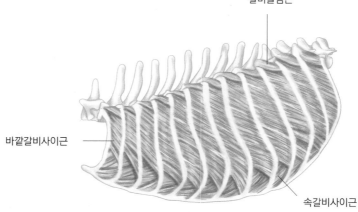

갈비올림근

바깥갈비사이근

속갈비사이근

사진 4.10 갈비사이근육

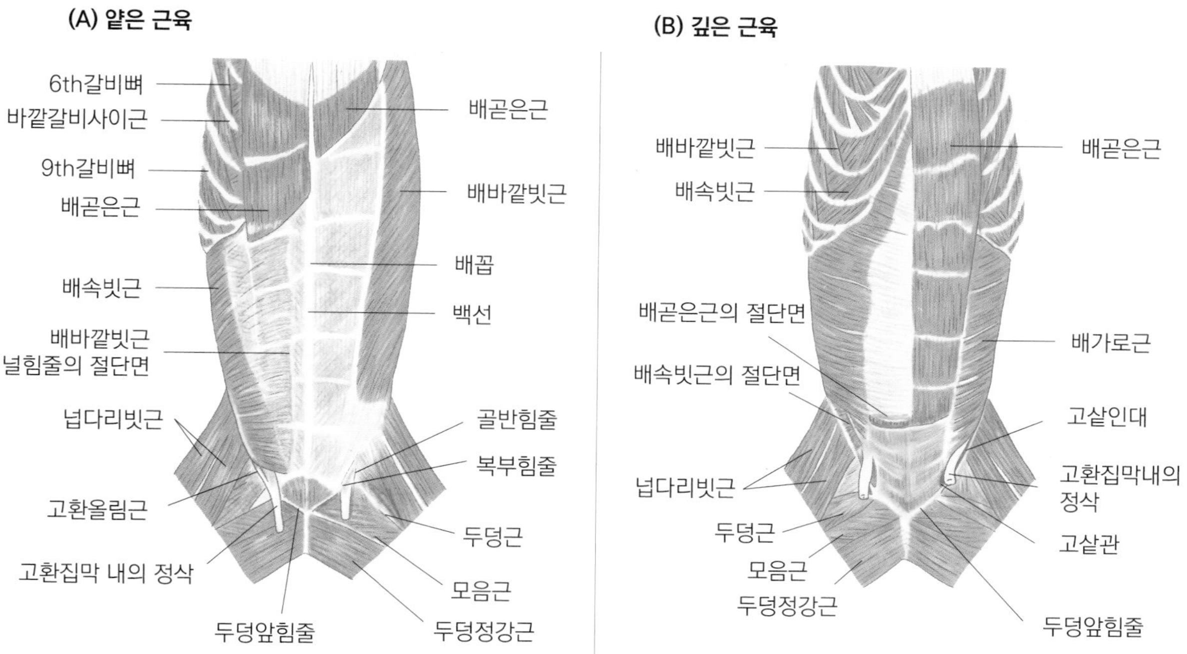

(A) 얕은 근육

- 6th갈비뼈
- 바깥갈비사이근
- 9th갈비뼈
- 배곧은근
- 배속빗근
- 배바깥빗근 널힘줄의 절단면
- 넙다리빗근
- 고환올림근
- 고환집막 내의 정삭
- 두덩앞힘줄

- 배곧은근
- 배바깥빗근
- 배꼽
- 백선
- 골반힘줄
- 복부힘줄
- 두덩근
- 모음근
- 두덩정강근

(B) 깊은 근육

- 배바깥빗근
- 배속빗근
- 배곧은근의 절단면
- 배속빗근의 절단면
- 넙다리빗근
- 두덩근
- 모음근
- 두덩정강근

- 배곧은근
- 배가로근
- 고샅인대
- 고환집막내의 정삭
- 고샅관
- 두덩앞힘줄

그림 4.11 배의 근육

- 작용: 수축 시 가슴안이 넓어지고 흡기를 유발한다.

3) 배의 근육

배를 감싸는 근육은 바깥에서부터 배곧은근, 배바깥빗근, 배속빗근, 배가로근 네 가지로 구성된다. 근육 섬유는 서로 다른 방향으로 주행하여 배안의 장기를 보호한다(그림 4.11).

(1) 배곧은근(복직근, rectus abdominis m.)

배의 정중선에는 복장뼈의 칼돌기(검상돌기, xiphoid process)로부터 두덩결합(pubic symphysis)까지 뻗어있는 섬유성 띠가 있는데 이것을 백선(linea alba)이라고 한다. 배곧은근 복벽의 배쪽에 위치하는 근육으로, 백선을 가운데로 양쪽에 세로 방향으로 길게 주행한다. 배곧은근은 복장뼈와 첫 번째 갈비연골로부터 널힘줄 형태로 일어나 두덩앞힘줄(preputic tendon)에 닿는다.

- 작용: 복부에 압력을 가하는 모든 역할(호기, 배변, 배뇨, 분만 등)에 관여한다. 복부의 장기들을 지탱한다. 골반을 앞으로 가져오며 몸통을 굽힐 수 있도록 한다.

(2) 배바깥빗근(외복사근, external abdominal oblique m.)

배바깥빗근은 가슴벽의 가쪽과 배벽을 덮는 근육이다. 배바깥빗근은 갈비 부분과 허리 부분으로 나뉜다. 전자는 4~12번째 갈비뼈의 가운데 부분에서 일어나 바깥갈비사이근육에 닿는다. 후자는 마지막 갈비뼈와 등허리근막(thoracolumbar fascia)으로부터 일어난다. 배바깥빗근은 뒤배쪽(caudoventrally)으로 주행하다가 정중선에 넓은 널힘줄을 형성한다.

- 작용: 복부에 압력을 가하는 역할을 한다. 복부의 장기를 지탱한다. 몸통을 가쪽으로 굽힐 수 있도록 한다.

(3) 배속빗근(내복사근, internal abdominal oblique m.)

배속빗근은 배바깥빗근의 아래에서 배벽을 덮는다. 배속빗근은 등허리근막과 볼기뼈결절(tuber coxae)에서 일어나 앞배쪽(cranioventrally)을 향해 주행한다. 배속빗근은 12~13번째 갈비뼈와 갈비연골 그리고 백선에 닿는다.

- 작용: 복부에 압력을 가하고 복부 장기를 지탱한다.

(4) 배가로근(복횡근, transversus abdominis m.)

배가로근은 복부의 가장 깊숙이 위치한 근육으로 복부의 가로 방향으로 달린다. 배가로근은 8번째 갈비연골에서 허리뼈의 가로돌기 및 볼기뼈 결절로부터 일어나 배쪽으로 주행한다.
- 작용: 복부에 압력을 가하고 복부 장기를 지탱한다.

(5) 고샅굴(서혜관, inguinal canal)

고샅굴이란, 사타구니(서혜부, inguinal region)에 위치한 근육과 널힘줄 사이의 틈새이다. 수컷의 경우 혈관, 신경과 함께 정삭(spermatic cord)가 지나가며 암컷은 원인대(round ligament)가 지나간다. 수컷의 고환은 출생 후 배 안에서 하강하기 시작하며, 고샅굴을 지나 음낭안으로 내려간다. 한쪽 또는 양쪽 고환이 음낭 내에서 만져지지 않고 뱃속 혹은 하강 중 고샅굴 안에 머무는 경우가 생기는데 이를 잠복고환(cryptochidism)이라 한다.

4 앞다리 근육

1) 외재성 근육(extrinsic muscle)

앞다리 외재성 근육들은 앞다리를 몸통에 부착시키는 역할을 한다. 개와 고양이의 앞다리는 관절이 아닌 근육에 의해 몸통에 연결된다 (그림 4.12).

(1) 상완머리근(상완이두근, brachiocephalicus m.)

상완머리근은 상완에서 빗장뼈(쇄골, clavicle)을 지나 머리와 목까지 이어지는 근육이다. 빗장나눔힘줄(clavicular tendon)을 기준으로 빗장상완근(cleidobrachialis)과 빗장머리근(cleidocehpalicus)으로 나뉜다. 빗장상완근은 빗장나눔힘줄로부터 일어나 위팔뼈(상완뼈, humerus)의 먼쪽 앞쪽면에 닿는다. 상완근과 상완두갈래근 사이에 부착하며 어깨관절의 앞등쪽면을 덮는다. 빗장머리근은 빗장나눔힘줄로부터 일어나 두 갈래(cervical part와 mastoid part)로 나뉘고 각각 목 부위 등쪽정중솔기(dorsal median raphe)의 앞쪽 1/2 및 관자뼈(측두골, temporal bone)의 꼭지돌기(유양돌기, mastoid process)에 닿는다.

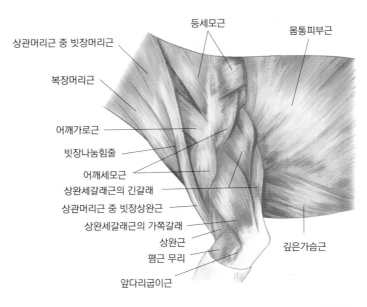

그림 4.12 어깨와 앞다리의 얕은 근육, 가쪽면

- 작용: 앞다리를 앞으로 내밀며 어깨를 편다. 또한 머리와 목을 좌우 측면으로 돌리게 한다.

(2) 어깨가로근(견갑가로근, omotransversarius m,)

어깨가로돌기근은 등세모근 배쪽에, 어깨세모근의 앞쪽에 위치한 근육으로 상완머리근 중 빗장머리근 아래에 위치한다. 고리뼈(환추, atlas)의 가로돌기에서 일어나 어깨뼈 가시의 먼쪽에 닿는다.
- 작용: 앞다리를 앞으로 내민다.

(3) 등세모근(승모근, trapezius m.)

등세모근은 넓고 얇으며 삼각형의 근육으로 피부의 깊은층에 위치하며 넓은목근(plastyma)의 뒤쪽에 위치한다. 등세모근은 목 부위(cervical part)와 가슴 부위(thoracic part)로 나뉘어 각각 목의 등쪽 정중솔기(C3~) 및 T3~T9의 가시위인대(supraspinous ligament)에서 일어나 어깨뼈의 가시에 닿는다.
- 작용: 앞다리를 위로 들어올리고 앞으로 내민다.

(4) 마름근(능형근, rhomboideus m.)

마름근은 등세모근의 아래에 위치한 근육으로 뒷통수에서 어깨뼈의 뒤까지 등쪽 정중선을 따라 주행하는 근육이다. 뒷통수뼈(후두골, occipital bone)의 목덜미능선(nuchal crest)에서 시작하여 정중솔기를 따라 6~7번째 등뼈의 가시돌기(spinous process)에서 일어나며, 어깨뼈의 등쪽 모서리에 닿는다.
- 작용: 앞다리를 올리며 어깨뼈를 가슴쪽으로 당긴다.

(5) 넓은등근(광배근, latissimus dorsi m.)

넓은등근은 삼각형의 얇고 넓은 근육으로 가쪽 흉벽의 등쪽 절반을 덮고 있다. 허리엉치근막(lumbosacral fascia), 즉 허리뼈와 마지막 7~8개의 등뼈의 가시돌기 그리고 마지막 2~3개 갈비뼈의 근육에서 일어난다. 근육은 어깨관절 방향으로 주행하여 큰원근(대원근, teres major m.) 힘줄과 섞이며, 상완뼈 안쪽면(medial)의 몸쪽(proximal)에 위치한 큰원근 결절(teres tubercle)에 닿는다.
- 작용: 몸통을 앞쪽으로 내밀며 앞다리를 뒤쪽으로 당겨 어깨관절을 굽힌다. 개의 '땅파기' 동작에 주로 사용된다.

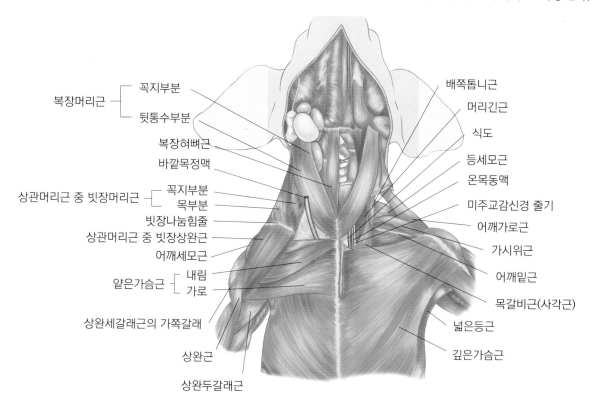

그림 4.13 가슴의 근육, 배쪽면

(6) 얕은 가슴근(얕은 흉근, superficial pectoral m.)

얕은 가슴근은 흉부의 배쪽면과 앞다리의 근위부인 겨드랑이 부위에 위치한 근육이다. 얕은 가슴근은 내림가슴근육(descending pectoral muscle)과 가로가슴근육(transverse pectoral muscle)으로 나뉘어 주행한다. 복장뼈(흉골, sternum)의 앞쪽 끝에서 일어나 위팔뼈의 큰결절 능선(crest of the greater tubercle)에 닿는다(그림 4.13).
- 작용: 앞다리를 지탱하기 위해, 앞다리를 안쪽(medial)으로 모은다(adduction). 위치에 따라 앞다리를 앞으로 내밀거나 뒤로 당기도록 하며 몸통을 가쪽(lateral)으로 당긴다.

(7) 깊은 가슴근(깊은 흉근, deep pectoral m.)

깊은 가슴근은 흉부의 가로 방향으로 달리는 넓은 근육으로 얕은 가슴근의 깊은곳에 위치한다. 깊은 가슴근은 복장뼈와 칼돌기연골(검상연골, xiphoid cartilage)로부터 일어나 위팔뼈의 작은결절(lesser tubercle)에 닿는다.
- 작용: 앞다리를 내밀고 체중이 실린 경우에는 몸통을 앞쪽으로 당기면서 어깨관절을 굽힌다. 앞다리에 체중이 실리지 않으면 앞다리

를 뒤로 당겨오며 어깨관절을 편다.

(8) 배톱니근(경복거근, serratus ventralis m.)

배톱니근은 목 부위와 가슴 부위로 나누어 몸통과 앞다리를 이어주는 근육이다. 목 부위는 마지막 5개 목뼈의 가로돌기(transverse process)에서 일어나며 가슴 부위는 7~8번째 갈비뼈에서 일어난다. 두 근육은 어깨뼈 안쪽면의 등쪽 1/3 지점에 닿는다.
- 작용: 몸통을 지탱하며 어깨뼈를 하강시킨다. 몸통과 어깨를 앞뒤로 움직일 수 있도록 한다.

2) 내재성 근육(intrinsic muscle)

(1) 어깨뼈와 어깨관절의 가쪽 근육

① 가시위근(극상근, supraspinatus m.)
가시위근은 등세모근과 어깨가로근의 깊은 곳에 위치한다. 가시위근은 어깨뼈의 가시위오목(supraspinous fossa)에서 일어나 어깨뼈의 목 가쪽 부위를 덮고 힘줄 형태로 위팔뼈의 큰결절에 닿는다.

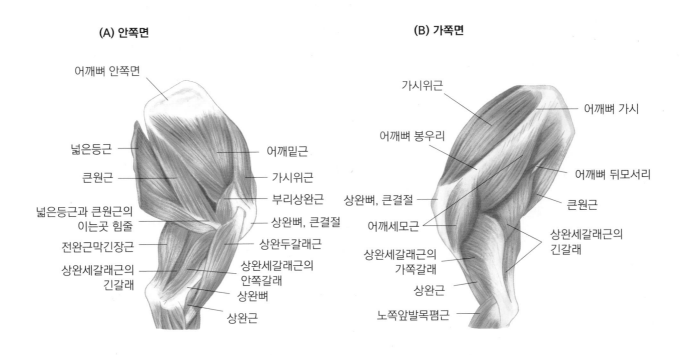

(A) 안쪽면

어깨뼈 안쪽면
넓은등근
큰원근
넓은등근과 큰원근의 이는곳 힘줄
전완근막긴장근
상완세갈래근의 긴갈래
어깨밑근
가시위근
부리상완근
상완뼈, 큰결절
상완두갈래근
상완세갈래근의 안쪽갈래
상완뼈
상완근

(B) 가쪽면

가시위근
어깨뼈 봉우리
상완뼈, 큰결절
어깨세모근
상완세갈래근의 가쪽갈래
상완근
노쪽앞발목폄근
어깨뼈 가시
어깨뼈 뒤모서리
큰원근
상완세갈래근의 긴갈래

그림 4.14 어깨와 앞다리의 얕은 근육

- 작용: 어깨 관절을 펴고 관절을 안정화한다.

② 가시아래근(극하근, infraspinatus m.)

가시아래근은 어깨세모근의 깊은 곳에 위치한다. 어깨뼈의 가시아래오목(infraspinatous fossa)에서 일어나 힘줄 형태로 위팔뼈의 큰 결절에 닿는다. 가시아래근의 닿는 점은 가시위근의 닿는점보다 뒤 가쪽(caudo-lateral)에 있다. 이 근육은 어깨관절의 바깥쪽에서 곁인대(lateral collateral ligament)처럼 작용한다.
- 작용: 어깨관절의 위치에 따라 어깨를 펴거나 굽힌다. 어깨를 벌리고(abduct) 위팔뼈를 가쪽으로 회전시킨다. 어깨관절을 안정화한다.

③ 작은원근(소원근, teres minor m.)

작은원근은 어깨뼈 뒤모서리의 면쪽, 어깨관절의 굽힘면에 위치하며 삼각근과 가시아래근에 의해 덮여있다. 어깨뼈의 면쪽 뒤모서리 1/3 지점에서 일어나 위팔뼈 큰결절에 닿는다. 작은원근의 힘줄은 가시아래근 힘줄의 뒤쪽에 닿는다.
- 작용: 어깨 관절을 굽힌다.

④ 어깨세모근(삼각근, deltoideus m.)

어깨 세모근은 어깨뼈(scapular part) 부분과 봉우리(acromion) 부분으로 나뉜다. 각각 어깨뼈의 가시(spine)와 봉우리에서 일어나 위팔뼈의 어깨세모근 거친면(deltoid tuberosity)에 닿는다.
- 작용: 어깨관절을 굽힌다.

(2) 어깨뼈와 어깨관절의 안쪽 근육

① 큰원근(대원근, teres major m.)

큰원근은 살이 있고 긴 형태의 근육으로 어깨뼈의 뒤각(caudal angle)과 뒤모서리(caudal border)에서 일어난다. 큰원근의 닿는곳은 위팔뼈 몸쪽-안쪽(proximal-medial)의 큰원근 결절(teres major tuberosity)로 넓은등근와 합쳐져 닿게 된다.
- 작용: 어깨관절을 굽히며 위팔뼈를 안쪽으로 회전시킨다.

② 어깨밑근(견갑하근, subscapularis m.)

어깨밑근은 어깨관절의 내측면에 위치한 근육이다. 어깨뼈의 어깨아래오목(견갑하와, subscapular fossa)에서 어깨관절의 내측면

(A) 가쪽

(B) 가쪽(상완세갈래근의 가쪽갈래 제거)

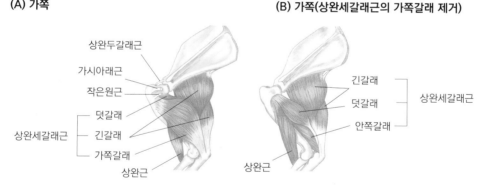

(C) 안쪽(상완두갈래근 제거)

(D) 뒤-가쪽(상완세갈래근 제거)

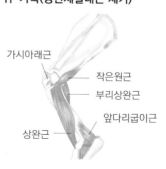

그림 4.15 어깨와 앞다리의 깊은 근육

을 감싸고 힘줄 형태로 위팔뼈의 작은 결절(minor tubercle)에 닿는다. 이 근육의 힘줄은 어깨 안쪽면에서 곁인대(medial collateral ligament)처럼 작용한다.
- 작용: 어깨관절을 모으고(adduct) 편다. 어깨관절을 굽혔을 때에는 관절 안정화를 돕는다. 위팔뼈를 안쪽으로 회전시키며 가쪽 회전을 방지한다.

(3) 상완의 앞쪽과 뒤쪽 근육

① 상완두갈래근(상완이두근, biceps brachii m.)
상완두갈래근육은 어깨뼈의 오목위결절(supraglenoid tubercle)에서 시작하여 긴 인대 형태로 위팔뼈의 결절사이고랑(intertubercular groove)을 지나 위팔뼈의 앞면을 따라 주행한다. 닿는 곳은 노뼈(요골, radius)와 자뼈(척골, ulna)의 몸쪽(proximal)-안쪽면(medial)에 위치한다.
- 작용: 앞다리굽이관절을 굽히며 어깨를 안정화시키고 편다.

② 상완근(brachialis m.)
상완근은 위팔뼈의 몸쪽(proximal)-뒤쪽(caudal)에서 일어나서 위팔뼈의 뒤가쪽(caudo-lateral), 위팔뼈의 앞쪽, 앞다리굽이관절의 굽힘면을 지나 노뼈와 자뼈의 몸쪽-안쪽면에 닿는다.
- 작용: 앞다리굽이관절을 굽힌다.

③ 상완세갈래근(상완삼두근, triceps brachii m.)
상완세갈래근은 위팔뼈의 뒤쪽에 위치한 근육으로, 앞다리굽이관절을 펴며 중력에 지탱하는 근육으로서 중요한 역할을 한다. 개에서 상완세갈래근육은 총 4개로 구성된다; 긴갈래(long head), 안쪽갈래(medial head), 덧갈래(accessory head), 가쪽갈래(lateral head). 긴갈래는 어깨뼈의 뒤 모서리에서 일어나 자뼈의 자뼈꿈치머리(olecranon)에 닿는다. 긴갈래는 이는 곳에서는 통통하고 넓은 모양이며 먼쪽으로 갈수록 힘줄 형태로 얇아지는 모양이다. 상완세갈래근육의 안쪽갈래, 덧갈래, 가쪽갈래는 긴갈래와는 다르게 위팔뼈에서부터 시작한다. 각각 위팔뼈의 몸쪽-안쪽면, 위팔뼈의 몸쪽-뒤쪽, 몸쪽-가쪽면에서 일어나 자뼈꿈치머리에 닿는다.
- 작용: (긴갈래) 앞다리굽이관절을 펴고 어깨를 굽힌다. (안쪽갈래,

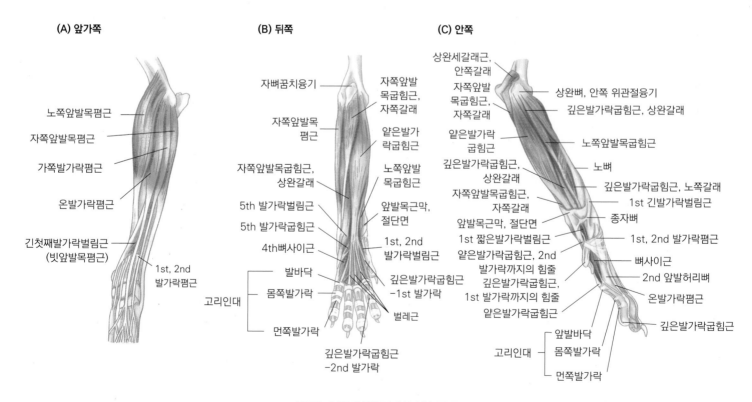

(A) 앞가쪽

노쪽앞발목폄근
자쪽앞발목폄근
가쪽발가락폄근
온발가락폄근
긴첫째발가락벌림근
(빗앞발목폄근)
1st, 2nd 발가락폄근

(B) 뒤쪽

자뼈꿈치융기
자쪽앞발목폄근
자쪽앞발목굽힘근, 상완갈래
5th 발가락벌림근
5th 발가락굽힘근
4th뼈사이근
발바닥
몸쪽발가락
먼쪽발가락
고리인대

자쪽앞발목굽힘근, 자쪽갈래
얕은발가락굽힘근
노쪽앞발목굽힘근
앞발목근막, 절단면
1st, 2nd 발가락벌림근
깊은발가락굽힘근 -1st 발가락
벌레근
깊은발가락굽힘근 -2nd 발가락

(C) 안쪽

상완세갈래근, 안쪽갈래
자쪽앞발목굽힘근, 자쪽갈래
얕은발가락굽힘근
깊은발가락굽힘근, 상완갈래
자쪽앞발목굽힘근, 자쪽갈래
앞발목근막, 절단면
1st 짧은발가락벌림근
얕은발가락굽힘근, 2nd 발가락까지의 힘줄
깊은발가락굽힘근, 1st 발가락까지의 힘줄
얕은발가락굽힘근
앞발바닥
몸쪽발가락
먼쪽발가락
고리인대

상완뼈, 안쪽 위관절융기
깊은발가락굽힘근, 상완갈래
노쪽앞발목굽힘근
노뼈
깊은발가락굽힘근, 노쪽갈래
1st 긴발가락벌림근
종자뼈
1st, 2nd 발가락폄근
뼈사이근
2nd 앞발허리뼈
온발가락폄근
깊은발가락굽힘근

그림 4.16 앞다리 하부의 근육

덧갈래, 가쪽갈래) 앞다리굽이관절을 편다.

④ 앞다리굽이근(주근, anconeus m.)

앞다리굽이근육은 얇고 넓은 근육으로 가쪽 위관절융기 능선(lateral epicondylar crest), 가쪽 위관절융기(lateral epicondyle), 자뼈꿈치오목(olecranon fossa)에서 일어나 자뼈의 몸쪽-가쪽 끝 부위에 닿는다.
- 작용: 상완세갈래근육의 작용을 도와 앞다리굽이관절을 펴며, 전완근막(antebrachial fascia)을 긴장시킨다.

(4) 전완의 앞-가쪽 근육

① 노쪽앞발목폄근(extensor carpi radialis m.)

노쪽앞발목폄근은 전완의 앞쪽에 위치한 근육으로 상완뼈의 가쪽 위관절융기에서 일어나 2~3번째 앞발허리뼈의 몸쪽에 닿는다.
- 작용: 앞발목관절을 펴고 앞다리굽이관절을 굽힌다.

② 온앞발가락폄근(common digital extensor m.)

온앞발가락폄근은 전완의 앞쪽, 노쪽앞발목폄근의 가쪽에 위치한 근육으로 상완뼈의 가쪽 위관절융기에서 일어나 2~5번째 먼쪽 발가락뼈(diatal phalanges)에 닿는다.
- 작용: 앞발목관절과 2~5번째 발가락을 편다.

(5) 전완의 뒤-안쪽 근육

① 자쪽앞발목굽힘근(flexor carpi ulnaris m.)

자쪽앞발목굽힘근은 자쪽 부분(ulnar head)과 위팔뼈 부분(humeral head)으로 나뉘어 각각 자뼈꿈치머리의 뒤쪽-몸쪽면과 위팔뼈의 안쪽 위관절융기에서 일어난다. 두 갈래 모두 덧앞발목뼈(accessory carpal bone)에 닿는다.
- 작용: 앞발목관절의 벌림(abduction)과 함께 관절을 굽힌다.

② 노쪽앞발목굽힘근(flexor carpi radialis m.)

노쪽앞발목굽힘근은 전완의 뒤안쪽에 위치한 근육으로 상완뼈의 안쪽 위관절융기에서 시작하여 2~3번째 앞발허리뼈의 앞발바닥쪽에 닿는다.
- 작용: 앞발목관절을 굽힌다.

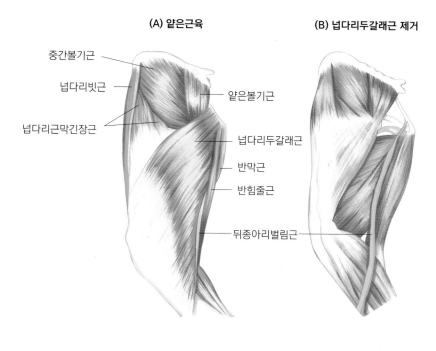

그림 4.17 넙다리 가쪽의 얕은 근육

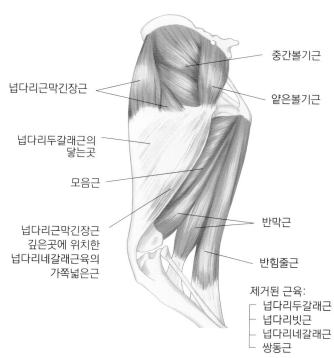

그림 4.18 넙다리 가쪽의 깊은 근육

③ 깊은발가락굽힘근(deep digital flexor m.)

깊은발가락굽힘근은 3부분으로 나뉘어 각각 위팔뼈의 안쪽 위관절융기, 자뼈의 뒤쪽 경계, 노뼈의 뒤안쪽 경계 부위에서 일어나 먼쪽발가락뼈의 발바닥면(palmer surface)에 닿는다.
- 작용: 앞발목관절과 5개 앞발가락을 굽힌다.

④ 얕은발가락굽힘근(superficial digital flexor m.)

얕은발가락굽힘근은 위팔뼈의 안쪽 위관절융기에서 일어나 2~5번째 중간 발가락뼈(middle phalanges)의 안쪽과 가쪽면에 닿는다.
- 작용: 앞발목관절과 2~5번째 발가락을 굽힌다.

5 뒷다리 근육

1) 골반 가쪽 근육

(1) 넙다리근막긴장근(tensor fasciae latae m.)

넙다리근막긴장근은 넙다리뼈 가쪽에 위치한 삼각형 모양의 근육이다. 엉덩뼈(장골, ilium)의 볼기뼈결절(tuber coxae)과 인근 부위에서 일어나 가쪽 넙다리 근막(lateral femoral fascia)에 닿는다.
- 작용: 넙다리 근막을 긴장시킨다. 엉덩 관절을 굽히고 다리를 벌리며(abduct) 무릎 관절을 편다.

(2) 얕은볼기근(superficial gluteal m.)

얕은볼기근은 볼기근 중 가장 표층에 위치하는 근육으로 작고 편평한 사각형의 근육이다. 엉치뼈(sacrum) 및 첫 번째 꼬리뼈의 가쪽 경계와 엉치결절인대(천골결절인대, sacrotuberous ligament)의 머리쪽 1/2에서 일어나서 넙다리뼈의 셋째 돌기(third trochanter)에 닿는다.
- 작용: 엉덩 관절을 편다.

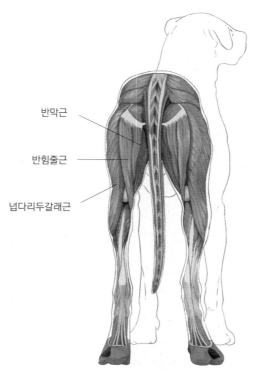

반막근

반힘줄근

넙다리두갈래근

그림 4.19 햄스트링

(3) 중간볼기근(middle gluteal m.)

중간볼기근은 엉덩뼈의 볼기면(gluteal surface)에 위치한 근육이다. 엉덩뼈의 볼기면과 엉덩뼈 능선(iliac crest)에서 일어나 궁둥구멍근(이상근, piriformis)과 함께 큰결절(대전자, greater tubercle)에 닿는다.

- 작용: 엉덩 관절을 편다. 넙다리뼈의 안쪽 회전을 유발하며 서 있을 때 가쪽으로 회전하는 것을 방지한다.

(4) 깊은볼기근(deep gluteal m.)

깊은볼기근은 가장 깊은 곳에 위치한 볼기근이다. 엉덩뼈 몸통(body of ilium)과 궁둥뼈 가시(ischial spine)에서 일어나 큰결절의 앞쪽에 닿는다.

- 작용: 엉덩 관절을 펴고 뒷다리를 벌린다(abduction). 넙다리뼈의 안쪽 회전을 유발하며 서 있을 때 가쪽으로 회전하는 것을 방지한다.

2) 넙다리 뒤쪽 근육

(1) 넙다리두갈래근(대퇴이두근, biceps femoris m.)

넙다리두갈래근은 넙다리 가쪽과 뒤쪽에 위치하는 크고 긴 근육으로 엉치결절인대와 궁둥뼈결절(ischiatic tuberosity)에서 일어난다. 근육은 넙다리근막으로 이어져 무릎뼈(patella), 무릎뼈 인대(patella ligament), 정강뼈(tibia)의 앞면을 지나며, 종아리 근막(crural fascia)으로 이어져 장딴지근과 함께 주행한다. 근육은 온뒷발꿈치힘줄(common calcaneal tendon, Achilles tendon)의 형태로 뒷발꿈치뼈융기(tuber calcanei)에 닿는다.

- 작용: 부위에 따라 서로 다른 역할을 한다. 근육의 앞쪽 부위는 엉덩관절을 펴서 중력에 지탱하는 근육으로 사용된다. 뒤쪽 부위는 무릎 관절을 굽히며 뒷발목관절을 편다.

(2) 반힘줄근(반건양근, semitendinosus m.)

반힘줄근은 2.5~3.5cm 굵기의 근육으로 궁둥뼈 결절의 가쪽에서 일어난다. 반힘줄근은 넙다리두갈래근과 반막근의 사이에서 넙다리 뒤쪽을 따라 주행하다가 넙다리두갈래근의 뒤쪽 가장자리에서

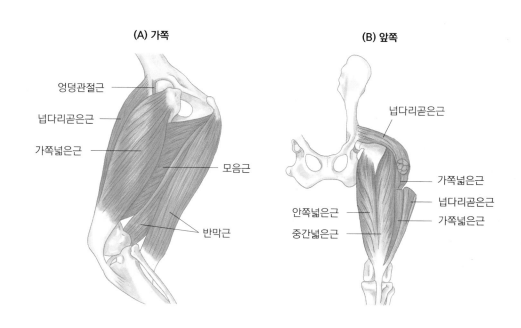

(A) 가쪽

엉덩관절근
넙다리곧은근
가쪽넓은근
모음근
반막근

(B) 앞쪽

넙다리곧은근
가쪽넓은근
넙다리곧은근
안쪽넓은근
가쪽넓은근
중간넓은근

그림 4.20 넙다리의 깊은근육

반막근을 따라 안쪽 오금(popliteal)방향으로 이어진다. 반힘줄근은 널힘줄 형태로 정강뼈 안쪽면에 닿으며, 뒤쪽으로는 두덩정강근(gracilis m.)과 함께 장딴지근(gastrocnemius m.)을 지나 뒷발꿈치뼈융기에 닿는다.
- 작용: 엉덩 관절과 뒷발목 관절을 편다. 다리를 딛지 않았을 때 무릎 관절을 굽힌다.

(3) 반막근(반막상근, semimembranosus m.)

반막근은 넙다리두갈래근과 반힘줄근과 함께 넙다리 뒤쪽에서 햄스트링을 구성하는 근육이다. 가쪽으로는 넙다리두갈래근과 반힘줄근이 위치하며, 안쪽으로는 모음근(adductor m.)과 두덩정강근이 위치한다. 반막근은 궁둥뼈 결절에서 일어나 두 개의 힘살로 나뉜다. 앞쪽 힘살은 넙다리뼈의 안쪽선(medial lip)과 안쪽 관절 융기(medial condyle)에 닿는다. 뒤쪽 힘살은 앞쪽 힘살의 가쪽으로 주행하여 장딴지근의 이는점 널힘줄에 닿는다.
- 작용: 발을 단단한 바닥에 놓았을 때 엉덩 관절을 편다. 앞쪽 부분은 디딤기(입각기, stance phase) 동안 활성화하여 엉덩 관절을 편다. 뒤쪽 부분은 두 개의 관절에 관여하여 무릎관절은 굽히고 엉덩

관절은 편다.

3) 넙다리 앞쪽 근육

(1) 넙다리네갈래근(대퇴사두근, quadriceps femoris m.)

넙다리네갈래근은 넙다리의 앞쪽, 가쪽, 안쪽을 덮는 근육으로 총 4개의 갈래로 구성된다; 넙다리곧은근(rectus femoris), 안쪽넓은근(vastus medialis), 중간넓은근(vastus intermedius), 가쪽넓은근(vastus lateralis). 이 중 넙다리곧은근은 절구(acetabulum) 바로 앞쪽의 엉덩뼈에서 일어나며, 나머지 세 개의 갈래(안쪽넓은근, 중간넓은근, 가쪽넓은근)는 각각 넙다리의 앞-안쪽 근위부, 앞-가쪽 근위부, 가쪽 근위부에서 일어난다. 네 갈래의 근육의 힘줄은 무릎 힘줄(patella ligament)로 이어지고 무릎 관절의 앞쪽 면을 지나 정강뼈거친면(tibial tuberosity)에 닿는다.
- 작용: 무릎 관절을 펴고 엉덩 관절을 굽힌다. 종아리 근막(fascia cruris)을 긴장시킨다.

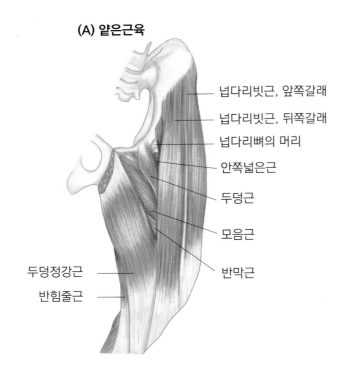

(A) 얕은근육

넙다리빗근, 앞쪽갈래
넙다리빗근, 뒤쪽갈래
넙다리뼈의 머리
안쪽넓은근
두덩근
모음근
반막근
두덩정강근
반힘줄근

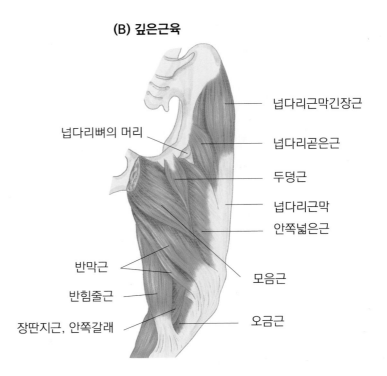

(B) 깊은근육

넙다리근막긴장근
넙다리뼈의 머리
넙다리곧은근
두덩근
넙다리근막
안쪽넓은근
반막근
모음근
반힘줄근
장딴지근, 안쪽갈래
오금근

그림 4.21 넙다리 안쪽의 근육

4) 넙다리 안쪽 근육

(1) 넙다리빗근(봉공근, sartorius m.)

넙다리빗근은 넙다리의 안쪽부위에 위치한 길고 편평한 근육으로 앞쪽 갈래(cranial head)와 뒤쪽 갈래(caudal head)로 나뉜다. 앞쪽 갈래는 엉덩뼈 능선(iliac crest), 앞배쪽 엉덩뼈 가시(cranio-ventral iliac spine) 그리고 등허리근막(thracolumbar fascia)에서 일어나 넙다리네갈래근과 함께 무릎뼈에 닿는다. 뒤쪽 갈래는 앞쪽 갈래 근처에 위치하며 엉덩뼈의 볼기뼈 결절(tuber coxae)에서 일어나 두덩정강근과 함께 정강뼈 앞모서리에 닿는다.

- 작용: 뒷다리를 내밀 때는 엉덩 관절과 무릎을 굽히며, 서 있을 때는 무릎 관절을 편다.

(2) 두덩정강근(박근, gracilis m.)

두덩정강근은 넙다리 안쪽의 뒤쪽면을 덮는 넓은 표층 근육이다. 두덩정강근은 두덩결합(pubic symphysis)에서 일어나 정강뼈 앞쪽 경계면에 닿고 종아리 근막으로 이어져 뒷발꿈치뼈융기에 닿는다.

- 작용: 다리를 모은다(adduction). 엉덩 관절과 뒷발목 관절을 펴고 무릎 관절을 굽힌다.

(3) 두덩근(치골근, pectineus m.)

두덩근은 작은 방추형의 근육으로 넙다리 깊게 위치한 모음 근육이다. 두덩근은 엉덩두덩융기(iliopubic eminence)와 연골로부터 직접 일어나며 두덩앞힘줄(preputic tendon)과 인접한 복부 근육으로부터 힘줄 형태로 일어난다. 두덩근은 먼쪽으로 갈수록 납작한 형태를 띠며 넙다리뼈 뒤쪽 면의 안쪽선을 따라 닿는다. 두덩근의 가장 먼쪽 닿는 곳에는 반막근의 닿는곳이 위치한다.

- 작용: 넙다리를 모은다(adduction).

(4) 모음근(내전근, adductor m.)

모음근은 긴모음근(adductor longus)과 큰 모음근(adductor magnus et brevis) 두 개의 근육으로 구성된다. 긴모음근은 두덩뼈결절(pubic tubercle)에서 일어나 넙다리뼈 셋째 돌기(third trochater) 근처의 가쪽선(lateral lip)에 닿는다. 큰모음근은 골반결합(pelvic symphysis) 전체와 인접 궁둥활(ischiatic arch)로부터 시작하여 넙

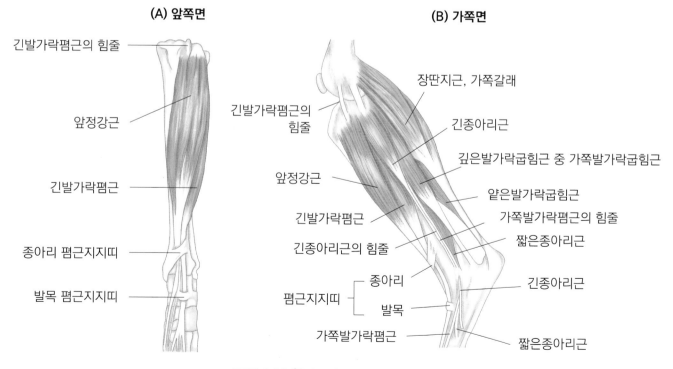

(A) 앞쪽면

긴발가락폄근의 힘줄
앞정강근
긴발가락폄근
종아리 폄근지지띠
발목 폄근지지띠

(B) 가쪽면

긴발가락폄근의 힘줄
장딴지근, 가쪽갈래
긴종아리근
깊은발가락굽힘근 중 가쪽발가락굽힘근
앞정강근
얕은발가락굽힘근
긴발가락폄근
가쪽발가락폄근의 힘줄
긴종아리근의 힘줄
짧은종아리근
종아리
긴종아리근
폄근지지띠
발목
가쪽발가락폄근
짧은종아리근

그림 4.22 뒷다리 하부의 얕은 근육

다리뼈의 뒤쪽 거친면의 가쪽선 전체에 닿는다.
- 작용: 엉덩관절을 펴고 넙다리를 모은다(adduction).

5) 정강이 앞가쪽 근육

(1) 앞정강근(전경골근, cranial tibial m.)

앞정강근육은 정강뼈 앞쪽면에 위치한 표층근육이다. 앞정강근육은 정강뼈의 가쪽에서 일어나 정강뼈의 앞쪽을 지나 안쪽까지 이어지며 첫 번째와 두 번째 뒷발 허리뼈 바닥(base)의 발바닥면(plantar surface)에 닿는다.
- 작용: 발목 관절을 굽히고 발바닥면이 안쪽을 향하도록 뒷발을 가쪽으로 돌린다(엎침, 회외, supination)

(2) 긴종아리근(장비골근, peroneus longus m., fibularis longus m.)

긴종아리근은 힘살이 짧은 근육으로 종아리 외측면의 몸쪽 절반에 위치하는 근육이다. 이 근육은 앞정강근과 가쪽발가락굽힘근(lateral digital flexor m.)의 사이에 위치한다. 긴종아리근은 정강뼈의 가쪽 관절융기(lateral condyle), 무릎관절의 가쪽 곁인대(collateral ligament) 그리고 종아리뼈(fibula)의 머리에서 일어난다. 근육은 정강뼈의 종아리의 외측을 따라 주행하며, 정강뼈 중간 정도에서 힘줄 형태가 되고 네 번째 뒷발목뼈(tarsal bone)와 뒷발허리뼈의 바닥 뒷발바닥면에 닿는다.
- 작용: 뒷발목 관절을 굽히고 발바닥면이 가쪽을 향하도록 뒷발을 안쪽으로 돌린다(뒤침, 회내, pronation).

(3) 긴발가락폄근(장지신근, long digital extensor m.)

긴발가락폄근은 앞쪽으로는 앞정강근, 가쪽으로는 긴종아리근 사이에 위치한 근육이다.
넙다리뼈의 가쪽 원위부에서 일어나 2~5번째 발가락 끝마디뼈 등쪽(폄근 돌기, extensor process)에 닿는다.
- 작용: 뒷발목 관절을 굽히고 발가락을 편다.

6) 정강이 뒤쪽 근육

(1) 장딴지근(비복근, gastrocnemius m.)

장딴지근육은 종아리의 뒤쪽에 위치한 근육으로 가쪽 갈래와 안쪽 갈래로 구분되어 얕은발가락굽힘근(superficial digital felxors)을

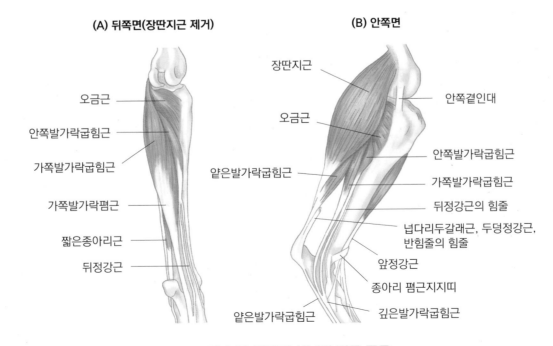

(A) 뒤쪽면(장딴지근 제거)

- 오금근
- 안쪽발가락굽힘근
- 가쪽발가락굽힘근
- 가쪽발가락폄근
- 짧은종아리근
- 뒤정강근
- 얕은발가락굽힘근

(B) 안쪽면

- 장딴지근
- 오금근
- 얕은발가락굽힘근
- 안쪽곁인대
- 안쪽발가락굽힘근
- 가쪽발가락굽힘근
- 뒤정강근의 힘줄
- 넙다리두갈래근, 두덩정강근, 반힘줄의 힘줄
- 앞정강근
- 종아리 폄근지지띠
- 깊은발가락굽힘근

그림 4.23 뒷다리 하부의 깊은 근육

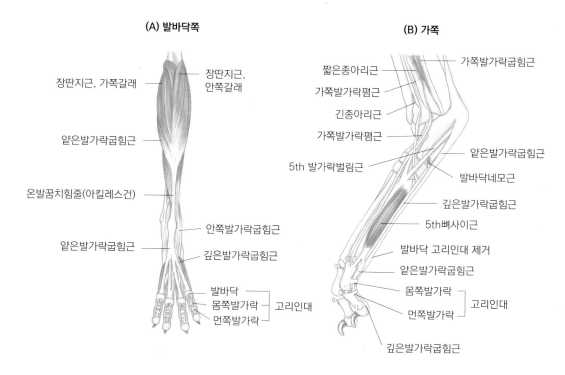

(A) 발바닥쪽

장딴지근, 가쪽갈래
장딴지근, 안쪽갈래
얕은발가락굽힘근
온발꿈치힘줄(아킬레스건)
얕은발가락굽힘근
안쪽발가락굽힘근
깊은발가락굽힘근
발바닥
몸쪽발가락 } 고리인대
먼쪽발가락

(B) 가쪽

짧은종아리근
가쪽발가락폄근
긴종아리근
가쪽발가락폄근
5th 발가락벌림근
가쪽발가락굽힘근
얕은발가락굽힘근
발바닥네모근
깊은발가락굽힘근
5th뼈사이근
발바닥 고리인대 제거
얕은발가락굽힘근
몸쪽발가락 } 고리인대
먼쪽발가락
깊은발가락굽힘근

그림 4.24 뒷발목과 뒷발가락의 근육

감싸고 있다. 가쪽 갈래와 안쪽 갈래는 각각 넙다리뼈 가쪽관절융기 위거친면(lateral supracondylar tuberosity)과 안쪽 관절융기위거친 면(medial supracondylar tuberosity)에서 일어난다. 두 갈래의 근육은 먼쪽에서 합쳐져 뒷발꿈치뼈융기의 등쪽에 닿는다. 장딴지근의 힘줄은 온뒷발꿈치힘줄을 구성하는 중요한 요소이다.
- 작용: 뒷발목관절을 펴고 무릎관절을 굽힌다.

(2) 얕은발가락굽힘근(superficial digital flexor m.)

얕은발가락굽힘근은 장딴지근의 가쪽갈래와 함께 넙다리뼈 가쪽관절융기위거친면에서 일어난다. 근육은 힘줄 형태로 뒷발꿈치뼈융기에 닿으며, 힘줄은 이어져 2~5번째 발가락 중간마디뼈 바닥에 닿는다.

임상적 고려사항(Clinical considerations)

슬개골 탈구(Patellar luxation)

무릎뼈(슬개골, patella)는 넙다리네갈래근의 먼쪽 힘줄에 싸여있으며, 넙다리뼈의 먼쪽 도르래 고랑에 위치한다. 넙다리네갈래근의 먼쪽 힘줄은 무릎힘줄(patella tendon)로 연결된다. 무릎 힘줄은 무릎 앞쪽을 지나 정강뼈의 정강뼈 거친면에 닿는다. 넙다리네갈래근을 구성하는 구조가 잘못 정렬되는 경우 도르래 고랑으로부터 무릎뼈가 부분적으로 또는 완전히 이탈되는데, 이를 슬개골 탈구라고 한다.

무릎뼈의 안쪽 탈구가 지속되면, 넙다리뼈 먼쪽의 바깥쪽으로 가해지는 긴장이 증가하여 뒷다리 먼쪽의 가쪽 비틀림과 정강뼈의 안쪽 비틀림을 증가시킬 수 있다. 이러한 정렬은 무릎뼈의 탈구를 강화하며, 추가적인 근골격계의 변형과 함께 뼈관절염(Osteoarthritis)과 앞십자인대단열(Cranial cruciate ligament rupture, CCLR) 등의 질환을 유발할 수 있다.

- 작용: 뒷발가락의 몸쪽 두 마디 관절을 굽힌다. 무릎관절을 굽히고 뒷발목 관절을 편다.

(3) 깊은발가락굽힘근(deep digital flexor m.)

깊은발가락굽힘근은 종아리 뒤쪽에 위치하는 근육으로, 장딴지근과 얕은발가락굽힘근의 깊은 곳에 위치한다. 깊은발가락굽힘근은 두 근육으로 구성되는데, 이는 각각 가쪽발가락굽힘근(lateral digital flexor m.)과 안쪽발가락굽힘근(medial digital flexor m.)이다. 이 근육들은 정강뼈의 몸쪽 2/3과 종아리뼈 몸쪽 1/2에서 일어나 뒷발가락 끝마디뼈 바닥 뒷발바닥면(굽힘근 결절, flexor tubercle)에 닿는다

- 작용: 뒷발가락 관절을 굽히고 뒷발목 관절을 편다.

- 민무늬근육(평활근, smooth muscle)

  자율신경에 의해 지배를 받는 근육으로, 내장이나 혈관에 분포함. 가로무늬가 없어 민무늬근육 또는 평활근이라 불림.

- 심장근육(심근, cardiac muscle)

  심장을 구성하는 근육. 가로무늬를 가지며 하나의 기능적 합포체로 작용하기 위해 사이원반으로 연결되어 있음. 자율신경계의 지배를 받음.

- 뼈대근육(골격근, skeletal muscle)

  골격에 부착하여 몸의 움직임을 유발하는 근육. 체성신경의 지배를 받아 의식적으로 조절할 수 있음.

- 수의근(voluntary muscle)

  체성신경의 지배를 받아 의식적으로 움직임을 조절할 수 있는 근육으로 뼈대근육이 수의근에 속한다.

- 불수의근(involuntary muscle)

  자율신경의 지배를 받아 의지의 통제를 받지 않고 움직이는 근육이다. 심장근육과 민무늬근육이 불수의근에 속한다.

- 이는곳(기시점, origin)

  근육의 부착점 중 근육 수축시에 움직임이 적고 고정점을 이루는 곳

- 닿는곳(정지점, insertion)

  근육의 부착점 중 근육 수축시에 위치가 좀 더 크게 이동하는 곳

- 근원섬유(myofibril)

  근섬유의 세포질을 형성하고 있는 가느다란 필라멘트 형태의 섬유. 가는미세섬유(액틴, actin)와 굵은미세섬유(미오신, myosin)으로 구성됨.

- 근육원섬유마디(근절, sarcomere)

  골격근 수축의 기본단위로, 골격근의 Z선과 Z선 사이를 뜻함. 골격근이 수축하면 액틴이 미오신 사이로 미끄러져 들어가 근육원섬유마디의 길이가 짧아짐.

- 가로무늬(횡문, striation)

  근육미세섬유인 액틴과 미오신이 배열되는 과정에서 근섬유의 각 부분으로 빛이 통과할 때 생기는 굴절률의 차이로 인해 생기는 무늬. 가로무늬는 밝은 영역대인 I대와 어두운 영역대인 A대로 나누어짐.

- 신경근육접합부(신경근접합부, neuromuscular junction, NMJ)

  운동신경섬유와 근섬유 사이의 화학적 시냅스, 운동신경세포는 신경근육접합부를 통해 근섬유에 전기 자극을 전달하여 근육의 수축을 일으킴.

- 아데노신삼인산(Adenosine triphosphate, ATP)

  아데노신에 세 개의 인산기가 결합한 형태로, 신체의 에너지 화폐로 사용됨. 신체에서 근육 수축, 신경세포에서 흥분의 전도, 물질 합성 등의 생명 활동을 수행함.

복습문제

1. 다음 중 뼈대근육에 대한 설명으로 옳은 것은?

   A. 심장을 구성한다.
   B. 가로무늬가 있다.
   C. 불수의근이다.
   D. 체성신경의 조절을 받는다.
   E. 핵이 여러 개이다.

   ① A, B, C
   ② A, C, E
   ③ B, C, D
   ④ B, C, E
   ⑤ B, D, E

2. 다음 빈칸에 알맞은 단어로 옳은 것은?

뼈대근육은 두껍고 두툼한 힘살과 이를 중심으로 양쪽으로 얇아지는 머리가 있다. 근육은 치밀 섬유성 결합조직인 (A)에 의해 뼈에 부착된다. 부착지점 중 근육의 수축과 이완에 따라 움직임이 적은 부위를 (B), 움직임이 큰 부위를 (C)라고 한다.

   ① (A)힘줄, (B)이는곳, (C)닿는곳
   ② (A)힘줄, (B)닿는곳, (C)이는곳
   ③ (A)인대, (B)이는곳, (C)닿는곳
   ④ (A)인대, (B)닿는곳, (C)이는곳
   ⑤ (A)연골, (B)닿는곳, (C)이는곳

3. 뼈대근육에서 가는 미세섬유만 있어 밝게 보이는 I띠와 가는 미세섬유와 굵은 미세섬유가 겹쳐져 어둡게 보이는 A띠가 서로 반복적으로 보이는 무늬를 뜻하는 것은?

   ① 액틴(actin)
   ② 미오신(myosin)
   ③ 근육원섬유마디(sarcomere)
   ④ 가로무늬(striation)
   ⑤ 트로포닌(troponin)

4. 다음 빈칸에 알맞은 단어로 옳은 것은?

운동신경을 따라 전달된 활동전위는 근육세포를 탈분극시킨다. 근육세포의 탈분극으로 생성된 활동전위는 근육의 근세포질그물 안에 저장되어 있던 (　)을 방출시킨다. 세포질로 방출된 (　)은 트로포닌과 결합한다. 이 결합으로 인해 액틴의 미오신 결합부위가 노출되고 미오신과 액틴이 교차결합을 형성한다.

   ① Na^+
   ② K^+
   ③ Ca^{2+}
   ④ Mg^{2+}
   ⑤ Cl^-

5. 눈을 이루는 외재성근육 중 눈을 뒤쪽(caudal) 방향으로 당기는 것은?

   ① 가쪽 곧은근(rectus lateralis m.)
   ② 등쪽 곧은근(rectus dorsalis m.)
   ③ 안구당김근(retractor bulbi m.)
   ④ 등쪽 빗근(dorsal oblique m.)
   ⑤ 안쪽 곧은근(medial lateralis m.)

6. 축위 근육 중 가장 등쪽과 가쪽에 위치하며 척추를 고정하며 옆으로 굽힐 수 있도록 하는 근육은?

   ① 갈비사이근계통(intercostlis system)
   ② 엉덩갈비근계통(iliocostalis system)
   ③ 가장긴근계통(longissimus system)
   ④ 배곧은근(rectus abdominis m.)
   ⑤ 가로가시근계통(transversospinalis system)

7. 위팔뼈의 뒤쪽에 위치한 근육으로 총 4개의 갈래로 구성되며 앞다리굽이관절을 펴고 어깨 관절을 굽히는 것으로 옳은 것은?

   ① 상완두갈래근(상완이두근, biceps brachii m.)
   ② 넙다리네갈래근(대퇴사두근, quadriceps femoris m.)
   ③ 상완근(brachialis m.)
   ④ 상완세갈래근(상완삼두근, triceps brachii m.)
   ⑤ 어깨밑근(견갑하근, subscapularis m.)

8. 다음 중 햄스트링을 이루는 근육으로 옳은 것은?

A. 넙다리두갈래근(대퇴이두근, biceps femoris m.)
B. 넙다리네갈래근(대퇴사두근, quadriceps femoris m.)
C. 반막근(반막상근, semimembranosus m.)
D. 반힘줄근(반건양근, semitendinosus m.)
E. 넙다리빗근(봉공근, sartorius m.)

① A, B, C
② A, C, D
③ B, C, D
④ B, D, E
⑤ C, D, E

9. 다음 중 엉덩 관절을 굽히는 근육으로 올바르게 짝지은 것은?

① 반힘줄근(semitendinosus m.)–반막근(semimembranosus m.)
② 넙다리네갈래근(quadriceps femoris m.)–넙다리빗근(sartorius m.)
③ 반막근(semimembranosus m.)–넙다리네갈래근(quadriceps femoris m.)
④ 모음근(adductor m.)–넙다리네갈래근(quadriceps femoris m.)
⑤ 장딴지근(gastrocnemius m.)–넙다리빗근(sartorius m.)

10. 다음 중 온뒷발꿈치힘줄(common calcaneal tendon, Achilles tendon)을 구성하는 근육이 아닌 것은?

① 넙다리두갈래근(대퇴이두근, biceps femoris m.)
② 반힘줄근(반건양근, semitendinosus m.)
③ 두덩정강근(박근, gracilis m.)
④ 장딴지근(비복근, gastrocnemius m.)
⑤ 넙다리네갈래근(대퇴사두근, quadriceps femoris m.)

정답: 1.⑤ 2.① 3.④ 4.③ 5.③ 6.② 7.④ 8.② 9.② 10.⑤

📁 참고문헌

1. Cunningham's Textbook of Veterinary Physiology 5th Edition, Elsevier.
2. 수의생리학, 제6판, 라이프사이언스.
3. Miller's Anatomy of the Dog, 4th Edition, Elsevier.
4. Guide to the Dissection of the Dog 7th Edition, Elsevier.
5. Canine Sports Medicine and Rehabilitation, 2nd Edition, WILEY Blackwell.

동물체의 신경계

1 신경계의 개요

동물이 자신을 둘러싼 환경으로부터 자극을 받아들이고 반응을 일으키는 것과 관련된 계통이다. 뇌와 척수, 그리고 신체 각 부위 사이에 필요한 정보를 서로 전달해 각 기관계를 연결하여 신체의 활동을 조절하는 것이다. 뇌와 척수는 **중추신경계**(central nervous system, CNS)에 해당하며, **말초신경계**(peripheral nervous system, PNS)는 중추신경계에서 나와 온몸에 가지모양으로 분포하고 있어 신체 각 부위에 정보를 전달하는 역할을 한다. 이 두 신경계는 신체의 항상성을 유지하는 동시에 생명을 유지하고 번식하는 모든 과정에 관여한다. 뇌는 자극을 받아들이고 전달하며, 이를 해석하여 명령을 내리는 신경계의 최고 중추로서, 각종 정보들을 받아들이고 반응을 결정하며 명령을 내린다.

2 신경세포(뉴런)

뉴런(neuron)은 일반 세포처럼 핵이 있고 대사를 하는 등의 특징은 그대로 유지하고 있지만 전기적 신호 전달의 역할도 한다. 뉴

1) 뉴런의 구조

(1) 신경세포체

뉴런의 중앙 부분으로, 핵과 대부분의 세포 소기관이 위치한다. 영양을 공급과 대사활동을 하여 세포를 유지하는 역할을 한다.

(2) 수상돌기

세포체 주변으로 뻗어 나온 짧은 돌출부로 뻗어나갈수록 두께가 얇아진다. 수상돌기는 다른 뉴런으로부터 신호를 받아들이며, 수상돌기를 통해 받은 신호는 세포체로 전달된다. 수상돌기가 많을수록 더 많은 신호를 받아들일 수 있다.

(3) 축삭돌기

세포체에서 나와 길게 뻗어 있는 원형질의 돌출부로 일정한 두께로 뻗어나간다. 수상돌기는 전기 신호를 받아들이는 데 비해 축삭돌기는 전기 신호를 전달하는 역할을 한다. 축삭돌기는 전기적 신경 신호 누수를 방지하고 신호 전달 속도를 증폭시키는 절연체로 둘러싸여 있는데, 이를 미엘린수초((myelin sheath) 또는 말이집이라 한

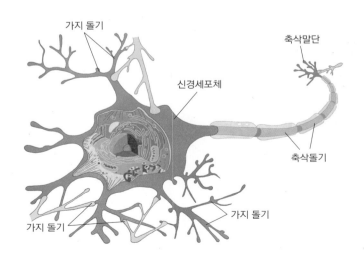

그림 5.1 신경세포의 구조

다. 중추신경에서는 희소돌기아교세포(oligodendroglia), 말초신경에서는 슈반세포(Schwann cell)가 말이집을 형성한다. 축삭돌기는 다른 신경세포들과 연결되는 것이 보통이지만, 근육세포나 분비세포와 연결되기도 한다. 신경세포 간의 연결 또는 신경세포와 다른 세포와의 연결은 시냅스(synapse)에 의한다.

(4) 시냅스

신경세포 간의 신호 전달을 위한 신경접합부로, 일반적으로는 한 뉴런의 축삭 말단과 다음 뉴런의 가시돌기 사이의 틈을 말한다. 신호 전달 방법에 따라 **화학적(chemical) 시냅스**와 **전기적(electrical) 시냅스**로 구분된다.

화학적 시냅스에서는 시냅스전 세포에서 넘어온 전기신호를 신경전달물질로 바꿔 시냅스후 세포로 전달하고, 전달받은 신경전달물질은 다시 전기신호로 전환된다(그림 5.2). 전기신호가 축삭 말단에 도달하면 칼슘 이온(Ca^{2+})이 세포막 내로 유입되면서 시냅스 소포가 세포막과 융합되게 된다. 막에 융합된 소포에서 신경전달물질(neurotransmitter)이 방출·확산되어 시냅스후의 세포막 수용체에 결합하면서 신호가 다음 뉴런으로 전달된다. 신경전달물질로는 아세틸콜린, 노르에피네프린, 글루타메이트, 가바, 세로토닌, 도파민 등이 있다. 화학적 시냅스는 전기적 시냅스와 달리 신호 전달 방향이 단일 방향(시냅스전 세포 → 시냅스후 세포)으로 흐른다.

전기적 시냅스는 시냅스전 세포와 시냅스후 세포 사이의 간극연접(복합단백질 통로로 두 세포의 세포질이 밀접하게 연결)으로 이루어진 기계적 전기적 연결로서 이온이 통로를 통해 직접 전달되면서 신호를 전달한다. 전기적 시냅스는 화학적 시냅스보다 자극을 더 빠르게 전달하기 때문에 반사 관련 신경계에서 관찰된다. 전기적 시냅스의 주요한 특징은 대부분 양방향성이라는 것이다.

2) 뉴런의 종류

뉴런은 기능에 따라 **감각(sensory)**, **중간(inter)**, **운동(motor)** 뉴런의 세 종류로 구분된다(그림 5.3). 신경세포체, 가지돌기, 축삭돌기를 갖고 있어 기본적인 구조는 같지만, 모양에 차이가 있다.

(1) 감각뉴런

우리 몸의 감각 수용기에서 받아들인 자극에 대한 정보를 중추신경계로 전달하는 역할을 한다. 우리 몸의 중심에 해당하는 중추신경계로 정보를 전달하기 때문에, 구심성(중심으로 가까워지려는 성질) 뉴런이라고 한다.

(2) 운동뉴런

운동 뉴런은 감각 뉴런과는 반대로, 뇌를 포함한 중추신경계에서 만들어진 명령(자극에 대한 적절한 반응)을 우리 몸의 반응기로 전달하는 역할을 한다.

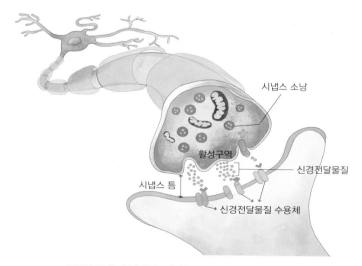

시냅스 소낭

활성구역

신경전달물질

시냅스 틈

신경전달물질 수용체

그림 5.2 화학적 시냅스에서의 신호전달

(3) 연합(중간)뉴런

연합뉴런은 중추신경계에 존재하며, 형태가 감각 및 운동뉴런보다 다양하다. 연합뉴런은 가지돌기와 축삭돌기가 매우 복잡한 가지 형태를 띠고 있으며, 많은 다른 뉴런들과 연결되어 있다. 연합뉴런들이 연결된 네트워크는 감각뉴런으로부터 온 정보를 분석하고 통합하여 적절한 반응에 대한 명령을 생성하여 운동뉴런을 통해 반응기로 전달한다. 이러한 과정이 매우 간단한 경우에는 감각뉴런과 운동뉴런, 연합뉴런이 각각 한 개씩만 관여하지만, 신체의 복잡한 반응을 이끌어낼 때는 많은 수의 연합뉴런이 관여한다.

3 중추신경계

두개골에 싸여있는 **뇌**(brain)와 **척수**(spinal cord)를 포함하는 신경계로 말초신경계와 함께 동물의 행동이나 신체 기작을 제어한다. 척추동물의 중추신경계는 배아 시기 관찰되는 속이 빈 등쪽 신경삭으로부터 유래하며 이와 같은 특징은 척삭동물의 계통적 특징이다.

1) 뇌

발생학적으로 신경관의 앞쪽이 부풀어서 발달한 것으로, **대뇌**(cerebrum), **뇌줄기**(brainstem), **사이뇌**(간뇌; diencephalon), **소뇌**(cerebellum)로 구분된다(그림 5.4). 호흡, 순환, 심장박동, 소화 등의 생명 활동과 직결된 작용을 조절하는 부위인 **중간뇌**(중뇌, mesencephalon), **다리뇌**(교뇌, pons), **숨뇌**(연수, medulla oblongata)를 묶어서 **뇌줄기**(brainstem)라고 한다. 뇌줄기는 해부학적 구조상으로 척수와 대뇌 사이에 줄기처럼 연결된 부분으로 숨뇌의 끝은 척수와 연결되어 있다. 대뇌와 소뇌는 의식적인 여러 활동이나 조절에 관계하며, 뇌줄기는 무의식적인 여러 활동, 예를 들면 반사적인 운동이나 내장 기능 등의 중추이다. 따라서, 뇌줄기는 생존에 필수적인 구조이고, 대뇌와 소뇌는 '보다 잘 살아가기' 위한 구조라고 할 수 있다.

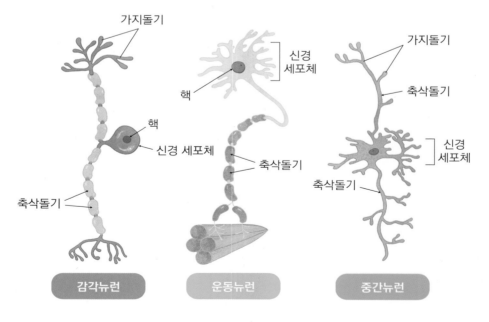

그림 5.3 **뉴런의 종류**

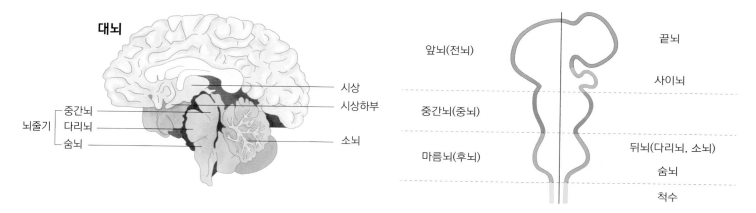

그림 5.4 뇌 모식도(좌)와 척추동물 배아의 주요 뇌 구획(우)

(그림 왼쪽 라벨) 대뇌 / 시상 / 시상하부 / 중간뇌 / 다리뇌 / 숨뇌 / 뇌줄기 / 소뇌

(그림 오른쪽 라벨) 앞뇌(전뇌) / 중간뇌(중뇌) / 마름뇌(후뇌) / 끝뇌 / 사이뇌 / 뒤뇌(다리뇌, 소뇌) / 숨뇌 / 척수

(1) 대뇌(끝뇌, 종뇌)

뇌 대부분을 차지하며 좌우 두 개의 반구로 이루어져 있다. 감각과 수의운동의 중추로서 대부분의 행동을 통합하고 조절하는 기능을 하는 중추신경계의 가장 상위 영역이다. 또한, 감정, 기억 및 판단 등의 고등 정신 기능도 한다. 이러한 작용은 신경세포체가 모인 회백질에서 일어난다. 대뇌 단면의 바깥쪽 부분(피질)은 회백색, 속부분(수질)은 백색을 띠고 있어서 피질을 '회백질(gray matter)', 수질을 '백질(white matter)'이라 한다(그림 5.5). 회백질에는 신경세포체가 밀집해 있으며, 백질부에는 축색돌기가 밀집해 있다.

대뇌의 표면에는 많은 주름이 있는데 다른 부분보다 돌출된 부분을 이랑(gyrus)이라 하고 주름져 안으로 들어간 부분을 고랑(sulcus)이라 한다. 대뇌는 이랑과 고랑의 모양에 따라 전두(이마), 측두(관자), 두정(마루)과 후두(뒤통수)엽 등으로 나뉘며 각각의 부위에 따라 수행하는 기능이 다르다(그림 5.6).

- **대뇌겉질(Cerebral cortex)**: 대뇌의 가장 표면에 위치하며, 기억, 사고, 각성 및 의식 등의 중요 기능을 수행
- **전두엽(Frontal lobe)**: 대뇌에서 가장 큰 엽으로 운동기능과 언어 기능 등을 담당
- **측두엽(Temporal lobe)**: 대뇌의 양쪽 옆부분으로 청각 등의 기능 담당
- **두정엽(Parietal lobe)**: 대뇌의 윗부분으로 감각신호를 이해하고 해석하는 역할
- **후두엽(Occipital lobe)**: 대뇌의 뒷면에 위치, 시각기능에 관여하는 시각겉질(visusal cortex)이 존재

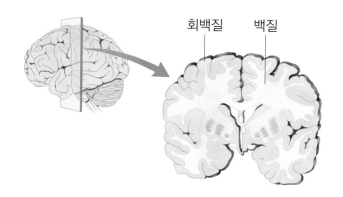

회백질 / 백질

그림 5.5 대뇌 횡단면(회백질과 백질)

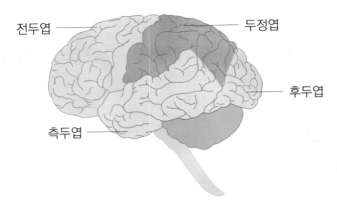

전두엽

두정엽

후두엽

측두엽

그림 5.6 대뇌의 영역별 분류

(2) 사이뇌

항상성의 중추로 뇌줄기와 대뇌 사이에 존재한다. 사이뇌는 넓은 의미로 **시상**(thalamus)과 **시상하부**(hypothalamus), 내분비조직인 **뇌하수체**(pituitary gland)와 **송과선**(솔방울샘; pineal gland)으로 구분된다.

① 시상

뇌의 중앙에 위치하는데 이는 해부학적으로 대뇌의 안쪽, 중뇌의 바로 앞쪽과 등쪽에 놓여있으며 여러 개의 핵으로 이루어져 있는 사이뇌 대부분을 차지하는 주요 구조물로 좌우 대뇌 반구에 하나씩 자리잡고 있다. 후각을 제외한 시각, 청각과 체성감각을 전달받아 대뇌피질에 전달하는 중계자 역할을 한다.

② 시상하부

두 개의 시상 사이 아래에 위치하며 뇌줄기 바로 위에 있다. 몸의 항상성 유지에 주요한 역할을 뇌 구조물로 자율신경계(교감과 부교감신경)의 중추이며, 자율신경과 뇌하수체 호르몬 분비를 조절한다. 시상하부에서 분비하는 호르몬은 크게 두 가지로 나뉘는데, 뇌하수체전엽에 가서 뇌하수체전엽 호르몬 방출을 자극하는 것과 뇌하수체후엽에 저장되어 상황에 따라 분비되는 것들로 나눌 수 있다(표 5.1). 이를 통해 대사의 조절, 체온과 하루주기 리듬의 유지, 갈증, 굶주림, 피로의 조절 등 기초적인 신체 대사를 유지한다.

③ 뇌하수체

뇌하수체전엽과 뇌하수체후엽으로 이루어져 있다. 뇌하수체 후엽은 시상하부에서 합성된 신경호르몬을 분비하는 역할을 하며 뇌하수체전엽은 뇌하수체 전엽 호르몬을 분비하여 다른 기관에서의 호르몬 분비를 조절한다. 뇌하수체전엽 호르몬의 조절은 시상하부의 신경호르몬에 의해 조절된다.

④ 송과체

사이뇌 뒤쪽에 위치하며, 멜라토닌(melatonin)을 분비하는 작은 기관이다. 동물에서 멜라토닌은 수면 타이밍, 혈압 조절, 계절에 따른 생식 등 생리적 기능의 활동일주기의 동기화에 역할을 한다.

(3) 뇌줄기

① 중간뇌

뇌줄기 아래쪽 부위와 사이뇌 사이의 비교적 작은 부위로 비의식적인 반사운동의 중추이다. 중간뇌의 뒷면에는 네 개의 둔덕이 있고 위쪽 두 개를 위 둔덕(상구), 아래쪽 두 개를 아래 둔덕(하구)이라고 한다. 상구는 눈에 빛이 들어왔을 때 동공을 수축하거나 수정체의 두께를 조절하여 초점을 맞추는 작용 등 안구의 운동과 홍채 조절의 역할 등이 여기에 관계한다. 하구는 주로 청각에 관여하여, 귀에서 들어온 신호는 여기를 한 번 거쳐 대뇌로 향하게 된다.

② 다리뇌

중간뇌와 숨뇌 사이 뇌줄기에 존재해 앞쪽으로 돌출되어 있다. 다리뇌의 주요 작용은 소뇌와 대뇌 사이의 정보 전달을 중계하는 것이

표 5.1 시상하부 및 뇌하수체 호르몬

시상하부 호르몬(뇌하수체전엽 자극)	뇌하수체전엽 호르몬	작용
성장호르몬-방출호르몬 Growth hormone-releasing hormone(GHRH)	성장호르몬	뼈끝연골에서 수직 성장을 자극
성장호르몬-억제호르몬 Growth hormone-inhibiting hormone(GHIH)	성장호르몬(생산감소)	뼈끝연골에서 수직 성장을 감소
프로락틴 방출 호르몬 Prolactin-releasing hormone(PRH)	프로락틴 (Prolactin)	젖샘 발달과 젖의 분비 자극
프로락틴 억제 호르몬 Prolactin-inhibiting hormone(PIH)	프로락틴 (생산감소)	젖샘 위축과 젖 분비 감소
코르티코트로핀 방출 호르몬 Corticotripin-releasing hormone(CRH)	부신피질자극호르몬 (ACTH)	부신겉질호르몬(당질 및 무기질코르티코이드)의 방출 조절 당질코르티코이드(코티솔): 혈당 상승, 항염증 무기코르티코이드: 신장 수분 재흡수(나트륨 재흡수 상승)
갑상선 자극 호르몬 방출 호르몬 Thyrotropin-releasing hormone(TRH)	갑상선자극호르몬 Thyroid-stimulating hormone(TSH)	갑상샘호르몬(티록신)을 생산하는 갑상선 자극, 대사 활성화
황체형성호르몬 방출호르몬 Luteinizing hormone-releasing hormone(LHRH)	황체형성호르몬 Luteinizing hormone(LH)	난포의 파열(배란)과 황체 발육, 프로게스테론 분비
여포자극호르몬 방출호르몬 Follicle-stimulating releasing hormone(FRH)	여포자극호르몬 follicle stimulating hormone(FSH)	난포(여포)의 성장 촉진, 에스트로겐 분비
뇌하수체후엽 호르몬		**작용**
항이뇨 호르몬(바소프레신)Antidiuretic hormone		신장의 집합관에 작용하여 수분 재흡수
옥시토신 Oxytocin		분만 동안의 자궁의 수축, 젖내림 반사

며, 숨뇌(연수)와 함께 호흡을 조절하는 호흡중추의 역할도 한다. 아래로는 숨뇌와 경계하고 위로는 중간뇌와 경계하며, 뒤로는 소뇌를 통해 연락한다. 감각 및 운동 정보를 중계하는 곳이며, 축삭돌기로 이루어진 백질로 구성된다.

③ 숨뇌(연수)

숨뇌는 척수와 다리뇌 사이에 위치한다. 숨뇌에는 호흡, 맥박 등 생명에 직접적으로 영향을 미치는 자율신경계(교감·부교감신경)가 존재하여 침분비·기침·재채기 반사·호흡·순환 운동 등을 조절한다. 대뇌의 좌우 반구에서 나가는 신경섬유(수의운동 관련 신경)의 대부분이(약 80%) 숨뇌에서 교차하며, 나머지는 척수 내에서 교차하므로, 대뇌의 우반구는 몸의 좌반신을, 좌반구는 우반신을 지배하게 된다.

(4) 소뇌

후뇌 부위에서 도드라지게 관찰되는 뇌 일부분이다. 눈과 귀, 관절과 근육으로부터 몸의 각 부위가 어떤 자세를 취하고 있는지에 대한 감각 신호를 받아들이고, 이에 대응하는 대뇌피질의 운동 신호를 받아들여 각 신체 부위로 전달한다. 이를 통해 자세와 균형을 유지하고, 여러 근육이 효과적으로 협응하도록 통제하는 기능을 한다. 대뇌 반구와 달리 좌측 소뇌는 좌측 신체, 우측 소뇌는 우측 신체의 운동에 관여한다.

2) 척수

뇌와 연결된 척추 내에 위치하는 중추신경계의 일부분으로 감각 및 운동신경을 모두 포함한다. 척수는 중추신경계에서 가장 간단한 하위구조로 말초신경을 통해서 들어오는 신체 내외의 모든 변화에 대한 정보를 받아들여 상위 중추인 뇌로 보내고, 뇌에서 이 정보를 분석, 통합한 후 다시 말초신경을 통해 신체 각 부분에 전달하여 적절한 신체 반응과 정신 활동까지도 할 수 있게 한다. 또한, 척수 분절(spinal segment) 수준에서의 반사 활동의 중추 역할을 한다.

(1) 구조

척수는 위치별로 경수(목척수; cervical spinal cord), 흉수(가슴/등 척수; thoracic spinal cord), 요수(허리척수; lumbar spinal cord), 천수(엉치척수; sacral spinal cord), 미수(꼬리척수; coccygeal spinal cord)로 구분된다. 하나의 척수 분절(spinal segment)은 한 쌍의 척수신경을 양쪽으로 분지한다. 척수의 횡단면은 대뇌와는 달리 중앙부위를 중심으로 회백질(gray matter), 그 바깥쪽에 백질(white matter)로 나뉘게 된다. 신경세포체로 구성된 회백질의 양은 각 척수분절이 지배하는 근육의 양과 비례하며, 정보 처리와 조절이 이뤄진다. 백질은 축삭으로 구성되어 척수와 뇌를 연결하는 통로 역할을 한다.

(2) 기능

척수는 뇌와 말초신경의 중간 다리 역할을 하는 신경계로 운동, 감각신경들이 모두 모여 있는 곳이라고 할 수 있다. 뇌에서부터 아래로 내려가는 운동신경(날신경섬유; efferent neurons)은 사지 근육들의 운동 기능을 담당하고 반대로 말단부의 감각 수용기로부터 위로 올라가는 감각신경(들신경섬유; afferent neurons)은 동물 몸 전체의 감각(얼굴 부분 제외)을 담당한다(그림 5.7). 또한 일부 자율신경 기능을 담당하는 신경다발도 포함이 되어 있어 방광 조절이나 항문조임근 조절 등의 기능도 하고 있다.

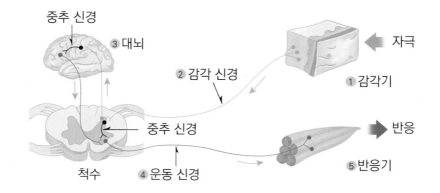

그림 5.7 **척수에서의 신호 전달**

4 말초신경계

중추신경계(뇌와 척수)에서 나와 온몸에 나뭇가지 모양으로 분포하는 신경계이다. 말초신경계의 주된 역할은 외부 기관과 중추신경계를 연결하여 외부의 자극을 감지한 감각 정보를 중추신경계로 전달하거나, 중추신경계가 보내는 명령을 기관에 전달하는 것이다. 말초신경계는 체성신경계(somatic nervous system, SNS)와 자율신경계(autonomic nervous system, ANS)로 분류할 수 있다.

1) 체성(몸)신경계

동물의 의식과 관계하는 신경으로 뇌신경(cranial nerve)과 척수신경(spinal nerve)으로 구성되어 있다. 뇌신경은 원구류는 8쌍, 어류·양서류는 10쌍, 파충류 이상의 고등동물은 12쌍으로, 안면의 감각 기관과 내장, 근육 등에 분포한다. 척수신경은 척수에서 나와 몸의 각 부분에 분포하는 신경으로 경수신경(목신경; cervical nerve), 흉수신경(가슴신경, thoracic nerve), 요수신경(허리신경; lumbar nerve), 천수신경(엉치신경; sacral nerve), 미수신경(꼬리신경; caudal nerve)으로 구분된다. 척수신경에는 감각기관에서 들어오는 감각신경(afferent neurons)과 운동기로 나가는 운동신경(efferent neurons)이 있다.

(1) 뇌신경

뇌에서 직접 분지하는 신경으로 뇌와 신체의 각 부분에서의 정보를 교환한다. 뇌신경은 뇌의 앞쪽으로부터 나가는 순서에 따라 로마숫자 I-XII로 표기하며, 각각의 뇌신경은 쌍을 이루면서 양쪽으로 위치한다. 열두 쌍의 뇌신경은 대뇌를 포함한 앞뇌(전뇌)에서 직접 분지하는 후각신경(I)과 시각신경(II)과 뇌 뒤쪽인 뇌줄기(뇌간)로부터 분지하는 나머지 열 쌍이다(표 5.2). 눈돌림신경(III), 얼굴신경(VII), 혀인두신경(IX), 미주신경(X)은 부교감 신경섬유를 포함하고 있다.

표 5.2 뇌신경 유형, 기원 및 기능

번호	이름	유형	기원	기능
I	후각신경 (olfactory nerve)	감각성	대뇌(후각망울)	코로부터의 냄새 정보(코 안쪽 상피)
II	시각신경 (optic nerve)	감각성	사이뇌(시상)	눈으로부터의 시각 정보(망막)
III	눈돌림신경 (동안신경; oculomotor nerve)	운동성	중간뇌(중뇌)	눈돌림 근육에 작용, 위, 옆으로 눈 움직임, 동공수축
IV	도르래신경 (활차신경; trochlear nerve)	운동성	중간뇌(중뇌)	눈돌림 근육 중 위빗근에 작용, 눈 아래로 응시
V	삼차신경 (trigeminal nerve)	혼합성	다리뇌(교뇌)	눈 신경(감각신경): 눈, 윗얼굴의 피부, 그리고 앞 두피의 피부의 감각 신경 전달 위턱신경(감각신경): 위턱뼈, 비강, 부비동, 입천장, 얼굴 중간 부위의 감각을 전달 아래턱신경(감각 및 운동신경): 아래쪽 구강(입술, 잇몸, 치아와 턱)의 감각, 저작근 운동
VI	갓돌림신경 (외전신경; abducens nerve)	운동성	다리뇌(교뇌)	눈돌림 근육 중 가쪽곧은근에 작용, 안구의 바깥방향 움직임 또는 회전
VII	얼굴신경 (안면신경; facial nerve)	혼합성	다리뇌(교뇌)	혀 2/3 전방의 미각, 눈물샘과 침샘 분비, 얼굴 표정 조절

번호	이름	유형	기원	기능
VIII	속귀신경 (청신경; acoustic nerve)	감각성	다리뇌(교뇌)	달팽이신경(와우신경): 청각 정보 전달 안뜰신경(전정신경): 평형에 대한 정보 전달
IX	혀인두신경 (설인신경; glossopharyngeal nerve)	혼합성	숨뇌(교뇌)	혀의 뒷부분 미각, 인두 감각 정보, 인두의 삼킴 작용, 귀밑샘과 침샘 분비 조절
X	미주신경 (vagus nerve)	혼합성	숨뇌(연수)	인두근, 후두, 외이의 감각, 삼킴·소화 작용 등의 내장운동, 심장 및 혈관운동, 인후두의 운동 조절
XI	더부신경 (부신경: accessory nerve)	운동성	숨뇌(연수)	입속의 근육, 목과 어깨의 일부 근육 부분
XII	혀밑신경 (설하신경; hypoglossal nerve)	운동성	숨뇌(연수)	혀 근육에 분포, 혀 운동 조절

(2) 척수신경

척수에서 분지하여 신체의 각 부위에 퍼져 있는 신경의 총칭으로 운동, 감각 및 자율(신경) 신호를 모두 전달할 수 있는 혼합신경이다. 개와 고양이는 모두 36쌍의 척수신경이 있는데, 각각 목신경 8쌍, 가슴신경 13쌍, 허리신경 7쌍, 엉치신경 3쌍, 꼬리신경 5쌍으로 이루어져 있다. 각 척수신경은 전근(앞 뿌리)과 후근(뒷 뿌리) 한 쌍이 척수에서 갈라져 나온 뒤 합쳐져서 하나가 된다. 척수에서 나온 전

근(운동신경 다발)과 후근(감각신경 다발)의 신경섬유는 척수신경으로 합쳐져 척추사이구멍을 통과한다. 척추사이구멍에서 나오자마자 굵은 앞가지(ventral rami)와 가느다란 뒷가지(dorsal rami)로 갈라진다(그림 5.8). 척추신경의 뒷가지는 등의 깊은 근육과 그 위를 덮고 있는 피부에 신경섬유들을 공급한다. 앞가지의 두 번째 가슴신경(T2)부터 열한 번째 가슴신경(T11)까지는 그대로 갈비사이신경(intercostal nerves)이 되지만, 그 이외의 신경들은 목신경얼기(cervical plexus), 팔신경얼기(brachial plexus), 허리엉치신경얼기

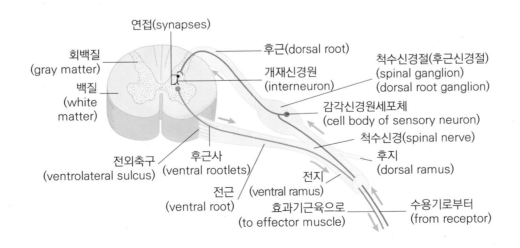

그림 5.8 척수신경 구조 및 신호 전달

(lumbosacral plexus) 등의 복잡한 구조물을 형성한다. 목신경얼기에서 형성된 신경은 머리 뒤쪽과 일부 목 근육을 지배한다. 팔신경얼기는 앞다리로 가는 신경을 내보내며, 허리엉치신경얼기는 골반이나 뒷다리로 가는 신경들을 내보낸다.

(3) 반사 반응

대뇌가 관여하여 의식적으로 수행할 수 있는 반응을 **의식적 반응**이라 한다. 이 반응에서는 대뇌가 내리는 명령이 척수를 통해 이동하여 운동신경을 통해 근육으로 전달되어 신체가 적절한 움직임을 할 수 있게 해준다. 이와 반대로, **반사**(reflex)는 의지와는 상관없이 발생하는 무의식적 반응이다. 반사는 명령이 대뇌 피질 이외의 중추 부위에서 나오는 것으로, 이는 감각기에서 나온 정보가 대뇌 피질의 운동령을 경유하지 않고 운동신경에 전달됨으로써 일어난다. 그래서 감각기에서 나온 구심성 흥분 전파가 뇌의 어느 부분에서 되돌아나와 원심성 운동 신경로에 단락하는지에 따라 반사 운동을 분류할 수도 있다. 반사에는 **무조건 반사**(autonomic reflex)와 **조건 반사**(conditioned reflex)가 있다.

① 무조건 반사

무조건 반사는 뜨거운 물체를 만졌을 때 손을 떼는 반응 같은 '회피 반사'가 포함된다. 대부분의 회피 반사는 중추가 척수인 **척수반사**(spinal reflex)이다. 척수 반사는 가장 짧은 경로를 취하게 되는데 감각기에서 나온 정보가 척수의 회백질을 거쳐 운동신경으로 돌아나오게 된다. 무릎반사(척수반사), 재채기, 구토 등도 무조건 반사에 해당한다. 재채기와 구토는 우리의 호흡기나 식도, 위 등에 이물질이나 독성 물질이 들어왔을 때 이를 뱉어낼 수 있게 해주는데, 이는 대뇌가 관여하지 않고 척수나 연수, 중뇌 등 중추신경계의 다른 기관이 반응의 중추 역할을 함으로써 동물의 의식과 상관없이 일어난다. 대뇌까지 신호가 전달되어 반응이 일어나려면 경로가 복잡하고 시간이 오래 걸리기 때문에, 무조건 반사는 우리의 생명 활동을 위해 빠른 반응이 필요하거나 굳이 의식적 판단이 필요하지 않은 과정들을 담당한다.

② 조건 반사

조건 반사는 무조건 반사와는 차이가 있다. 의식할 수 없는 반응인 반사라는 점은 같지만, 무조건 반사가 선천적으로 작동하는 무의식적 반응인 것에 반해, 조건 반사는 반사가 일어날 수 있는 조건에 대한 학습, 즉 '조건 형성'이 필요하다. 조건 반사는 학습과 기억을 통해 서로 전혀 관계가 없는 자극과 반응이 연결되는 것이다. '파블로프의 개 실험'이 조건 반사의 예이다. 음식을 보고 침을 흘리는 것은 뇌의 연수가 신경 중추인 무조건 반사에 해당한다. 혀를 통해 미각을 느끼고 이 신호가 연수에 전달되면, 연수로부터 침을 분비하라는 신호가 침샘에 전달되어 침이 분비되는 것이다. 이 실험에서 개에게 종을 치고 먹이 주는 행위를 반복하면 나중에 종소리만 들어도 개가 침을 흘리게 된다. 먹이는 원래 침 분비를 이끌어내는 무조건 자극이며, 종소리는 침 분비(무조건 반사)와 관련이 없는 중성자극이다. 조건 형성(반복 학습) 이후에는 종소리라는 중성자극이 조건자극이 되면서, 종소리가 침 분비라는 무조건 반사 반응을 이끌어 낸 것이다. 이러한 조건 형성이 일어나는 이유는 동물이 조건자극을 제공받으면 곧이어 무조건 자극도 함께 제공받을 것이라고 믿기 때문이다. 즉, 조건자극을 무조건자극이 제공된다는 신호로 파악한다는 것이다.

2) 자율신경계

원심성 말초신경계에 속하는 신경계로 평활근과 심근, 외분비샘과 일부 내분비샘을 통제하여 동물 내부의 환경을 일정하게 유지하는 역할을 한다. 자율신경이란 이름은 대뇌의 직접적인 지배를 받지 않는다는 의미로 붙여진 것이나 실제는 시상하부와 그 밖의 여러 중추신경의 지배를 받아 어느 정도 의식적인 조절이 가능하다. 자율신경계(autonomic nervous system, ANS)는 **교감신경계((sympathetic nerve system, SNS)와 부교감신경계(parasympathetic nervous system, PSNS)로** 분류된다(그림 5.9). 자율신경계를 이루는 두 종류의 신경인 교감신경과 부교감신경은 모두 운동신경이며, 서로 길항작용을 한다. 교감신경과 부교감신경은 서로 반대의 작용을 하는 것처럼 보이나 각각 개별적으로 작동하며 상호작용하는 것으로 이해해야 한다.

(1) 구조

자율신경계의 신경 경로는 하나의 신경절(ganglion)을 사이에 두고 절전신경(preganglionic neuron)과 절후신경(postganglionic neuron)의 두 신경섬유로 구성된다. 부교감신경계는 절후신경이 절전신경보다 짧으며, 반대로 교감신경계는 절전신경이 절후신경보다 짧다. 이는 대체로 절전신경이 끝나는 교감신경절은 척수의 근처에 위치하기 때문이다. 교감신경의 절전신경들은 대체로 척수의 가슴과 허리의 척수(T1-L2)에서 유출한다. 부교감신경에는 두개천골유출이 있는데, 구체적으로 절전신경들이 뇌신경(안구운동신경, 안면신경, 설인두신경 및 미주신경)과 천골(S2-S4) 척수에서 나온다.

(2) 기능

교감신경은 부교감신경과는 길항작용의 관계에 있어 교감신경이 흥분하면 맥박 증가, 혈압 상승, 소화 억제 등 몸이 위험한 상황에 대처할 수 있는 긴장된 상태가 되는데 이러한 반응을 투쟁-도피 반응(fight-or-flight response)라 한다. 부교감신경은 교감신경이 촉진되면 억제하는 일을 하고, 흥분하면 맥박 감소, 혈압 감소, 소화 촉진

등 몸이 편안한 상태가 된다.

(3) 자율신경계 수용체

자율신경계의 수용체에는 **콜린성(cholinergic)**과 **아드레날리성(adrenergic) 수용체**가 있다. 아세틸콜린과 반응하는 콜린성 수용체는 **니코틴(nicotinic)**과 **무스카린(muscarinic) 수용체**로 구분된다. 니코틴 수용체는 '니코틴(nicotine)', 무스카닌 수용체는 독버섯에서 분리되는 '무스카린(muscarine)'에 의해 활성화된다. 아드레날리성 수용체는 카테콜라민 (catecholamine)인 **아드레날린(adrenaline)** 또는 **노르아드레날린(noradrenaline)**과 결합하는 수용체로, **알파 및 베타 수용체**로 구분된다. 알파 수용체는 혈관·동공확장근·위장관·방광 괄약근의 수축을 유발하며, 베타 수용체는 심박동·심근수

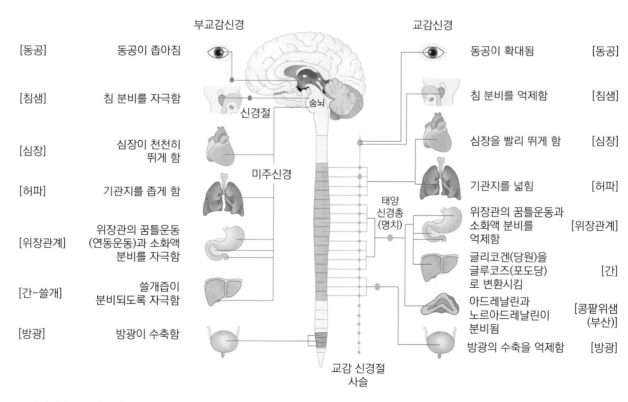

교감신경과 부교감신경의 주요 작용에 대한 모식도

그림 5.9 교감신경과 부교감신경의 주요 작용

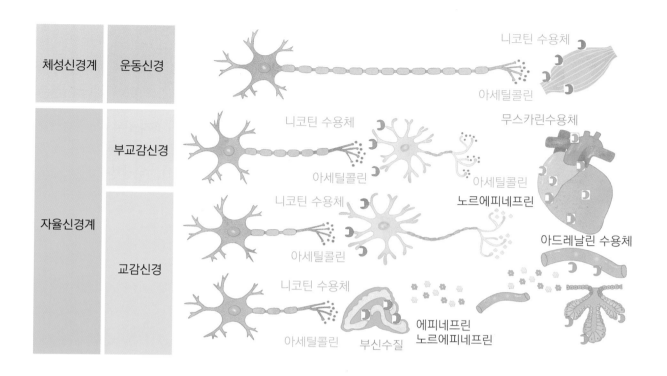

체성신경계	운동신경
자율신경계	부교감신경
	교감신경

니코틴 수용체
아세틸콜린

니코틴 수용체
아세틸콜린
무스카린수용체
아세틸콜린

니코틴 수용체
아세틸콜린
노르에피네프린
아드레날린 수용체

니코틴 수용체
아세틸콜린
부신수질
에피네프린
노르에피네프린

그림 5.10 자율신경계의 수용체

축력 증가와 위잔관의 운동성 저하를 유발한다.

모든 자율신경(교감 및 부교감신경)의 절전신경종말에서는 아세틸콜린(acetylcholine)이 분비되며, 모두 니코틴 수용체(nicotinic receptor)와 결합한다. 교감신경계에서 절전신경이 신경절을 거치지 않고 부신수질에 직접 접하는 경우, 절전신경종말에서 분비된 아세틸콜린은 부신수질의 니코틴 수용체에 결합하여 부신수질에서 에피네프린 또는 노르에프네프린이 분비되게 한다. 교감신경의 절후신경종말에서 분비되는 아드레날린 또는 노르아드레날린은 알파 또는 베타 수용체와 결합하며, 부교감신경의 절후신경종말에서 분비되는 아세틸콜린은 무스카린 수용체에 결합한다(그림 5.10).

5 신경 생리학

1) 신경세포 흥분전도

모든 신경세포는 전기적인 흥분성을 띤다. 신경세포는 이온 통로, 이온 펌프등을 이용하여 나트륨, 칼륨, 칼슘, 염소이온들을 세포막 안과 밖의 농도 차를 만들어 막전위를 형성한다. 신호가 오기 전 일상적인 상태의 막전위를 휴지전위(-70mV)라고 하며, 신경세포에 역치(-55mv) 이상의 자극이 가해질 경우, 활동전위(+30mV)에 도달하여 탈분극이 이루어진다. 탈분극이 일어난 후, 통로의 개폐로 재분극 상태가 되어 다시 휴지전위로 돌아가게 된다(그림 5.11). 자극된 흥분은 축삭 → 축삭말단 → 시냅스 → 수상돌기 방향으로 전도

되며, 축삭돌기가 굵을수록 흥분의 이동속도가 빠르다 (그림 5.12).

(1) 분극

뉴런이 자극을 받기 전에 막의 외부는 양(+)전하, 내부는 음(-)전하를 띠고 있는 상태를 분극이라고 한다. 뉴런의 세포막에는 능동수송하는 나트륨-칼륨 펌프, 나트륨 이온(Na^+)이 확산하여 이동하는 나트륨 통로, 칼륨 이온(K^+)이 확산하여 이동하는 칼륨 통로가 있다. 나트륨-칼륨 펌프는 ATP를 분해해 얻은 에너지로 막 내부의 나트륨 이온을 외부로 3개씩 내보내고, 외부의 칼륨 이온을 내부로 2개씩 들여온다. 나트륨 통로는 닫혀 있어 나트륨 이온이 막 내부로 들어오지 못하며, 칼륨 통로는 일부 열려 있어 칼륨 이온이 내부에서 외부로 유출되기는 한다. 이러한 과정으로 막 외부는 나트륨 이온의 농도가 항상 높고, 내부는 칼륨 이온의 농도가 항상 높다. 또한, 세포 내부에는 음전하 단백질이 외부보다 많다. 분극이 생기는 이유는 나트륨과 칼륨 이온의 불균등 분포, 이온의 막투과도 차이, 막 내부 음전하 단백질의 존재의 세 가지 이유 때문이다. 분극일 때의 막 내·외부의 전위 차이(막전위)를 휴지 전위(-70mV)라고 한다.

(2) 탈분극

역치 이상의 자극으로 막에 있는 나트륨 통로가 열리면서 나트륨 이온(Na^+)이 막 외부에서 내부로 확산된다. 이러한 과정을 통해 막전위가 활동전위(+30mV)까지 상승한다.

(3) 재분극

탈분극에서 상승한 막전위가 다시 휴지 전위로 하강하는 현상이며 막전위가 최고점에 이르면 나트륨 통로는 닫히고 칼륨 통로가 열린다. 칼륨 이온(K^+)이 막 내부에서 외부로 확산되면서 막전위가 하강하게 된다. 재분극 과정에서 전위가 과도하게 하강하면서 휴지전위(-70mV)보다 낮아지는 현상이 일어나는데 이를 과분극이라고 한다. 과분극이 발생한 부위는 칼륨 통로가 완전히 닫히고 나트륨-칼륨 펌프가 작동하여 이온 농도 균형을 회복시키면서 원래의 휴지 전위(-70mV)로 돌아간다. 위의 분극-탈분극-재분극 과정을 반복하면서 흥분의 전도가 일어난다.

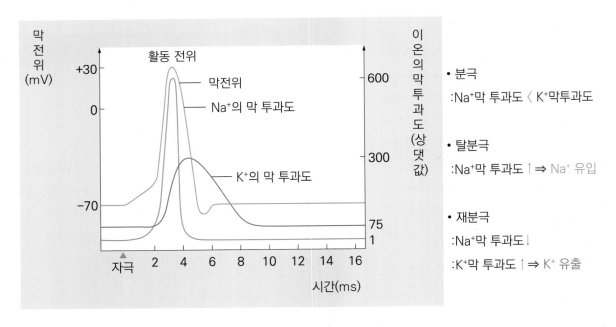

그림 5.11 막전위와 이온의 막 투과도 변화

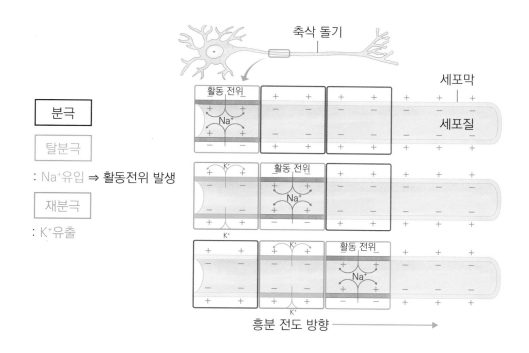

축삭 돌기

세포막

세포질

분극

탈분극

: Na⁺유입 ⇒ 활동전위 발생

재분극

: K⁺유출

활동 전위

Na⁺

K⁺

흥분 전도 방향 ⟶

그림 5.12 흥분전도 과정

2) 도약전도

축삭의 말이집신경 줄기에서 말이집으로 감싸져 있지 않은 부분인 랑비에 결절(node of Ranvier)에 의해 도약전도가 일어난다. 말이집신경 중 말이집에 감싸져 있는 부분은 이온이 통과하지 못하여 활동전위를 일으키지 못한다. 하지만 랑비에 결절은 말이집에 둘러싸여져 있지 않기 때문에 이온의 이동이 가능해져서 이 부분을 통해 말이집신경이 활동전위를 만들어낸다. 따라서, 활동전위가 랑비에 결절에서 다음 랑비에 결절로 건너뛰면서 형성되기 때문에 이와 같은 흥분전도를 도약전도라 부른다(그림 5.13). 말이집신경에서는 도약전도가 일어나기 때문에 민말이집신경보다 흥분전도 속도가 빠르게 된다.

3) 신경전달물질

시냅스(synapse)는 축삭말단과 가시돌기 사이의 물리적인 틈새로

전 뉴런의 축삭말단과 다음 뉴런의 가지돌기가 만난다. 여러 자극이 감각을 통해 들어오면 뉴런은 다른 뉴런과 연결하는 시냅스 회로를 구성하여 복잡한 신경회로를 형성하고 명령을 수행한다. 시냅스는 신호를 전달하는 방식에 따라 **화학적(Chemical) 시냅스**와 **전기적(electrical) 시냅스** 두 종류로 구분되는데, 일반적으로 화학적 시냅스가 많은 것으로 알려져 있다. 전기적 시냅스에서는 시냅스전(presynaptic) 세포막과 시냅스후(prossynaptic) 세포막이 전류를 통과시키는 통로로 연결되어 있어 시냅스전 뉴런의 전기 신호가 시냅스후 뉴런으로 직접 전달된다. 화학적 시냅스에서는 축삭말단까지 흥분이 전도되면 시냅스전 세포막에서 **신경전달물질(neurotransmitter)**이 확산의 원리를 통해 분비된다. 신경전달물질은 시냅스 틈새를 통과하여 시냅스후 세포막 수용체에 결합하여 신호를 다음 뉴런으로 전달한다(표 5.3). 신경전달물질은 분자의 크기가 커다란 경우에는 일반적으로 뉴런의 세포체에서 합성하고, 보다 작은 아세틸콜린같은 경우에는 축삭 말단에서 합성하기도 한다.

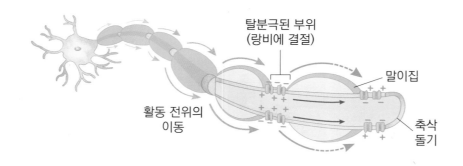

그림 5.13 축삭에서의 도약전도

표 5.3 신경전달물질 종류 및 기능

분류	신경전달물질	작용	기능
아미노산 (amino acid)	아세틸콜린 (acetylcholine)	촉진	말초신경계에서 운동뉴런과 자율신경 뉴런의 신호 전달 역할, 중추신경계에서는 인지기능에 중요한 역할
	가바 (GABA)	억제	중추신경계의 주요 억제성 신경전달물질, 뉴런의 지나친 활동을 억제하여 불안, 의기소침, 두려움, 스트레스를 해소
	글루타메이트 (glutamate)	촉진	중추신경계의 주요 흥분성 신경전달물질
생체아민 (biogenic amine)	도파민 (dopamine)	촉진	중추신경계에서 쾌감을 주는 신경전달물질, 보상기전(뇌의 보상 시스템), 보상추구행동(소비, 중독 등)과 깊게 연관
	노르아드레날린 (noradrenaline)	촉진	공포, 긴장과 분노 상태에서 분비되는 신경전달물질, 교감신경 활성으로 혈압·혈당·집중력 상승, 면역력 저하
	세로토닌 (serotonin)	억제	중추신경계에서 정신적으로 안정을 주는 신경전달물질, 수면, 기억 감정 기능에 관여함
신경펩티드 (neuropetide)	엔돌핀 (endorphin)	억제	뇌에서 고통을 완화, 노화를 방지 및 면역력 상승

- 중추신경계: 뇌와 척수
- 말초신경계: 중추신경계에서 나와 온몸에 가지모양으로 분포하고 있는 신경계
- 신경세포체: 핵을 포함한 부분으로 뉴런에 영양을 공급하고 유지
- 수상돌기: 세포체에서 뻗어 나온 짧은 돌기
- 축삭돌기: 세포체에서 뻗어 나온 원형질의 긴 돌출부
- 말이집: 축삭을 둘러싸고 있는 절연체
- 시냅스: 축삭 말단과 다음 뉴런 사이의 틈
- 대뇌: 뇌의 대부분을 차지, 기억과 판단을 관장, 감각과 수의운동의 중추
- 사이뇌: 항상성의 중추로 시상, 시상하부, 뇌하수체와 송과선으로 구성
- 시상: 주요 감각신호(후각 제외)를 대뇌피질에 전달
- 시상하부: 항상성 중추, 자율신경(교감 및 부교감신경) 및 뇌하수체 조절
- 뇌하수체: 뇌의 가운데 위치한 작은 내분비샘, 시상하부와 연계하여 다양한 호르몬 분비 조절
- 송과선: 사이뇌 뒤쪽에 위치한 작은 내분비샘, 멜라토닌 분비
- 뇌줄기: 비의식적인 반사운동의 중추로 중간뇌, 다리뇌, 숨뇌(연수)로 구성
- 중간뇌: 안구 운동과 청각에 관여
- 다리뇌: 소뇌와 대뇌 사이의 정보 전달
- 숨뇌: 호흡, 맥박 등 생명에 직접적으로 영향을 미치는 자율신경계를 관장
- 소뇌: 운동 기능 조절, 평형 유지
- 척수: 뇌와 말초신경의 중간 다리 역할을 하는 신경계, 감각 및 운동신경

모두 존재, 위치별로 경수(목), 흉수(가슴), 요수(허리), 천수(엉치)와 미수(꼬리)로 구분. 각 척수 분절은 한 쌍의 척수신경이 분지
- 체성신경계(말초신경계): 중추신경계(뇌와 척수)에서 나와 온몸에 나뭇가지 모양으로 분포하는 신경계로서 중추신경계와 연계하여 동물의 행동을 제어
- 뇌신경: 뇌에서 직접 분지하는 신경, 열두 쌍(I-XII) 존재
- 척수신경: 척수에서 나와 몸의 각 부분에 분포하는 신경, 감각, 운동 및 자율신경이 혼합, 개와 고양이 36쌍(목 8쌍, 가슴 13쌍, 허리 7쌍, 엉치 3쌍, 꼬리 5쌍)
- 자율신경계(말초신경계): 원심성 말초신경계에 속하는 신경계로 평활근과 심근, 외분비샘과 일부 내분비샘을 통제하여 동물 내부의 환경을 일정하게 유지, 교감신경과 부교감신경은 모두 운동신경으로 서로 길항작용
- 교감신경: 긴장 상태 유도(맥박 증가, 혈압 상승, 소화 억제)
- 부교감신경: 안정된 상태 유도(맥박 감소, 혈압 감소, 소화 촉진)
- 신경세포 신호전달: 분극 → 탈분극 → 재분극 과정을 통해 흥분전도
- 탈분극: 역치 이상 자극으로 나트륨이 막 내부로 확산, 막 내부 전위 상승
- 재분극: 칼륨이 막 외부로 확산, 막 내부 전위 하강, 분극 상태로 회귀
- 도약전도: 축삭의 랑비에 결절에서만 활동전위가 발생 → 흥분전도 속도 상승

복습문제

1. 뉴런(신경세포)에서 세포체에서 길게 뻗어 나온 원형질의 긴 돌출부로 미엘린수초(myelin sheath)로 둘러싸여 있는 것은?

   ① 가시돌기
   ② 말이집
   ③ 축삭돌기
   ④ 미토콘드리아
   ⑤ 신경세포체

2. 다음 중 중추신경계에 해당하는 것을 모두 고르시오.

   ㄱ. 숨뇌(연수) ㄴ. 척수 ㄷ. 척수신경 ㄹ. 뇌신경 ㅁ. 시상하부

   ① ㄱ, ㄴ
   ② ㄱ, ㄴ, ㄷ
   ③ ㄱ, ㄴ, ㅁ
   ④ ㄴ, ㄷ, ㄹ
   ⑤ ㄱ, ㄴ, ㄹ, ㅁ

3. 시냅스(synapse)에 대한 설명으로 가장 옳지 않은 것은?

   ① 한 뉴런에서 다음 뉴런으로 신경을 전달시키는 연결지점이다.
   ② 한 뉴런의 축삭 말단과 다음 뉴런의 가시돌기 또는 세포체 사이의 틈이다.
   ③ 대부분의 뉴런은 화학적 시냅스를 통해 신호를 전달한다.
   ④ 화학적 시냅스의 축삭 말단에서는 신경전달물질을 방출하여 신호를 전달한다.
   ⑤ 모든 시냅스는 단방향으로만 신호가 전달된다.

4. 몸의 항상성 유지에 주요한 역할을 하는 자율신경계의 중추이며, 뇌하수체 호르몬 분비에 직접 관여하는 뇌 구조물은 무엇인가?

   ① 대뇌 측두엽
   ② 시상
   ③ 시상하부
   ④ 연수
   ⑤ 소뇌

5. 뇌줄기에 대한 설명으로 가장 옳지 않은 것은?

   ① 중간뇌, 다리뇌와 숨뇌로 구성되어 있다.
   ② 중간뇌는 시각과 청각에 관여한다.
   ③ 다리뇌는 소뇌와 대뇌의 정보 전달을 중계한다.
   ④ 숨뇌에는 부교감신경계만 존재한다.
   ⑤ 뇌줄기는 척수와 연결된다.

6. 말초신경계에 대한 설명으로 가장 옳지 않은 것은?

   ① 몸신경계와 자율신경계로 구분된다.
   ② 몸신경계에는 뇌신경과 척수신경이 있다.
   ③ 개와 고양이의 뇌신경은 13쌍이다.
   ④ 자율신경계에는 교감과 부교감신경이 있다.
   ⑤ 척수신경은 감각, 운동 및 자율신경이 혼합되어 있다.

7. 척수와 척수신경에 대한 설명을 가장 옳지 않은 것은?

   ① 개의 척수신경 중 가슴신경은 13쌍이다.
   ② 척수에서 갈라져 나온 전근과 후근이 합쳐져서 척수신경을 형성한다.
   ③ 전근은 운동신경 다발이며, 후근은 감각신경 다발이다.
   ④ 개의 척수신경 중 허리신경은 5쌍이다.
   ⑤ 척수는 무조건 반사의 중추이다.

8. 자율신경계에 대한 설명으로 가장 옳은 것은?

   ① 긴장 상태에서는 부교감신경이 활성화된다.
   ② 안정된 상태에서는 교감신경이 활성화된다.
   ③ 자율신경계는 운동 및 감각신경 모두 존재한다.
   ④ 교감 및 부교감신경 모두 아세틸콜린을 분비한다.
   ⑤ 부교감신경에는 노르아드레날린이 결합하는 알파 및 베타 수용체가 존재한다.

9. 신경세포의 흥분전도에 관련된 설명 중 가장 옳지 않은 것은?

   ① 분극 → 탈분극 → 재분극 순서로 발생한다.
   ② 분극 상태의 막전위를 휴지전위(-70mV)라고 한다.
   ③ 나트륨 이온의 막 내부 유입으로 탈분극이 발생한다.
   ④ 재분극에서는 칼륨 이온이 막 외부 유출된다.
   ⑤ 탈분극 상태에서 막전위가 과도하게 상승하는 것을 과분극이라 한다.

10. 신경세포의 흥분전도 과정 중, 도약전도를 가능하게 해주는 것은 무엇인가?

① 랑비에 결절

② 수상돌기

③ 신경세포체

④ 세포막 이온 통로

⑤ 골지체

정답: 1. ② 2. ③ 3. ⑤ 4. ③ 5. ④ 6. ③ 7. ④ 8. ④ 9. ⑤ 10. ①

🗂️ 참고문헌

1. 동물해부생리학 개론. introduction to veterinary anatomy and physiology texbook second edition. 동물해부생리학 교재연구회 역. 범문에듀케이션. 2014.

2. 수의생리학. 제4판. 강창원 외. 광일문화사. 2006.

동물체의 내분비계

학습목표

- 내분비계의 역할과 생리학적 기전을 이해한다.
- 각 내분비샘의 해부학적 위치와 특성을 파악한다.
- 각 내분비샘이 분비하는 호르몬과 그 역할을 학습한다.
- 내분비샘의 유기적 연관성을 이해하고, 호르몬 조절 기전을 파악하여 체내 항상성 유지 원리를 익힌다.

학습개요

꼭 알아야 할 학습 Must know points

- 호르몬을 분비하는 내분비샘의 종류
- 각 내분비샘의 해부학적 위치 및 기능
- 각 내분비샘이 분비하는 호르몬의 종류 및 역할
- 호르몬 분비의 과정과 조절 메커니즘

알아두면 좋은 학습 Good to know

- 호르몬을 분비하는 세부 조직(세포 및 해부학적 구조)
- 항상성 유지를 위한 유기적인 호르몬 메커니즘

1 내분비계의 개요

동물의 내분비계(Endocrine system)는 호르몬을 생성하고 분비하여 다양한 생리학적 기능을 조절하며 생명을 유지하고 환경에 적응할 수 있도록 한다. 내분비계는 화학적 전달 신호로 혈액을 통해 움직이는 **호르몬(hormone)**, 호르몬을 분비하는 **내분비샘(endocrine gland)**, 그리고 호르몬이 도달하여 기능을 조절하거나 변화를 일으키게 하는 **표적기관(target organ)**으로 구성된다. 이와 같은 3개의 구성요소는 특이적으로 반응한다. 즉, 각각의 내분비 샘에서는 특정 호르몬만 분비되며, 호르몬 또한 적합한 표적기관에만 작용할 수 있고, 해당 표적기관은 다른 호르몬에는 반응하지 않는다. 내분비계통은 신경전도체계와 다르게 광범위하고 느리게 움직인다. 동물의 내분비샘 [표 6.1], [그림 6.1]은 상호 연관적 혹은 독립적으로 호르몬을 분비하여 체내 항상성을 유지할 수 있도록 한다.

호르몬은 피드백(feedback) 메커니즘을 통해 분비되는 정도를 조절한다. 이 메커니즘은 **음성 피드백(negative feedback)**과 **양성 피드백(positive feedback)**으로 나눌 수 있다. 음성 피드백 메커니즘이

표 6.1 내분비샘의 종류

내분비샘
뇌하수체(pituitary gland)
이자(췌장, pancreas)
부신(adrenal gland)
갑상샘(thyroid gland)
부갑상샘(parathyroid gland)
생식내분비샘: 난소(ovary), 고환(testis)

더 흔하게 나타나는 형태로, 호르몬의 수치가 너무 높을 경우 분비를 억제하고, 호르몬의 수치가 너무 낮은 경우 분비를 촉진시켜 체내 항상성을 유지할 수 있도록 한다. 대표적인 예로 갑상선 호르몬의 수치가 높아지면 뇌의 시상하부 및 뇌하수체가 이를 감지하여 갑

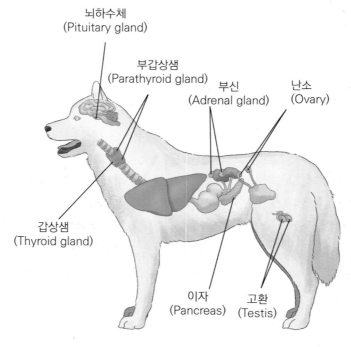

그림 6.1 동물체의 내분비 조직의 해부학적 위치

상선 자극 호르몬의 분비를 감소시키고, 결과적으로 갑상선 호르몬의 농도가 줄어들 수 있도록 유도한다. 양성 피드백은 호르몬의 수치가 높아지면 그 분비를 더욱 촉진시킨다. 양성 피드백은 짧은 시간 동안 특정한 생리적인 상태를 유도할 때 이용된다. 출산 중 옥시토신 호르몬은 자궁을 강하게 수축시키고, 이러한 자극이 옥시토신 분비를 더욱 증가시켜 자궁 수축을 더욱 자극하여 출산을 유도하는 것이 양성 피드백의 예이다.

호르몬은 체내 대사 조절, 성장과 발달 관여, 스트레스에 대한 급성 및 만성 반응, 혈압 조절, 생식 기능 등 그 역할이 다양하다.

2 내분비샘의 종류 및 기능

1) 뇌하수체(pituitary gland)

개, 고양이의 뇌하수체(그림 6.2)는 사람과 유사한 해부학적 구조를 가진다. 뇌하수체는 머리뼈 안쪽, 뇌하수체는 뇌의 기저부, 터키안장(sella turcica)이라는 불리는 뼈의 오목한 부분에 작게 위치하는 샘조직이다. 내분비계 주요한 구조인 시상하부의 바로 밑에 위치하며, 시상하부와 뇌하수체는 뇌하수체 줄기(pituitary stalk)로 연결되

어 있다. 뇌하수체는 여러 가지 주요 호르몬을 분비하여 신체의 다양한 기능을 조절하고, 반응을 유도한다.

> **임상적 고려사항(Clinical considerations)**
>
> • 뇌하수체 종양에 의한 쿠싱증후군(Cushing's syndrome)
> • 뇌하수체 종양에 의한 시신경 압박으로 인한 시야 결손

(1) 뇌하수체 앞엽 (pituitary anterior gland, adenohypophysis)

뇌하수체 앞엽은 뇌하수체의 앞부분에 위치한 부분으로, 여러 호르몬을 분비하여 신체의 다양한 생리학적 기능을 조절하는 역할을 한다. 뇌하수체 앞엽은 주로 시상하부의 호르몬의 자극을 받아 호르몬을 분비한다. 이렇게 분비된 호르몬은 다시 다른 내분비샘(갑상샘, 부갑상샘, 부신, 고환, 난소 등)을 자극하여 호르몬의 분비를 조절하게 함으로써, 내분비계의 중심 역할을 한다(표 6.2). 뇌하수체 앞엽에서 분비되는 호르몬들은 성장 및 신체 대사, 생식, 스트레스에 대한 반응 등 다양한 생리적 반응을 이끌어 낸다.

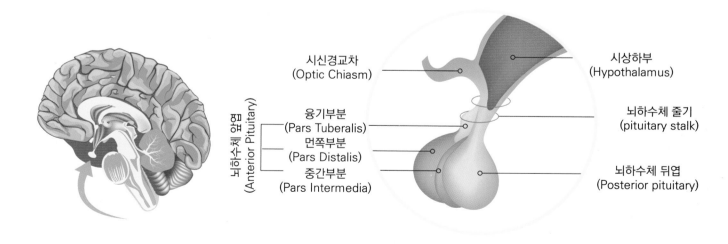

그림 6.2 뇌하수체의 해부학적 구조

① 갑상샘자극호르몬(thyroid-stimulating hormone, TSH, thyrotropin)

갑상샘자극호르몬 (thyroid-stimulating hormone, TSH, thyrotropin) 은 뇌하수체 앞엽에서 분비되어 혈액을 통해 갑상샘으로 이동하여 갑상샘호르몬(T_3, T_4)을 분비하도록 자극한다. 갑상샘자극호르몬(TSH)은 시상하부에서 방출되는 갑상샘자극호르몬 방출호르몬(TRH)에 의해 자극받아 분비되며, 혈중의 갑상샘호르몬(T_3, T_4)의 농도가 높은 경우 음성피드백 과정에 의해 뇌하수체 앞엽에서 갑상샘자극호르몬(TSH)의 분비가 억제된다. 시상하부-뇌하수체앞엽-갑상샘으로 분비가 조절되며 전신 대사과정, 에너지 생산 및 성장, 발달 등의 역할을 수행한다.

② 부신겉질자극호르몬(adrenocorticotropic hormone, ACTH)

부신겉질자극호르몬(adernocorticotropic hormone, ACTH)은 뇌하수체 앞엽에서 분비되어 혈액을 통해 부신 겉질로 이동하여, 코르티솔(cortisol)과 같은 호르몬의 분비를 촉진하여, 스트레스 반응 조절, 대사 조절, 면역반응 조절에 관여한다. 부신겉질자극호르몬(ACTH)의 분비는 시상하부의 코르티코트로핀 방출 호르몬(corticotropin-releasing hormone, CRH)의 자극을 받아 조절된다. 시상하부-뇌하수체 앞엽-부신의 호르몬은 음성피드백 메커니즘으로 조절된다.

③ 난포자극호르몬(Follicle-Stimulating Hormone, FSH)

난포자극호르몬(follicle-stimulating hormone, FSH)은 뇌하수체 앞엽에서 분비된다. 이 호르몬은 암컷의 경우 난소를 자극하여 난포의 성장과 발달을 촉진하고, 에스트로겐을 분비하도록 자극하며, 수컷의 경우 고환에 작용하여 정자의 생성과 발달을 유도하여 성샘의 기능을 유지시킨다. 난포자극호르몬(FSH)은 시상하부의 GnRH(gonadotrophin releasing hormone)의 자극에 의해 분비되며, 음성피드백 메커니즘으로 호르몬의 농도가 조절된다.

④ 황체형성호르몬(luteinizing hormone, LH)

황체형성호르몬(luteinizing hormone, LH)은 뇌하수체 앞엽에서 분비되어 FSH와 함께 성샘을 자극한다. 암컷에서는 LH가 배란을 유도하고, 배란 이후 황체에서 프로게스테론 분비를 촉진한다. 또한, 배란 직전 에스트로겐이 양성 피드백 메커니즘을 통해 LH분비를 급격히 증가시키는 "LH서지(LH surge)"를 유도하여 배란이 일어난다. FSH와 동일하게 시상하부의 GnRH(gonadotrophin releasing hormone)의 자극으로 분비되며, 대부분 음성피드백으로 조절된다. 수컷에서는 LH가 고환의 라이디히세포(Leydig cells)을 자극하여 테스토스테론 분비를 촉진한다. 사이질세포자극호르몬(interstitial cell stimulating hormone, ICSH)이라고도 부른다.

⑤ 프로락틴(prolactin)

프로락틴(prolactin)은 뇌하수체 앞엽에서 분비되어 유선에서 젖 생성을 촉진하고 생식 주기, 모성행동 형성 및 호르몬 균형 유지에 영향을 미친다. 수유를 하는 자극이나 임신 등이 뇌하수체 앞엽에서 프로락틴의 분비를 자극한다. 시상하부에서 분비되는 도파민은 프로락틴 방출 억제 호르몬으로 작용한다.

⑥ 성장호르몬(growth hormone, somatotropin)

성장호르몬(growth hormone, somatotropin)은 뇌하수체 앞엽에서 분비되어 어린동물의 뼈, 근육, 장기 등의 성장 및 대사 조절, 면

표 6.2 뇌하수체 앞엽의 호르몬

뇌하수체앞엽 호르몬	분비 자극의 유래	표적기관	표적기관의 주요작용
갑상샘자극호르몬(TSH)	시상하부	갑상샘	전신 대사과정, 에너지 생산, 성장, 발달
부신겉질자극호르몬(ACTH)	시상하부	부신	스트레스 반응 조절, 대사 조절, 면역반응 조절
난포자극호르몬(FSH)	시상하부	성샘(난소, 정소)	난포 발달, 에스트로겐의 분비, 정자 생성
황체형성호르몬(LH)	시상하부	성샘(난소, 정소)	배란유도, 황체형성 촉진
프로락틴(prolactin)	수유자극, 임신	유선	유즙생성 촉진
성장호르몬(somatotrophin)	시상하부	뼈, 근육, 장기	성장과 발달 조절

역 강화 등의 작용을 유도한다. 성장호르몬은 시상하부에서 분비되는 성장호르몬 방출호르몬(growth hormone-releasing hormone, GHRH)의 자극을 받아 분비가 촉진되고, 시상하부와 위장관에서 분비되는 성장호르몬 억제호르몬(somatostatin)은 성장호르몬 분비를 억제한다. 이 두 가지 호르몬의 조절로 성장호르몬의 분비가 신체 성장 및 대사조절에 중요한 역할을 한다.

(2) 뇌하수체 뒤엽(pituitary posterior gland, neurohypophysis)

뇌하수체 뒤엽은 신경조직으로 구성되어 있으며, 호르몬을 직접 생성하지는 않는다. 뇌하수체 뒤엽은 시상하부와 직접 연결되어 있어서, 시상하부에서 생성된 호르몬을 운반, 저장한 뒤 필요에 따라 분비하는 역할을 한다. 즉, 뇌하수체 뒤엽은 해부학적 및 생리학적으로 시상하부와 밀접하게 연결되어 있다. 뇌하수체 뒤엽은 시상하부에 생성된 항이뇨호르몬(antidiuretic hormone, ADH, 바소프레신(vasopressin))과 옥시토신을 저장하고, 필요에 따라 분비한다(표 6.3).

① 항이뇨호르몬(anti-diuretic hormone, ADH), 바소프레신(vasopressin)

항이뇨호르몬(anti-diuretic hormone, ADH)은 혈장 삼투압이 증가하거나 체내 수분량이 부족해지는 경우 뇌하수체 뒤엽에서 분비된다. 항이뇨호르몬(ADH)은 시상하부에서 생성되어 뇌하수체 뒤엽으로 이동 및 저장, 분비되어, 콩팥에서 수분의 재흡수를 촉진시키고 체내 전해질 균형, 삼투압 및 혈압을 조절한다. 또한 혈관을 수축시켜 혈압 상승을 유도한다. 항이뇨호르몬(ADH)은 바소프레신(vasopressin)으로 부른다.

② 옥시토신(oxytocin)

옥시토신(oxytocin)은 시상하부에서 생성되어 생리적인 자극(출산 및 수유)에 의해 뇌하수체 뒤엽에서 분비된다. 출산 중에는 자궁을 수축시키고, 출산 후에는 유선을 자극하여 젖을 분비하도록 돕는다. 옥시토신은 양성 피드백 메커니즘에 의해 조절되며, 출산 중 자궁 수축을 지속적으로 강화시켜 출산을 유도하는 원리로 작용한다.

표 6.3 뇌하수체 뒤엽의 호르몬

뇌하수체뒤엽 호르몬	분비 자극의 유래	표적기관	표적기관의 주요작용
항이뇨호르몬(ADH), 바소프레신	시상하부에서 생성되어 뇌하수체 뒤엽에 저장 혈장삼투압, 혈압	콩팥, 혈관	수분의 재흡수 촉진, 혈관수축 및 혈압상승
옥시토신(oxytocin)	시상하부에서 생성되어 뇌하수체 뒤엽에 저장 출산, 수유 자극	자궁, 유선	자궁 수축, 젖 분비

2) 이자(췌장, pancreas)

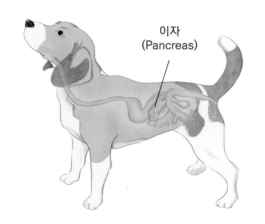

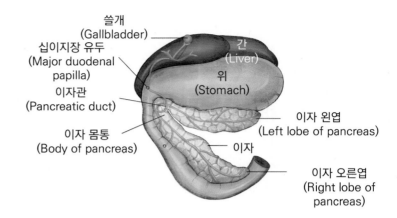

그림 6.3 이자의 해부학적 위치(좌)와 세부 위치(우)

개와 고양이의 이자는 상복부(그림 6.3)에 위치하고 있으며, 해부학적으로 위와 십이지장 사이에 자리 잡고 있다. 이자는 왼엽(left lobe), 몸통(body), 오른엽(right lobe)으로 구성되어 있다. 이자는 생리학적으로 외분비 기능과 내분비 기능을 동시에 가진다. 외분비 기능은 이자에서 소화효소를 이자관을 통해 십이지장으로 분비하여 소화를 돕는 기능이다(9장 동물체의 소화기계 참조). 이자의 내분비 기능은 주로 호르몬을 분비하여 체내 항상성을 유지하는 역할을 한다. 내분비 기능은 알파(α)세포, 베타(β)세포, 델타(δ)세포, PP세포의 집단인 이자섬(랑게르한스섬, islets of Langerhans)에서 이루어진다(그림 6.4, 표 6.4).

표 6-4 이자섬의 세포종류에서 분비되는 호르몬

세포종류	분비호르몬
알파(α)세포	글루카곤(glucagon)
베타(β)세포	인슐린(insulin)
델타(δ)세포	소마토스타틴(somatostatin)
PP세포	이자 폴리펩타이드(pancreatic polypeptide)

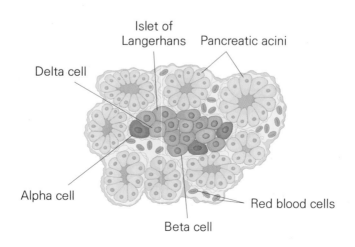

그림 6.4 이자의 이자섬(랑게르한스섬, islets of Langerhans)의 구성

(1) 글루카곤

알파(α)세포는 체내 낮은 혈당에 반응하여 글루카곤(glucagon)을 분비한다. 간에서 글리코겐을 포도당으로 분해하여 혈액으로 방출하는 기전으로 혈당을 상승시켜, 공복 시 혈당을 유지하며 에너지를 공급한다. 글루카곤은 혈당에 의해 음성 피드백메커니즘으로 분비가 조절된다.

(2) 인슐린

베타(β)세포는 높은 혈당에 반응하여 인슐린(insulin)을 분비한다. 혈액속의 포도당을 세포 내부로 이동시키거나, 간, 근육 등에 포도당을 글리코겐으로 저장하여 혈당을 낮춘다. 인슐린은 혈당이 과도하게 높아져 삼투압의 변화를 초래하지 않도록 하며, 세포가 에너지를 적절하게 이용할 수 있도록 돕는다. 인슐린과 글루카곤은 상호작용하여 혈중 포도당 농도를 일정하게 유지시킨다(그림 6.5). 인슐린은 혈당에 의해 음성 피드백 메커니즘으로 분비가 조절된다.

(3) 소마토스타틴

델타(δ)세포는 소마토스타틴(somatostatin)을 분비하여 성장호르몬 분비 및 인슐린과 글루카곤 분비를 억제하여 조절한다.

(4) 이자폴리펩타이드

PP세포는 이자 폴리펩타이드(pancreatic polypeptide)를 분비하여 이자의 외분비기능을 조절함으로써 소화에 영향을 준다.

임상적 고려사항(Clinical considerations)

- **당뇨병(diabetes mellitus)**: 인슐린의 결핍 혹은 체내 저항성 증가로 혈당 수치가 지속적 높은 만성 상태. 개에서는 주로 이자에서 인슐린을 충분히 생성하지 못하는 제1형(type 1) 당뇨병이 많으며, 고양이에게는 비만 등의 원인으로 인슐린 저항성으로 인한 제2형(type 2) 당뇨병이 많음.
- **이자염(췌장염, pancreatitis)**: 이자의 급성 혹은 만성 염증상태로 구토, 설사 및 복통, 발열 등의 증상이 나타남.

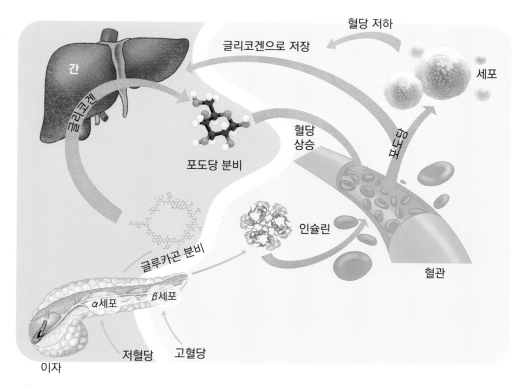

그림 6.5 인슐린, 글루카곤의 혈당조전 기전

3) 부신(adrenal gland)

부신(adrenal gland)은 좌, 우 콩팥의 앞쪽(머리쪽)에 위치한 2개의 작은 내분비샘으로 스트레스에 대한 반응 조절, 혈압 조절, 전해질 균형 유지, 대사반응 등에 관여한다. 부신은 발생학적으로도 기능적으로도 다른 겉질(피질, cortex)과 속질(수질, medulla)로 구별한다(그림 6.6).

(1) 부신 겉질(부신 피질, adrenal cortex)

부신 겉질(부신 피질, adrenal cortex)은 부신의 바깥층으로, 호르몬을 분비하여 면역조절, 체내 대사균형 등에 관여한다.

① 당질코르티코이드(당류코르티코이드, glucocorticoid)

당질코르티코이드(당류코르티코이드, glucocorticoid)는 부신겉질의 다발층(Zona fasciculata)에서 분비되며, 코르티솔(cortisol) 및 코르티손(cortisone) 등이 여기에 포함된다. 당질코르티코이드는 시상하부-뇌하수체-부신의 체계로 조절된다(그림 6.7). 시상하부에서 코르티코트로핀 방출 호르몬(CRH)이 뇌하수체 앞엽의 부신겉질 자극호르몬(ACTH)의 분비를 자극하고, 이 자극을 받아 부신 겉질에서 당질코르티코이드가 분비되며, 음성 피드백 메커니즘으로 조절된다. 당질코르티코이드는 탄수화물, 단백질 및 지방대사에 관여하며, 신경계 및 순환계에도 영향을 준다. 특히 스트레스 상황에서 분비가 촉진되어 급격한 에너지 요구를 충족시킨다. 또한 항인슐린 작용, 항염증작용, 면역반응 억제 및 알도스테론과 함께 수분 및 전해질의 균형을 유지시킨다. 또한, 혈중 포도당 성분을 세포로 이동하는 과정을 억제하여 체내 혈당을 높인다.

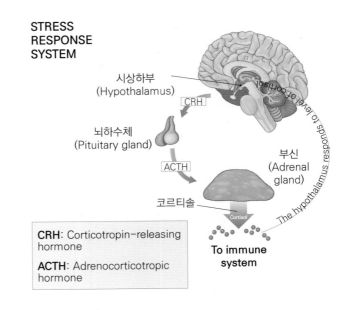

그림 6.7 시상하부- 뇌하수체- 부신 축과 분비되는 호르몬

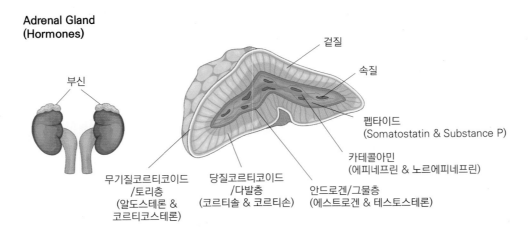

그림 6.6 부신의 해부학적 위치와 상세구조

② 무기질코르티코이드(염류코르티코이드, mineralocorticoid)

무기질코르티코이드(염류코르티코이드, mineralocorticoid)는 부신 겉질의 토리층(zona glomerulosa)에서 분비된다. 무기질코르티코이드의 대표적 호르몬은 알도스테론(aldosterone)이다. 이 호르몬의 분비는 주로 레닌-안지오텐신-알도스테론 시스템(RAAS; renin-angiotensin-aldosterone system)(그림 6.8)에 의해 조절된다. 혈압이 낮아지면 콩팥에서 레닌이 분비된다. 레닌은 안지오텐시노겐을 안지오텐신I으로 전환시키고, 이는 다시 안지오텐신변환효소(ACE, angiotensin-converting enzyme)에 의해 안지오텐신II로 전환된다. 안지오텐신II는 부신겉질을 자극하여 알도스테론의 분비를 유도한다. 알도스테론은 신장의 원위세뇨관과 집합관에서 체내로 나트륨과 수분을 재흡수시켜, 혈중 나트륨 농도 및 체액의 양이 증가하여 혈압을 상승시키며, 동시에 칼륨을 배설시킨다. 이 결과로 무기질코르티코이드는 체내 전해질 균형과 수분 균형을 유지한다.

③ 부신 성호르몬(adrenal sex hormone)

부신 겉질의 그물층(zona reticularis)에서 상대적으로 소량의 성 호르몬이 분비되는데, 이 중 주요 호르몬은 안드로겐(androgen)이다. 안드로겐은 생식기 기능 유지 및 근육, 뼈의 성장 등에 관여하지만, 고환에서 분비되는 양이 상대적으로 많기 때문에, 부신에서의 생리학적 역할은 제한적인 편이다.

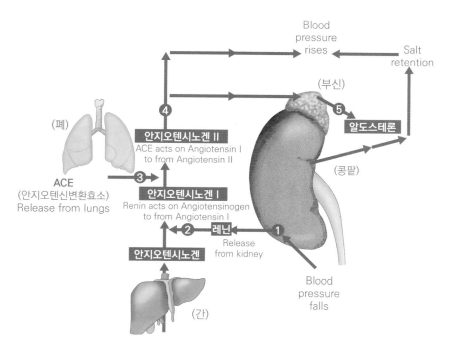

그림 6.8 레닌-안지오텐신-알도스테론 시스템(RAAS)

(2)　부신 속질(adrenal medulla)

부신 속질(부신 수질, adrenal medulla)은 부신의 안쪽에 위치한 부분이다. 부신 속질에서 분비되는 호르몬은 주로 신체의 급성 스트레스와 연관된 역할을 담당하며, 이를 싸움-도피 반응(fight-or-flight response)으로 부른다.

① 에피네프린(epinephrine, adrenaline)

신체가 급성 스트레스상태에 놓이게 되면 교감신경계의 자극을 받아 부신 속질에서 에피네프린(epinephrine, adrenaline)을 분비한다. 에피네프린이 분비되면 심박수가 올라가며, 혈당이 상승하고, 근육으로의 혈류량이 증가하여 산소와 당을 공급한다.

② 노르에피네프린(norepinephrine, noradrenaline)

신체가 급성 스트레스상태에 놓이게 되면 교감신경계의 자극을 받아 부신 속질에서 노르에피네프린(norepinephrine, noradrenaline)을 분비한다. 노르에피네프린은 혈관을 수축시켜 혈압을 상승시키고 혈당 수치를 높이는 역할을 한다.

4)　갑상샘(thyroid gland)

갑상샘은 기관 앞쪽에 위치한 나비모양의 내분비샘으로 좌, 우측 두 개의 엽으로 구성되어 있다. 갑상샘은 호르몬을 분비하여 신체 대사 조절에 주요한 역할을 한다. 갑상샘은 티록신(thyroxin, T_4), 트리요오드타이로닌(triiodothyronine, T_3), 칼시토닌(calcitonin) 호르몬을 분비한다.

(1)　티록신(thyroxin, T_4), 트리요오드타이로닌 (triiodothyronine, T_3)

갑상샘에서 분비되는 티록신(thyroxin, T_4), 트리요오드타이로닌(triiodothyronine, T_3)은 유사한 생리학적 효과를 나타낸다. 이 두 가지 호르몬은 뇌하수체 앞엽에서 분비되는 갑상샘 자극 호르몬(thyroid stimulating hormone, TSH)의 자극으로 분비가 촉진된다. T_4, T_3은 또한 음성 피드백 메커니즘으로 조절된다(그림 6.10). T_4는 네 개의 요오드 원자로 구성되어 있다. T_4가 분비되면 세포의 에너지 생산과 사용에 영향을 끼쳐, 전신의 대사율을 증진시키고 에너지를 소비한다. T_4는 T_3으로 변환되어 작용할 수 있다. T_3은 T_4보다 더 활성화된 형태로 더 빠르게 작용할 수 있어, 급성으로 조절하는데 효과적이다. 두 호르몬 모두 신체의 에너지 사용을 증가시키며, 산소 흡수에 영향을 주며, 열 생성을 촉진하여 체온 유지에도 주요 역할을 한다.

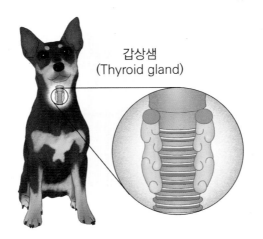

갑상샘
(Thyroid gland)

그림 6.9 개의 갑상샘 위치

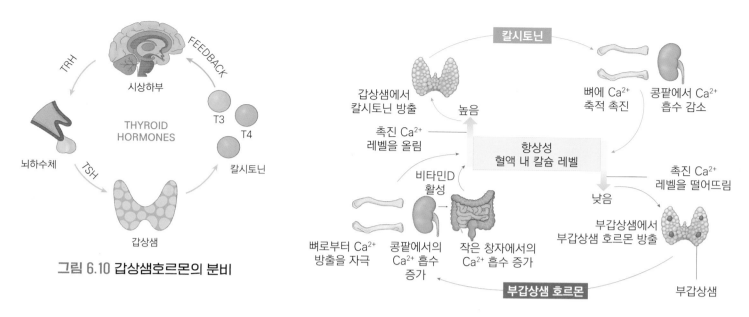

그림 6.10 갑상샘호르몬의 분비

그림 6.11 칼시토닌과 부갑상샘호르몬의 작용으로 조절되는 칼슘 조절

임상적 고려사항(Clinical considerations)

- 갑상샘기능항진증(hyperthyroidism): 갑상샘이 과도하게 호르몬을 분비하여 전신 대사율이 비정상적으로 높아진 상태. 노령의 고양이에서 다발
- 갑상샘기능저하증(hypothyroidism): 갑상샘이 호르몬을 충분하게 분비하지 못하여 전신 대사율이 비정상적으로 낮아진 상태. 중년령 이상의 개에서 다발.

(2) 칼시토닌(calcitonin)

칼시토닌(calcitonin)은 갑상샘의 C-세포에서 분비된다. 칼시토닌의 주된 기능은 혈중 칼슘을 뼈로 이동시켜 혈중 칼슘농도를 낮추고, 뼈에 저장하는 역할을 한다. 또한 콩팥에서 칼슘배설을 촉진시키고, 작은 창자에서의 흡수를 감소시킨다. 칼시토닌은 칼슘 대사의 균형을 유지해서, 골다공증과 같은 질병을 예방하는 데 기여한다. 이는 부갑상샘 호르몬과 반대 기전이며 이 두 호르몬이 상호작용하여 칼슘 농도를 적절하게 유지하도록 생리학적 조절을 한다.

개와 고양이는 일반적으로 양쪽 2개씩, 총 4개의 부갑상샘이 갑상샘 근처에 위치하고 있다(그림 6.12). 고양이의 부갑상샘의 경우 상대적으로 작아서 더 발견하기 어렵다. 갑상샘은 주세포(chief cells)와 호산성 세포(oxyphil cells)로 이루어져 있으며, 주세포에서 부갑상샘호르몬 (parathormone, PTH)을 분비하여 체내 칼슘농도 조절에 주요 역할을 한다.

5) 부갑상샘(parathyroid gland)

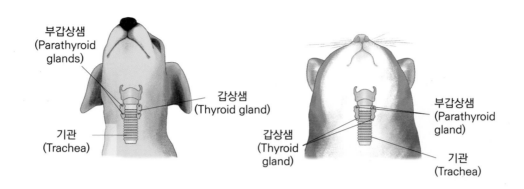

그림 6.12 개, 고양이의 부갑상샘 해부학적 위치

(1) 부갑상샘호르몬(parathormone)

부갑상샘호르몬(parathormone, PTH)은 갑상샘의 칼시토닌(calcitonin)과 상호 길항적으로 작용하여 혈중 칼슘 농도의 항상성을 유지한다. 혈중 칼슘농도가 낮을 때 부갑상샘이 자극되며 부갑상샘호르몬이 분비된다. 부갑상샘호르몬은 뼈에서 칼슘이 혈중으로 유리되도록 하며, 콩팥에서 칼슘 재흡수를 촉진시키고, 작은창자에서 칼슘흡수를 증가시켜 혈중 칼슘농도가 올라가도록 한다.

임상적 고려사항(Clinical considerations)

부갑상샘기능항진증(hyperparathyroidism)
부갑상샘의 종양이나, 만성 콩팥기능부전에 의해 필요 이상으로 부갑상샘호르몬이 많이 분비되는 상태. 뼈에서 과도하게 칼슘이 누출되어, 뼈가 약해지게 되어 병리적인 골절이 발생하기도 함.

6) 생식기계 내분비

(1) 고환(testis)

수컷의 경우 2개의 고환(testis)의 내분비샘을 가지고 있다. 개, 고양이의 고환은 출생 시에 복강 안에 위치하고 있으며, 생후 6~16주령에는 복강 외부로 내려와 음낭 안에 자리잡는다(그림 6.13).

① 테스토스테론(testosterone)

고환의 사이질세포(leydig cells, 레이디히 세포)에서 테스토스테론(testosterone)이 분비된다. 이 호르몬에 의해 수컷 생식기의 발육 및 정자 생산을 촉진한다. 성욕, 공격성, 발정 행동도 이 호르몬과 연관되어 있다. 테스토스테론은 뇌하수체 앞엽의 황체형성호르몬(luteinizing hormone, LH)의 자극을 받아 분비된다.

② 에스트로겐(estrogen)

고환의 버팀세포(sertoli cell)에서 소량 분비되며, 뼈 및 성기능에 영향을 줄 수 있다.

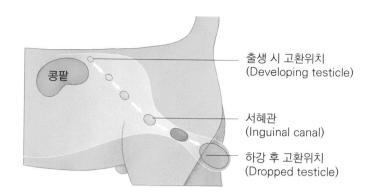

그림 6.13 고환하강 과정 및 성견에서의 위치

(2) 난소(ovary)

동물의 난소(ovary)는 인체와 유사하게 왼쪽, 오른쪽 2개가 복강 안, 콩팥의 뒤쪽에 자리 잡고 있다(그림 6.14). 난소는 생식세포를 생성함과 동시에 성호르몬을 생성하여 내분비계 조직으로도 분류된다.

① 에스트로겐(estrogen)

난소의 난포세포에서 분비되며, 생식기의 성숙 및 발정기의 행동 변화를 유도한다. 뇌하수체 전엽의 난포자극호르몬(FSH), 황체형성호르몬(LH)의 자극 등을 받아 분비된다.

② 프로게스테론(progesterone)

난자가 배란되고 나면 남은 난포가 성숙하여 황체(corpus luteum)가 되며, 이 황체에서 프로게스테론이 분비된다. 프로게스테론은 임신을 유지하는 데 필수적이다.

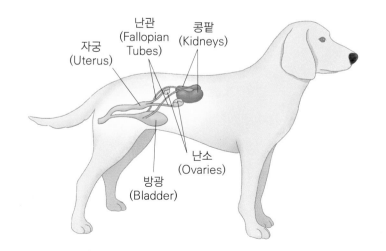

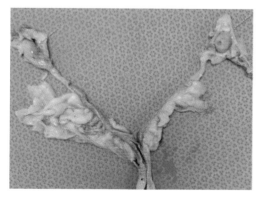

그림 6.14 개의 난소 위치

임상적 고려사항(Clinical considerations)

- 잠복고환(cryptorchidism): 출생 후 6~16주령 정도에 고환은 복강 외부의 음낭으로 내려와야 하나, 음낭으로 내려오지 않은 상태. 유전적 요인, 호르몬 이상이 원인이며, 잠복되는 고환은 한 개만 발생할 수도, 두 개 모두에서 발생할 수 있음(그림 6.13 참조).

- 중성화 수술: 일반적으로 수컷의 중성화 수술을 castration, 암 컷의 중성화 수술을 난소자궁절제술(ovariohysterectomy, OHE)로 부름. 수컷의 경우 고환을, 암컷의 경우 난소와 자궁, 혹은 난소만을 제거하는 수술. 각 생식기계 내분비샘을 절제함으로써, 생식능력을 없앨 뿐 아니라, 관련한 호르몬의 분비를 억제. 그 결과로 발정관련 행동 감소뿐 아니라, 암컷의 유선종양 및 자궁질환, 수컷의 전립샘, 고환의 질환을 예방할 수 있으나, 체중증가와 같은 부작용도 존재함.

- 호르몬(hormone): 혈액을 통해 움직이는 내분비계의 화학적 신호 전달 물질
- 내분비샘(endocrine gland): 호르몬을 혈액으로 직접 분비하는 샘
- 표적기관(target organ): 호르몬이 도달하여 기능을 조절하거나 변화가 나타나는 기관이나 조직
- 음성 피드백(negative feedback): 생리학적 변화가 발생했을 때, 그 과정을 억제하는 메커니즘
- 양성 피드백(positive feedback): 생리학적 변화가 발생했을 때, 그 과정을 촉진시키는 메커니즘
- 갑상샘자극호르몬(thyroid-stimulating hormone, TSH): 뇌하수체 앞엽에서 분비되어 갑상샘에서 갑상샘호르몬을 분비하도록 자극하는 호르몬
- 부신겉질자극호르몬(부신피질자극호르몬, adrenocorticotropic hormone, ACTH): 뇌하수체 앞엽에서 분비되어 부신의 겉질에서 코르티솔과 같은 호르몬을 분비하도록 자극하는 호르몬
- 난포자극호르몬(follicle-stimulating hormone, FSH): 뇌하수체 앞엽에서 분비되어 성샘에 작용하는 호르몬. 난소를 자극하여 에스트로겐 분비를 자극.
- 황체형성호르몬(luteinizing hormone, LH): 뇌하수체 앞엽에서 분비되어 성샘에 작용하는 호르몬. 배란을 조절.
- 프로락틴(prolactin): 뇌하수체 앞엽에서 분비되어 유즙 생성 촉진
- 성장호르몬(growth hormone, somatotropin): 뇌하수체 앞엽에서 분비되어 성장에 관여하는 호르몬
- 항이뇨호르몬(anti-diuretic hormone, ADH): 바소프레신으로도 불리며, 시상하부에서 생성되어 뇌하수체 뒤엽에서 저장 및 분비가 이루어지는 호르몬. 콩팥, 혈관 등을 자극하여 전해질 균형 및 삼투압, 혈압에 영향을 주는 호르몬
- 옥시토신(oxytocin): 시상하부에서 생성되어 뇌하수체 뒤엽에서 저장 및 분비가 이루어지며, 자궁 수축 및 유선의 젖 분비를 자극하는 호르몬.
- 글루카곤(glucagon): 이자의 알파(α)세포에서 분비되어 혈당을 상승시키는 호르몬
- 인슐린(insulin): 이자의 베타(β)세포에서 분비되어 혈당을 저하시키는 호르몬
- 당질코르티코이드(당류코르티코이드, glucocorticoid): 부신 겉질에서 분비되어 대사조절, 스트레스 및 면역 반응 등에 영향을 주는 호르몬. 코르티솔 등이 포함됨
- 무기질코르티코이드(염류코르티코이드, mineralocorticoid): 부신 겉질에서 분비되어 체내 전해질 균형 및 수분을 조절하는 호르몬. 알도스테론 등이 포함됨
- 에피네프린(epinephrine): 교감신경계의 자극을 받아 부신 속질에서 분비되어 심박수 상승, 혈당 상승 등의 반응을 유도하는 호르몬
- 티록신(thyroxin, T_4): 뇌하수체 전엽의 갑상샘자극호르몬(TSH)의 자극을 받아 갑상샘에서 분비되어 전신 대사율을 증진시키는 호르몬
- 칼시토닌(calcitonin): 갑상샘의 C-세포에서 분비되어 혈중칼슘농도를 저하시키는 호르몬
- 부갑상샘호르몬(parathormone): 부갑상샘에서 분비되어 혈중칼슘농도를 상승시키는 호르몬
- 테스토스테론(testosterone): 고환의 사이질세포에서 분비되어 수컷 생식기 발육 및 정자 생성 촉진에 관여하는 호르몬
- 에스트로겐(estrogen): 난소의 난포세포에서 분비되어 생식기 성숙 및 발정기의 변화를 유도하는 호르몬
- 프로게스테론(progesterone): 황체에서 형성되어 임신 유지에 작용하는 호르몬

복습문제

1. **다음 내분비계에 생리학적 특징으로 옳지 않은 것은?**

   ① 내분비계는 호르몬을 생성하고 배출하여 생리적 기능을 조절하는 시스템이다.
   ② 내분비계의 화학적 전달신호를 호르몬(hormone)이라 한다.
   ③ 호르몬을 분비하는 곳을 표적기관이라 하며, 호르몬이 도달하는 곳을 내분비샘이라 한다.
   ④ 호르몬은 특이적으로 작용한다.
   ⑤ 내분비계는 신경전도체계에 비하여 광범위하고 느리게 움직인다.

2. **다음 호르몬 중 뇌하수체 앞엽에서 분비되는 호르몬으로 올바르게 연결된 것은?**

   ㄱ. 갑상샘자극호르몬(TSH)
   ㄴ. 칼시토닌
   ㄷ. 부신겉질자극호르몬(ACTH)
   ㄹ. 에스트로겐
   ㅁ. 인슐린

   ① ㄱ, ㄴ   ② ㄱ, ㄷ   ③ ㄴ, ㄷ
   ④ ㄴ, ㄹ   ⑤ ㄷ, ㅁ

3. **다음 호르몬 중 주요 조절 기전이 음성피드백이 아닌 것은?**

   ① 갑상샘에서 분비되는 갑상샘호르몬
   ② 부신 겉질에서 분비되는 당질코르티코이드(코르티솔)
   ③ 이자에서 분비되는 인슐린
   ④ 이자에서 분비되는 글루카곤
   ⑤ 뇌하수체 뒤엽에서 분비되는 옥시토신

4. **항이뇨호르몬에 관한 설명으로 옳은 것은?**

   ① 체내 수분량이 부족한 경우 분비된다.
   ② 부갑상샘에서 분비된다.
   ③ 갑상샘에서 생성된다.
   ④ 주로 성장에 관여한다.
   ⑤ 혈관을 이완시켜 혈압을 저하시킨다.

5. **이자에서 분비되는 호르몬에 관한 설명으로 옳은 것은?**

   ㄱ. 글루카곤은 알파(α)세포에서 분비되어 혈당을 상승시킨다.
   ㄴ. 인슐린은 베타(β)세포에서 분비되어 혈당을 저하시킨다.
   ㄷ. 소마토스타틴은 델타(δ)세포에서 분비된다.
   ㄹ. 이자폴리펩타이드는 PP세포에서 분비한다.

   ① ㄱ   ② ㄴ   ③ ㄷ, ㄹ
   ④ ㄱ, ㄴ, ㄷ   ⑤ ㄱ, ㄴ, ㄷ, ㄹ

6. **부신겉질에서 분비되는 호르몬에 관한 설명으로 옳지 않은 것은?**

   ① 뇌하수체 앞엽의 부신겉질자극호르몬(ACTH)의 자극을 받아 호르몬이 분비된다.
   ② 당질코르티코이드는 탄수화물, 단백질 및 지방대사에 관여한다.
   ③ 당질코르티코이드는 스트레스 상황에 적절한 반응을 유도한다.
   ④ 무기질코르티코이드는 부신 겉질의 토리층에서 분비된다.
   ⑤ 무기질코르티코이드는 시상하부-뇌하수체-부신 축으로 조절된다.

7. **부신속질에서 분비되는 호르몬으로 알맞게 연결된 것은?**

   ① 에프네프린, 당질코르티코이드
   ② 에피네프린, 노르에피네프린
   ③ 당질코르티코이드, 무기질코르티코이드
   ④ 글루카곤, 인슐린
   ⑤ 칼시토닌, 부갑상샘호르몬

8. **갑상샘과 갑상샘에서 분비되는 호르몬에 관한 설명으로 옳지 않은 것은?**

   ① 갑상샘은 기관 앞쪽에 좌, 우측 두 개의 엽으로 구성되어 있다.
   ② 뇌하수체 앞엽에서 분비되는 갑상샘 자극호르몬(TSH)에 의해 자극된다.
   ③ 갑상샘 호르몬이 분비되면 전신 대사율을 감소시키고 열 생성을 저하시켜, 에너지를 저장한다
   ④ T_3는 T_4보다 더 활성화된 형태로 더 빠르게 작용할 수 있다.
   ⑤ 음성피드백 메커니즘으로 조절된다.

9. 체내 칼슘농도 조절은 주로 칼시토닌과 부갑상샘의 상호 길항적인 효과로 이루어진다. 칼시토닌에 관한 설명으로 올바르게 연결된 것은?

ㄱ. 칼시토닌은 갑상샘의 C-세포에서 분비
ㄴ. 칼시토닌은 혈중 칼슘을 뼈로 이동
ㄷ. 칼시토닌 분비 시 골다공증 발병가능성 증가
ㄹ. 칼시토닌은 콩팥에서 칼슘 배설 감소

① ㄱ, ㄴ
② ㄱ, ㄷ
③ ㄴ, ㄷ
④ ㄴ, ㄹ
⑤ ㄷ, ㅁ

10. 다음은 동물의 난소, 고환에서 분비되는 호르몬에 관한 설명이다. 옳지 <u>않은</u> 것은?

① 테스토스테론은 고환의 사이질세포에서 분비되어 수컷 생식기의 발육 및 정자 생산을 촉진한다.
② 테스토스테론은 수컷의 성욕, 공격성, 발정행동과 연관되어 있다.
③ 에스트로겐은 뇌하수체 앞엽의 난포자극호르몬(FSH)의 분비에 영향을 받는다.
④ 에스트로겐은 암컷동물에서만 분비된다.
⑤ 프로게스테론은 임신유지에 중요한 호르몬이다.

정답: 1.③, 2.③, 3.④, 5.⑤, 6.⑤, 7.②, 8.②, 9.①, 10.④

📂 참고문헌

1. 동물해부생리학 개론. introduction to veterinary anatomy and physiology texbook second edition. 동물해부생리학 교재연구회 역. 범문에듀케이션. 2014
2. 수의생리학. 제4판. 강창원 외. 광일문화사. 2006.

동물체의 순환기계

1 혈액(blood)의 성분 및 기능

혈액(blood)은 적색의 불투명한 유동체이고 다소 점성이 있다. 액체 성분인 혈장(plasma)과 세포 성분인 혈구(blood corpuscle)로 구성되어 있다. 혈장은 혈청(serum)과 피브리노겐(fibrinogen)으로 구분할 수 있고 혈구는 적혈구(red blood cell, RBC), 백혈구(white blood cell, WBC), 혈소판(platelet)으로 구분할 수 있다.

1) 혈장(plasma)

혈장(plasma)은 혈액에서 혈구들이 떠다니는 약간 노란색 또는 무색을 띠는 액체로 혈액의 약 55% 정도를 차지한다. 혈장은 각종 세포에 영양소나 호르몬, 항체 및 노폐물을 운반하고 삼투압 및 체온을 유지하는 역할을 한다. 혈장은 혈청(serum)과 피브리노겐(섬유소원, fibrinogen)으로 구성되어 있는데 혈액이 혈관 밖으로 유출시 혈장 내의 피브리노겐이 피브린(섬유소, fibrin)으로 바뀌고 이 피브린이 혈구와 만나 혈병(blood clot, 체내에서 생성 시 혈전)이 된다.

2) 적혈구(red blood cell, RBC)

적혈구는 모든 척추동물에서 볼 수 있고 전체 혈구의 45% 정도를 차지하고 있으며 핵이 없고 양쪽이 오목한 원반 모양으로 철을 가지고 있는 헤모글로빈(혈색소, hemoglobin)을 포함하고 있어 붉은빛을 띠고 있다. 적혈구의 크기는 동물에 따라 다양하지만 개의 경우는 7.0㎛로 제일 큰 편이고 고양이는 5.8㎛ 정도이다. 적혈구는 혈액을 돌아다니며 산소나 이산화탄소를 운반하는 역할을 한다.

3) 적혈구의 생성과 사멸

적혈구는 골수(bone marrow)에서 생성되고 지라(비장, spleen)에서 파괴되는데 수명은 평균 124일(개의 경우, 고양이는 68일)이다. 동물의 혈액이나 조직의 산소 농도가 감소하면 **적혈구 조혈인자(erythropoietin)** 작용에 의해 적혈구가 생성되고 방출량이 증가한다. 혈액이나 조직의 산소농도가 증가하면 적혈구 조혈인자(erythropoietin)의 형성이 감소하여 적혈구의 생성이 저하된다.

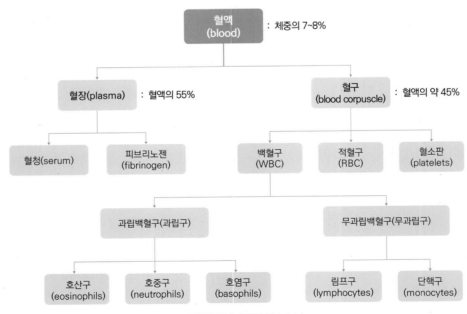

그림 7.1 **혈액의 조성**

적혈구 조혈인자(erythropoietin):
신장에서 분비되는 erythrogenin 작용에 의해 생성됨

골수 내 줄기세포(stem cell) → 적혈모세포(erythroblast) →
(세포 분열과 성숙, 혈색소 획득) → 그물모양 적혈구(reticulocyte)
→ (핵 소실, 혈관으로 유입) → 적혈구 → 혈관내로 방출

적혈구의 수명이 다하면 대사기능이 약해지고 적혈구 막도 취약해져 각 장기에 있는 세망내피계(reticuloendothelial system)의 대식세포 (macrophage)에 의해 파괴된다. 개는 적색골수(red marrow), 사람은 지라(비장, spleen), 조류는 간(liver)이 적혈구 사멸의 주요한 장소이다.

적혈구 파괴 → 혈색소 분리 ┬ 단백질 부분 → 재사용
                                └ 색소 부분 → 철분 → 재사용
                                    → 나머지 → 담즙색소 → 배설

4) 백혈구(white blood cell, WBC)

백혈구(WBC)는 핵을 가지고 있고 대략 6~20μm의 크기를 가지며 세포질 내 과립의 유무에 따라 과립백혈구와 무과립백혈구로 나눌 수 있다.
백혈구는 종류에 따라 특유한 기능을 가지고 있는데 조직 사이를 다니며 이물을 섭취할 수 있는 운동성과 식작용이 있고 우리 몸을 지키는 면역작용을 한다.
과립백혈구는 세포질 내의 과립과 염색성에 따라 호중구(neutrophils), 호산구(eosinophils), 호염구(basophils)로 나뉘어지고, 무과립백혈구는 크기와 핵의 형태에 따라 림프구(lymphocytes), 단핵구(monocytes)로 나뉘어진다.

(1) 과립백혈구

① 호중구(neutrophils): 중성 색소에 잘 염색되는 과립을 가진 백혈구로 백혈구 중 대략 70%(개의 경우, 고양이는 대략 60%)로 가장 많은 수를 차지한다. 일차적인 방어 작용을 하며 아메바 운동으로 세균을 탐식한다.

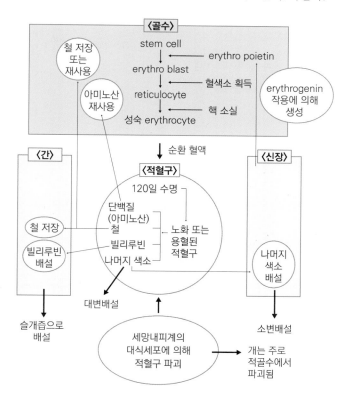

그림 7.2 적혈구의 생성과 사멸

② 호산구(eosinophils): 산성 색소에 잘 염색되는 과립을 가진 백혈구로 백혈구 중 대략 4%(개의 경우, 고양이는 대략 5%)를 차지한다. 기생충 감염이나 알러지성 질환 반응에 관여한다.

③ 호염구(basophils): 염기성 색소에 잘 염색되는 과립을 가진 백혈구로 혈액에서의 수가 아주 적다. 체내 즉시형 알러지 반응 역할을 하고 염증 부위에서 비만세포(mast cell)와 함께 히스타민(histamine), 헤파린(heparin) 등을 생성한다.

(2) 무과립백혈구

① 림프구(lymphocytes): 백혈구 중 대략 20%(개의 경우, 고양이는 대략 32%)를 차지하고 세포성 면역을 일으키는 T림프구와 체액성 면역을 일으키는 B림프구가 있다. 림프구는 운동성이 없어 식작용도 없으며 이물질에 대해 과민반응을 보인다.

② 단핵구(monocytes): 백혈구 중 대략 5%(개의 경우, 고양이는 대략 3%)를 차지하고 핵의 형태는 다양하며 크기가 큰 백혈구이다. 혈관에서 순환하다가 조직으로 이동하면 대식세포(macrophage)로 분화가 된다. 면역반응에서 여러 가지 역할을 한다.

5) 혈소판(platelet)

혈소판(platelet)은 무색의 투명하고 불규칙한 미세과립 형태의 세포로서 크기는 대략 2~4㎛이다. 주로 혈관 손상으로 인한 출혈이 있을 때 가장 먼저 작용하는 일차 출혈 방지 역할을 한다.

◉ 적혈구
[red blood cell(erythrocyte)]

◉ 혈소판
[platelet(thrombocyte)]

◉ 백혈구(white blood cell)

• 과립구

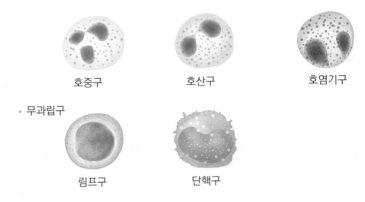

호중구   호산구   호염기구

• 무과립구

림프구   단핵구

그림 7.3 혈구(blood corpuscle)

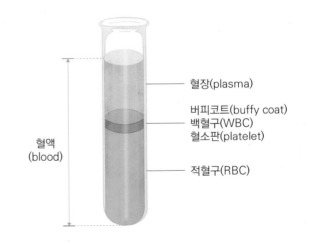

그림 7.4 분리된 혈액

1. 혈장(plasma): 약 55%
2. 버피코트(buffy coat): 약 1%, 혈장 부분과 적혈구 층 경계에 혈소판(platelet)과 백혈구(WBC)로 형성된 흰색의 얇은 층, 버피코트의 상부에 심장사상충(Heartworm)의 미세사상충 위치함
3. 적혈구(RBC): 약 45%

6) 혈액의 기능

혈액은 영양물질과 산소를 각 조직에 공급하고 체내에서 생긴 노폐물과 이산화탄소를 배설기관과 폐로 운반하여 체외로 내보낸다. 호르몬을 각각의 표적기관에 운반하고 호흡, 체온, 체액의 pH 등의 조절 작용을 한다. 여러 가지 면역 물질을 가지고 있어 항균작용, 식균작용을 통하여 신체를 보호한다. 혈액 응고에 관여하는 인자가 있어 출혈에 의한 혈액 상실을 방지하고 반대로 순환 혈액의 응고를 방지하는 역할을 하기도 한다.

7) 혈액의 응고

액체 상태인 혈액이 덩어리로 변화하여 혈전을 형성하는 과정을 혈액응고라 한다. 손상된 혈관으로부터의 혈액 체외유출을 방지하여 생명을 보호하고 유지한다. 혈액 응고 과정에는 혈소판(platelet)이 큰 역할을 하는데 피부나 점막 등에 출혈이 생기면 혈소판이 가장 먼저 활성화된다. 혈관 수축 물질인 세로토닌(serotonin)이 있어 지혈을 돕는다.

손상된 혈관벽에 혈소판이 응집하여 손상 부위를 막고 공기가 접촉이 되면 **트롬보플라스틴(thromboplastin)**이 활성화가 된다. 이 트롬보플라스틴 활성화에 의해 혈장단백질인 프로트롬빈이 트롬빈으로 되고 이 트롬빈에 의해 혈장의 한 성분인 피브리노겐이 피브린으로 된다. 최종적으로 이 피브린이 혈구와 만나 혈액을 응고시킨다.

> 트롬보플라스틴(thromboplastin): 트롬보키나아제(thrombokinase)라고도 하며 평소에는 조직 및 혈액 속에서 비활성 상태로 있다가 혈관에 손상이 생기면 활성화되어 혈액 응고에 관여한다.

8) 개의 혈액형

사람의 혈액형은 ABO형과 Rh형 두 가지이다. A, B, O 3개의 항원에 의해 A, B, O, AB형이 있고 각각의 항원은 Rh^+나 Rh^-로 나뉜다. 가축이나 개, 고양이도 혈액형이 있다. 소의 혈액형은 12종 약 80가지 혈액형 인자, 말은 7종 20가지 혈액형 인자, 돼지는 15종 약 39가지 혈액형 인자로 분류되어진다.

개의 경우는 20가지 정도가 보고되어 있고 그중 7가지가 국제적으로 인정되고 있다. 개의 혈액형은 DEA(dog erythrocyte antigen) 또는 CEA(canine erythrocyte antigen)라는 분류 방식으로 적혈구 항원을 구분한다. 국제적으로 인정된 혈액형은 DEA1-, DEA1.1, DEA1.2, DEA3, DEA4, DEA5, DEA7 등이다. 가장 대표적인 것은 DEA1형, DEA7형이며, 국내에는 DEA1형을 판별할 수 있는 혈액형 검사 키트가 있어 동물병원에서 혈액형 검사를 받을 수 있다. 고양이는 A, B, AB 혈액형이 있으며 A형이 가장 흔하게 존재한다. 필요시 철저한 건강검진을 통해 지정된 공혈견을 통해 수혈을 받을 수 있다.

수혈 받기 전 검사의 종류에는 혈액형 검사를 위한 Blood Typing Test(개, 고양이), 공혈자 혈구와 수혈자 혈청 및 혈장 사이의 혈청학적 적합성을 알아보기 위한 Cross Match Test(개, 고양이, 말),

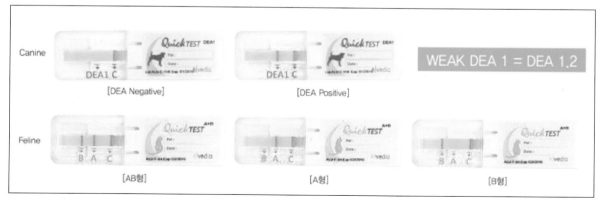

사진 7.1 Blood Typing Test 검사 결과

적혈구에 대한 항체 유무를 확인하기 위한 Direct Antiglobulin Test(DAT, 개) 등이 있다.

2 심혈관계(cardiovascular system)의 구조 및 순환

심혈관계(cardiovascular system)는 심장(heart)과 혈관(blood vessel)으로 구성되어 있는 하나의 계통으로 이들에 의해 혈액이 내보내어지고 체내를 순환하게 된다. 체내 순환에는 온몸순환(체순환, systemic circulation), 허파순환(폐순환, pulmonary circulation), 간문맥순환(portal circulation), 태아순환(fetal circulation)이 있다.

1) 심장의 구조

심장은 주기적인 수축작용에 의해 혈관을 통해 혈액을 지속적으로

내보내는 중요한 기관이다. 성숙한 포유동물의 심장은 혈액을 받아들이는 오른심방(우심방, right atrium), 왼심방(좌심방, left atrium), 혈액을 내보내는 오른심실(우심실, right ventricle), 왼심실(좌심실, left ventricle) 총 네 개의 방으로 구성되어 있다. 혈액이 심장을 통해 올바른 방향으로 안전하게 흐르게 하기 위해 4개의 판막(valve)이 있어 혈액의 역류를 방지한다. 오른심방(우심방, right atrium)과 오른심실(우심실, right ventricle) 사이에는 오른방실판막(right atrioventricular valve)이라고 불리는 삼첨판막(tricuspid valve, 3개의 첨판)이 있고, 왼심방(좌심방, left atrium)과 왼심실(좌심실, left ventricle) 사이에는 왼방실판막(left atrioventricular valve) 또는 승모판막(mitral valve)이라고 불리는 이첨판막(bicuspid valve, 2개의 첨판)이 있다. 심실과 동맥 사이에는 반달판막(반월판, semilunar valve)이 있는데 왼심실과 대동맥(aorta) 사이에는 대동맥판막(aortic valve)이, 오른심실과 허파동맥(폐동맥, pulmonary artery) 사이에는 허파동맥판막(pulmonary valve)이 있다.

심장의 크기는 종과 개체에 따라 상당한 차이가 있다. 일반적으로 몸집이 작은 종과 개체는 몸 크기에 비해 심장이 상대적으로 크지만 대략 체중의 약 0.75%이다.

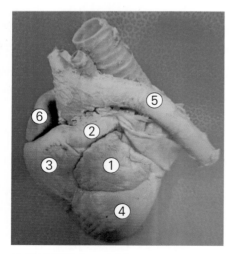

① 왼심방귀(left auricle)
② 허파동맥(pulmonary artery)
③ 오른심실(right ventricle)
④ 왼심실(left ventricle)
⑤ 대동맥(aorta)
⑥ 오른심방귀(right auricle)

사진 7.2 실제 심장 구조

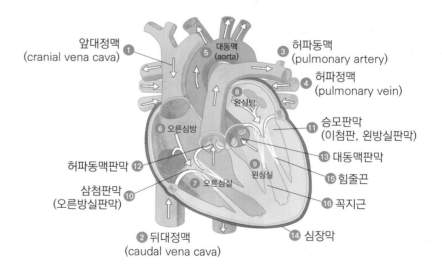

그림 7.5 심장 구조

심장 주위의 혈액 순환 경로

전대정맥(cranial vena cava), 후대정맥(caudal vena cava) → 오른심방(우심방, right atrium) → 오른심실(우심실, right ventricle) → 오른, 왼 허파동맥(폐동맥, pulmonary artery) → 허파(폐, lung) → 오른, 왼 허파정맥(폐정맥, pulmonary vein) → 왼심방(좌심방, left atrium) → 왼심실(좌심실, left ventricle) → 대동맥(aorta) 순으로 거쳐간다.

2) 심장의 주기와 전도 계통

심장은 심실(ventricle)의 주기적인 수축과 이완을 통해 혈액이 오간다. 심실이 이완하면 대동맥판막(aortic valve)과 허파동맥판막(pulmonary valve)은 닫히고 오른방실판막(right atrioventricular valve)과 왼방실판막(left atrioventricular valve)은 열려 심실에 혈액이 가득찬다. 심실이 수축하면 방실판막은 닫히고 대동맥판막과 허파동맥판막은 열려 온몸 또는 허파로 혈액이 이동한다. 심실 이완 시에는 큰 개의 경우 각 심실에 60㎖의 혈액을 함유하고 있고, 수축 시에는 약 30㎖의 혈액이 각 심실에 남아있다.

심장은 스스로 반복하여 흥분, 수축할 수 있는데 이 심장 박동은 굴심방결절(동방결절, sinoatrial node, SA node)에서 일어나 방실결절(atrioventricular node, AV node)에 도달한다. 이 흥분 자극은 방실다발(atrioventricular bundle)을 통해 전체 심실근육층을 통해 빠르게 지나간다.

3) 혈관(blood vessel)의 구조

혈관(blood vessel)은 중요한 구조물로 혈액을 심장과 신체의 각 부분으로 운반한다.

동맥(artery), 모세혈관(capillary), 정맥(vein)으로 구성되어 있으며 각각의 혈관은 역할에 따라 구조가 다르다.

동맥(artery)은 심장에서 나오는 혈액을 전신으로 운반하는 혈관으로 산소를 풍부하게 포함하고 있다(예외, 허파동맥). 동맥벽은 속막, 중간막, 바깥막으로 구성되어 있고 중간막이 두꺼워 높은 압력을 견딜 수 있다.

모세혈관(capillary)은 동맥과 정맥을 연결하는 그물 모양의 매우 가는 혈관으로 한 층의 내피세포로 이루어져 있다. 모세혈관의 지름은 약 10㎛로 적혈구(RBC)가 겨우 지나갈 수 있는 굵기이다.

모세혈관(capillary)은 산소와 영양소가 조직으로 이동하고 이산화탄소와 노폐물이 제거되는 역할을 하며 혈액이 원활하게 순환되도록 한다.

정맥(vein)은 조직에서 오는 혈액을 심장으로 보내는 혈관으로 산소가 부족한 혈액(예외, 허파정맥)이 포함되어 있다. 혈액이 역류하지 않도록 심장에서와 같이 판막(valve)이 있다.

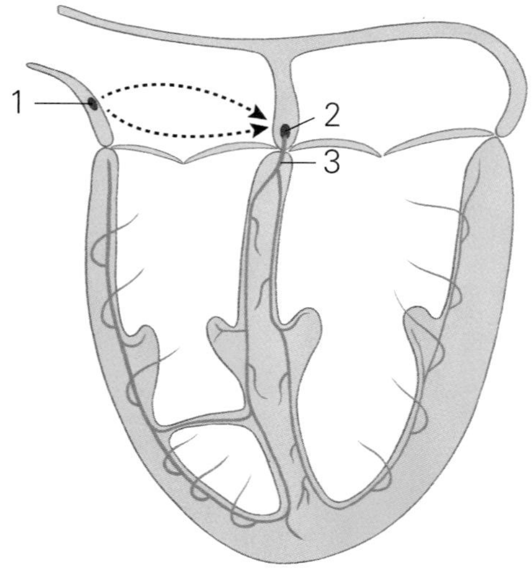

1. 굴심방결절(동방결절, sinoatrial node, SA node)

2. 방실결절(atrioventricular node, AV node)

3. 방실다발(atrioventricular bundle)

※ 점선은 심방벽을 통한 흥분파의 통로를 나타냄

그림 7.6 심장 전도 계통

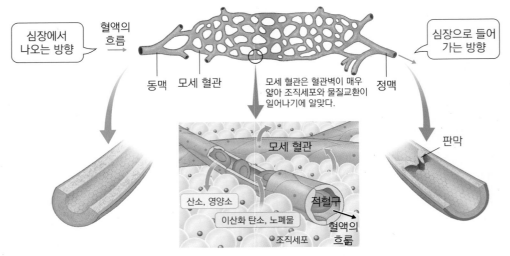

심장에서 나오는 방향

혈액의 흐름 →

심장으로 들어 가는 방향

동맥 모세 혈관

모세 혈관은 혈관벽이 매우 얇아 조직세포와 물질교환이 일어나기에 알맞다.

정맥

판막

모세 혈관

산소, 영양소

이산화 탄소, 노폐물

적혈구

조직세포

혈액의 흐름

그림 7.7 우리 몸에 있는 혈관의 종류

4) 주요 혈관(blood vessel)

(1) 개의 주요 동맥(artery)

1. 대동맥(aorta)
2. 갈비사이동맥(intercostal artery)
3. 상완머리동맥(brachiocephalic trunk, artery)
4. 왼쪽빗장밑동맥(left subclavian artery)
5. 척추동맥(vertebral artery)
6. 목갈비동맥(costocervial trunk, artery)
7. 온목동맥(common carotid artery)
8. 겨드랑동맥(axillary artery)
9. 상완동맥(brachial artery)
10. 얕은목동맥(superficial cervical artery)
11. 속목동맥(internal carotid artery)
12. 혀동맥(lingual artery)
13. 얼굴동맥(facial artery)
14. 위턱동맥(maxillary artery)
15. 눈구멍아래동맥(infraorbital artery)
16. 얕은관자동맥(superficial temporal artery)
17. 속가슴동맥(internal thoracic artery)
18. 자쪽곁동맥(척골측동맥, ulnar collateral artery)
19. 얕은상완동맥(superficial brachial artery)

20. 온뼈사이동맥(common interosseous artery)
21. 정중동맥(median artery)
22. 자동맥(척골동맥, ulnar artery)
23. 노동맥(요골동맥, radial artery)
24. 콩팥동맥(신장동맥, renal artery)
25. 배대동맥(abdominal aorta)
26. 바깥엉덩동맥(external iliac artery)
27. 넓적다리동맥(대퇴동맥, femoral artery)
28. 두렁동맥(복재동맥, saphenous artery)
29. 오금동맥(popliteal artery)
30. 앞정강동맥(cranial tibial artery)
31. 뒤정강동맥(caudal tibial artery)
32. 두렁동맥(복재동맥) 앞가지(cranial branch of saphenous artery)
33. 두렁동맥(복재동맥) 뒤가지(caudal branch of saphenous artery)
34. 뒷발등동맥(dorsal pedal artery)
35. 깊은넓적다리동맥(deep femoral artery)
36. 안쪽넓적다리휘돌이동맥(medial circumflex femoral artery)
37. 속엉덩동맥(internal iliac artery)
38. 앞볼기동맥(cranial gluteal artery)
39. 뒤볼기동맥(caudal gluteal artery)
40. 음부배벽동맥(pudendoepigastric trunk, artery)
41. 바깥음부동맥(external pudendal artery)

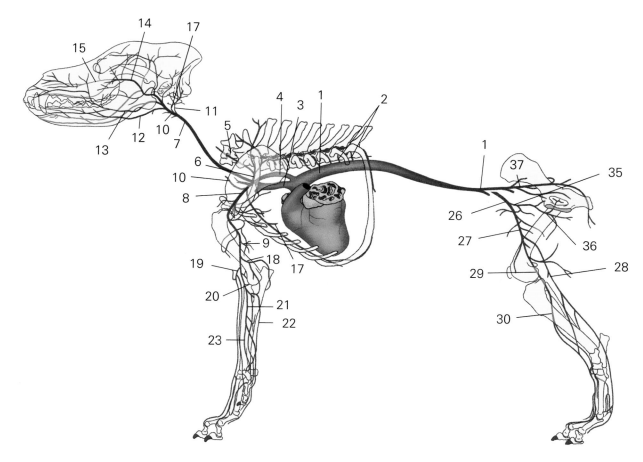

그림 7.8 개의 주요 동맥들

(2) 개의 주요 정맥

1. 뒤대정맥(caudal vena cava)
2. 앞대정맥(cranial vena cava)
3. 홀정맥(azygos vein)
4. 척추정맥(vertebral vein)
5. 속목정맥(internal jugular vein)
6. 바깥목정맥(external jugular vein)
7. 혀얼굴정맥(linguofacial vein)
8. 얼굴정맥(facial vein)
9. 위턱정맥(상악정맥, maxillary vein)
10. 얕은관자정맥(superficial cervical vein)
11. 등쪽시상정맥굴(dorsal sagittal sinus)
12. 빗장밑정맥(subclavian vein)

12a. 겨드랑상완정맥(axillobrachial vein)
12b. 어깨상완정맥(omobrachial vein)
13. 노쪽피부정맥(요골쪽피부정맥, cephalic vein)
13a. 덧노쪽피부정맥(덧요골쪽피부정맥, accessory cephalic vein)
14. 상완정맥(brachial vein)
15. 노정맥(요골정맥, radial vein)
16. 자정맥(척골정맥, ulnar vein)
17. 속가슴정맥(internal thoracic vein)
18. 척추사이정맥(intervertebral vein)
19. 갈비사이정맥(intercostal vein)
20. 간정맥(hepatic vein)
21. 콩팥정맥(신장정맥, renal vein)
22. 고환정맥 또는 난소정맥(testicular vein or ovarian vein)
23. 깊은엉덩휘돌이정맥(deep circumflex iliac vein)

24. 온엉덩정맥(common iliac vein)

25. 오른쪽속엉덩정맥(right internal iliac vein)

26. 정중엉치정맥(median sacral vein)

27. 가쪽꼬리정맥(lateral caudal vein)

28. 뒤쪽볼기정맥(caudal gluteal vein)

29. 속음부정맥(internal pudendal vein)

30. 오른쪽바깥엉덩정맥(right external iliac vein)

31. 깊은넓적다리정맥(deep femoral vein)

32. 음부배벽정맥(pudendoepigastric vein)

33. 넓적다리정맥(대퇴정맥, femoral vein)

34. 안쪽두렁정맥(내측복재정맥, medial saphenous vein)

35. 앞쪽정강정맥(cranial tibial vein)

36. 가쪽두렁정맥(외측복재정맥, lateral saphenous vein)

37. 간문맥(hepatic portal vein, portal vein)

38. 위십이지장정맥(gastroduodenal vein)

39. 지라정맥(비장정맥, splenic vein)

40. 뒤창자간막정맥(뒤쪽장간막정맥, caudal mesenteric vein)

41. 앞창자간막정맥(앞쪽장간막정맥, cranial mesenteric vein)

42. 빈창자정맥(공장정맥, jejunal vein)

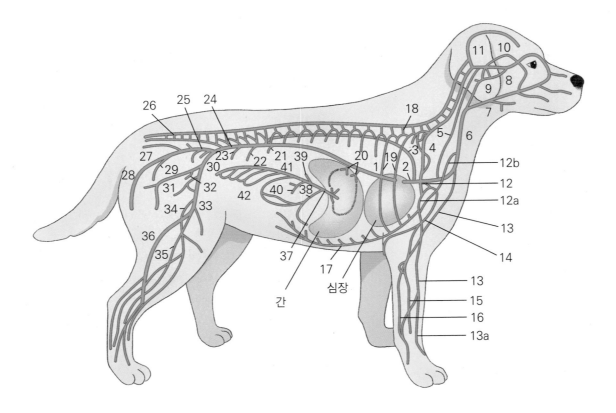

그림 7.9 개의 주요 정맥들

6. 바깥목정맥(external jugular vein)

13. 노쪽피부정맥(요골쪽피부정맥, cephalic vein)

34. 안쪽두렁정맥(내측복재정맥, medial saphenous vein)

36. 가쪽두렁정맥(외측복재정맥, lateral saphenous vein)

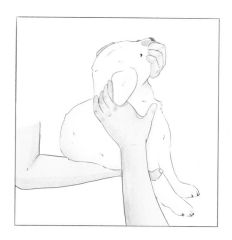

6. 바깥목정맥

13. 노쪽(요골쪽)피부정맥

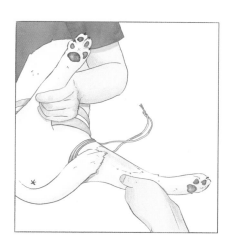

34. 안쪽두렁정맥(내측복재정맥)

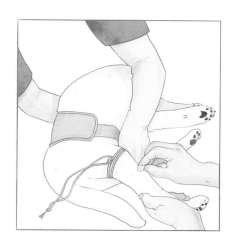

36. 가쪽두렁정맥(외측복재정맥)

그림 7.10 개의 주요 채혈부위 보정 방법

5) 주요 순환계

(1) 동맥순환

심장에서 대동맥(aorta, 1)이 이어지고 대동맥(aorta, 1)에서 상완머리동맥(brachiocephalic trunk, artery, 3)과 왼쪽빗장밑동맥(left subclavian artery, 4)이 분지된다. 상완머리동맥(brachiocephalic trunk, artery, 3)은 온목동맥(common carotid artery, 7)과 오른빗장밑동맥(right subclavian artery)으로 나뉘어진다. 왼쪽빗장밑동맥(left subclavian artery, 4)은 척추동맥(vertebral artery, 5)과 겨드랑동맥(axillary artery, 8)으로 나누어진다. 겨드랑동맥(axillary artery, 8)은 상완동맥(brachial artery, 9)과 속가슴동맥(internal thoracic artery, 17)으로 이어진다. 상완머리동맥(brachiocephalic trunk, artery, 3)에서 분지된 온목동맥(common carotid artery, 7)은 머리의 혈관으로 이어져 혀동맥(lingual artery, 12), 얼굴동맥(facial artery, 13), 바깥목동맥(external jugular artery)으로 이어져 머리에 혈액을 공급한다.

빗장밑동맥(subclavian artery)에서 분지된 척추동맥(vertebral artery, 5)은 목뼈의 가로구멍을 통과하고 대동맥(aorta, 1)에서 분지된 갈비사이동맥(intercostal artery, 2)은 갈비뼈 사이에 분지한다. 겨드랑동맥(axillary artery, 8)에서 나뉘어진 속가슴동맥(internal thoracic artery, 17)은 복장뼈(sternum)와 가슴가로근(transversus thoracis muscle) 사이를 통과한다. 대동맥(aorta, 1)은 가슴대동맥(thoracic aorta), 배대동맥(abdominal aorta, 25)으로 연속한다.

배대동맥(abdominal aorta, 25)은 복강동맥(celiac artery), 앞창자간막동맥(앞쪽장간막동맥,cranial mesenteric artery), 뒤창자간막동맥(뒤쪽장간막동맥, caudal mesenteric artery)으로 분지되어 내부장기에 혈액을 공급하고 콩팥에 혈액을 공급하는 콩팥동맥(신장동맥, renal artery, 24), 암수 생식기에 혈액을 공급하는 난소동맥(ovarian artery), 고환동맥(testicular artery)으로 이어진다.

겨드랑동맥(axillary artery, 8)에서 이어진 상완동맥(brachial artery, 9)은 자쪽곁동맥(척골측동맥, ulnar collateral artery, 18), 얕은상완동맥(superficial brachial artery, 19)을 분지하고 정중동맥(median artery, 21)으로 이어지며 온뼈사이동맥(common interosseous artery, 20)이 갈라진다.

정중동맥(median artery, 21)은 노동맥(요골동맥, radial artery, 23)을, 온뼈사이동맥(common interosseous artery, 20)은 자동맥(척골동맥, ulnar artery, 22)을 분지하며 앞발바닥면에 분포한다.

배대동맥(abdominal aorta, 25)은 속엉덩동맥(internal iliac artery)과 바깥엉덩동맥(external iliac artery, 26)으로 나뉘어진다.

속엉덩동맥(internal iliac artery)은 골반내장, 골반벽, 볼기구역을 덮는 근육과 넓적다리 몸뒤쪽 부위에 위치한 근육에 분포한다.

바깥엉덩동맥(external iliac artery, 26)은 뒷다리에 분포하는 주요 동맥으로 깊은넓적다리동맥(deep femoral artery, 35)을 분지하고 넓적다리동맥(대퇴동맥, femoral artery, 27)으로 연결된다. 깊은넓적다리동맥(deep femoral artery, 35)은 음부쪽으로 혈액을 공급하는 동맥을 분지한다. 넓적다리동맥(대퇴동맥, femoral artery, 27)은 오금동맥(popliteal artery, 29), 두렁동맥(복재동맥, saphenous artery, 28)으로 나뉘어지고 오금동맥(popliteal artery, 29)은 앞정강동맥(cranial tibial artery, 30), 뒤정강동맥(caudal tibial artery, 31)으로 이어진다.

(2) 정맥순환

전신순환을 거친 정맥혈은 앞대정맥(cranial vena cava, 2), 뒤대정맥(caudal vena cava, 1)을 거쳐 심장으로 들어간다.

앞대정맥(cranial vena cava, 2)은 바깥목정맥(external jugular vein, 6)과 빗장밑정맥(subclavian vein, 12)을 통해 머리, 목, 앞다리를 거친 혈액을 받는다. 빗장밑정맥(subclavian vein, 12)은 상완정맥(brachial vein, 14)과 노쪽피부정맥(요골쪽피부정맥, cephalic vein, 13)을 통해 앞다리를 거친 혈액을 받고 바깥목정맥(external jugular vein, 6)은 혀얼굴정맥(linguofacial vein, 7)과 위턱정맥(상악정맥, maxillary vein, 9)을 통해 머리와 목을 거친 혈액을 받는다.

뒤대정맥(caudal vena cava, 1)은 온엉덩정맥(common iliac vein, 24), 콩팥정맥(신장정맥, renal vein, 21), 간정맥(hepatic vein, 20) 등에 이어져 있는데 온엉덩정맥(common iliac vein, 24)은 골반쪽을 거쳐 온 혈액이 모이는 속엉덩정맥(internal iliac vein, 25)과 뒷다리를 거쳐 온 혈액이 모이는 바깥엉덩정맥(external iliac vein, 30)이 합쳐진 정맥으로 골반, 복강내 장기, 뒷다리를 거친 혈액을 받는다.

홀정맥(azygos vein, 3)은 배에서 시작하여 등뼈를 따라 오른쪽을 상행하며 가슴쪽벽, 배쪽벽의 정맥을 모아 앞대정맥(cranial vena cava, 2)으로 합류한다.

(3) 문맥순환(portal circulation)

간은 간동맥(hepatic artery)과 간문맥(hepatic portal vein, portal vein)으로부터 혈액을 공급받는다. 문맥(portal vein)은 복부 내장과 골반 내장에서 오는 정맥 혈액이 모여 심장으로 돌아오는 도중 간을 경유하는 것을 말한다(신장과 부신은 제외). 문맥(portal vein)은 세 개의 중요한 정맥이 합쳐져서 형성되는데 지라정맥(비장정맥, splenic vein), 앞창자간막정맥(앞쪽장간막정맥, cranial mesenteric vein), 뒤창자간막정맥(뒤쪽장간막정맥, caudal mesenteric vein)이다. 간을 거친 혈액은 간정맥(hepatic vein)을 통해 뒤대정맥(caudal vena cava)으로 합류한다.

(4) 허파순환(폐순환, pulmonary circulation)

허파순환(폐순환, pulmonary circulation)은 심장의 오른심실(우심실, right ventricle)에서 나온 탈산화된 정맥 혈액이 허파동맥(폐동맥, pulmonary artery)을 거쳐 모세혈관, 허파꽈리로 이동하여 산소를 공급받은 후 다시 모세혈관을 통해 동맥 혈액이 허파정맥(폐정맥, pulmonary vein)을 거쳐 왼심방(좌심방, left atrium)으로 들어가는 경로를 가진다.

(5) 태아순환(fetal circulation)

태아기 동안에는 태반(placenta)이 허파(폐, lung), 소화관, 콩팥(신장, kidney)의 역할을 대신한다. 혈액은 태아의 태반(placenta)을 순환하면서 산소와 영양분의 공급이 이루어지고 이산화탄소와 노폐물은 걸러진다. 탈산화된 혈액과 대사산물 찌꺼기가 포함된 정맥혈을 가진 배꼽동맥(제대동맥, umbilical artery)이 태반(placenta)으로 들어오고 기체교환과 영양분의 이동이 일어나며 영양분과 산소가 공급된 동맥혈이 배꼽정맥(제대정맥, umbilical vein)을 통해 정맥관(ductus venosus)을 통과한 후 심장으로 들어간다.

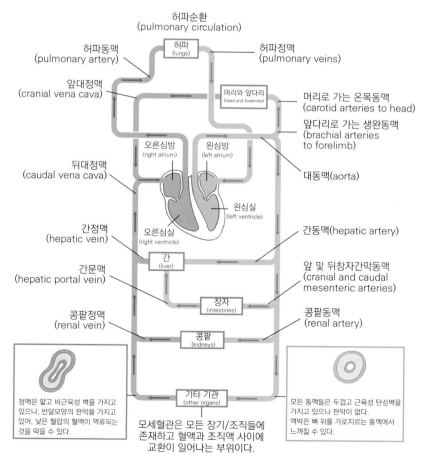

그림 7.11 몸의 혈액순환

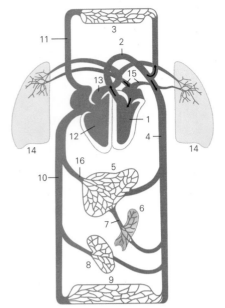

1. 왼심실(left ventricle) 2. 대동맥(aorta) 3. 머리, 목, 앞다리의 모세혈관(capillary bed of head, neck, and forelimb) 4. 배대동맥(abdominal aorta) 5. 간(liver) 6. 창자의 모세혈관(capillary bed of intestines) 7. 간문맥(portal vein) 8. 콩팥의 모세혈관(capillary bed of kidneys) 9. 몸 뒤쪽의 모세혈관(capillary bed of caudal part of the body) 10. 뒤대정맥(caudal vena cava) 11. 앞대정맥(cranial vena cava) 12. 오른심실(right ventricle) 13. 허파동맥(pulmonary trunk) 14. 허파의 모세혈관(capillary bed of lungs) 15. 허파정맥(pulmonary vein) 16. 간정맥(hepatic veins)

그림 7.12 온몸순환 및 허파순환

타원구멍(oral foramen, foramen orale)은 태생기의 왼, 오른심방사이에 있는 서로 통하는 구멍으로 오른심방(우심방, right atrium)에서 왼심방(좌심방, left atrium)으로 혈액이 흐르게 되어 있다. 출생후 막혀 타원오목(oral fossa, fossa oralis)으로 남는다.
정맥관(ductus venosus)은 출생 후 단시간 내 폐쇄되면서 결합조직으로 퇴화하여 끈과 같이 변형된 정맥관인대(ligamentum venosum)

가 된다. 동맥관(ductus arteriosus)은 출생 후 닫히면서 대동맥(aorta)과 허파동맥(폐동맥, pulmonary artery)에 붙어 있는 작은 인대인 동맥관인대(ligamentum arteriosum)가 된다. 배꼽동맥(제대동맥, umbilical artery)은 출생 후 방광(bladder, urinary bladder)의 원인대(round ligament)로, 배꼽정맥(제대정맥, umbilical vein)은 간(liver)의 원인대(round ligament)가 된다.

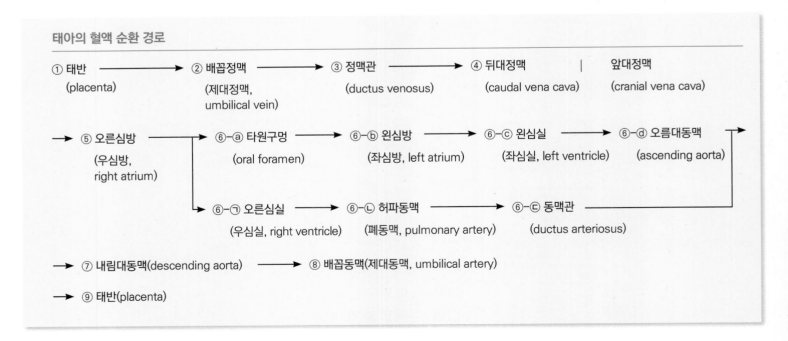

태아의 혈액 순환 경로

① 태반(placenta) → ② 배꼽정맥(제대정맥, umbilical vein) → ③ 정맥관(ductus venosus) → ④ 뒤대정맥(caudal vena cava) | 앞대정맥(cranial vena cava)

→ ⑤ 오른심방(우심방, right atrium) → ⑥-ⓐ 타원구멍(oral foramen) → ⑥-ⓑ 왼심방(좌심방, left atrium) → ⑥-ⓒ 왼심실(좌심실, left ventricle) → ⑥-ⓓ 오름대동맥(ascending aorta)

⑥-㉠ 오른심실(우심실, right ventricle) → ⑥-㉡ 허파동맥(폐동맥, pulmonary artery) → ⑥-㉢ 동맥관(ductus arteriosus)

→ ⑦ 내림대동맥(descending aorta) → ⑧ 배꼽동맥(제대동맥, umbilical artery)

→ ⑨ 태반(placenta)

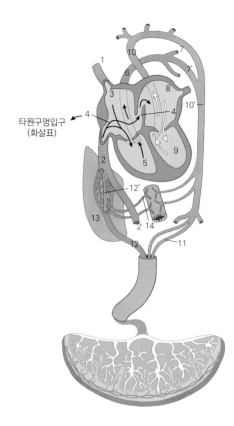

그림 7.13 태아 순환

1. 앞대정맥(cranial vena cava)

2. 뒤대정맥(caudal vena cava)

3. 오른심방(우심방, right atrium)

4. 타원구멍입구(화살표)

5. 오른심실(우심방, right atrium)

6. 허파동맥(폐동맥, pulmonary artery)

7. 허파동맥(폐동맥, pulmonary artery)

7'. 동맥관(ductus arteriosus)

8. 왼심방(좌심방, left atrium)

9. 왼심실(좌심실, left ventricle)

10. 대동맥활(대동맥궁, aortic arch)

10'. 내림대동맥(descending aorta)

11. 배꼽동맥(제대동맥, umbilical artery)

12. 배꼽정맥(제대정맥, umbilical vein)

12'. 정맥관(ductus venosus)

13. 간(liver)

14. 간문맥(hepatic portal vein, portal vein)

3 림프계(lymphatic system)의 구조 및 순환

림프계(lymphatic system)는 혈관과 직접 연결이 되어 혈액 순환의 일부를 담당하고 있으며 림프절(lymph node), 림프관(lymphatic vessel, lymphatics), 림프조직(lymphatic tissue) 등이 있다. 림프계 전반에 걸쳐 흐르는 황색 액체를 림프(lymph) 또는 림프액이라고 하며 조직세포 사이에 있는 조직액들이 림프관에 들어있는 것을 말한다.

모세혈관에 있던 혈장이 조직으로 나와 조직액과 섞이고 대부분은 혈관 내로 다시 돌아가지만 일부 남아있던 부분이 림프관 속으로 들어가 림프액이 되고 다시 순환계로 오게 된다.

1) 림프계(lymphatic system)의 기능

림프계(lymphatic system)는 혈액으로부터 나온 조직액을 다시 혈액으로 보내 세포사이 조직액과 혈액량을 조절하고 소장에서 소화 흡수된 지방을 혈관까지 운반하는 기능을 하며, 림프액과 함께 들어온 세균이나 이물질을 제거하는 중요한 면역학적 방어 기능을 한다.

2) 림프계(lymphatic system)의 구조

림프계(lymphatic system)는 먼저 림프모세관이 모여 림프관(lymphatic vessel, lymphatics)이 되고 이 림프관(lymphatic vessel, lymphatics)이 모여 림프절(lymph node)로 들어간다(들림프관). 림프절(lymph node)에서 나온 림프관(날림프관)은 여러 개가 모여 림프계의 두 림프관 중 큰 쪽인 가슴림프관(thoracic duct), 더 작은 쪽인 오른림프관(right lymphatic duct), 기관림프관(tracheal duct)으로 되며 최종적으로 정맥으로 들어가게 된다. 이러한 림프관(lymphatic vessel, lymphatics)에도 정맥에서처럼 판막(valve)이 있어 림프액이 조직에서 심장쪽으로만 흘러가도록 하는 역할을 한다.

(1) 기관림프관(tracheal duct)

기관림프관(tracheal duct)은 목 부위에 있는 기관(trachea)을 따라 쌍을 이루어 주행하는 커다란 림프관이다. 머리와 목 부위의 림프액을 받아 가슴림프관(thoracic duct), 오른림프관(right lymphatic duct), 정맥(vein)으로 림프액을 보낸다.

(2) 오른림프관(right lymphatic duct)

오른림프관(right lymphatic duct)은 림프계의 두 림프관 중 더 작은 쪽으로 오른쪽 가슴, 팔, 머리, 목 부위의 림프를 받아들인다.

(3) 가슴림프관(thoracic duct)

가슴림프관(thoracic duct)은 림프계의 두 림프관 중 더 큰 쪽으로 오른림프관(right lymphatic duct)으로 림프액을 배출하는 부위를 제외한 대부분의 신체에서 오는 림프를 받아들인다. 가슴림프관(thoracic duct)은 배, 골반, 뒷다리로부터 림프를 받아들이는 가슴림프관팽대(cisterna chyli, receptaculum chyli)에서 시작하여 가로막(횡격막, diaphragm)에 있는 대동맥구멍(aortic hiatus, aortic opening)을 통과하여 기관 왼쪽을 따라 달리다 왼쪽목정맥(left jugular vein)이나 대정맥(vena cava)으로 들어간다.

(4) 림프절(lymph node)

림프절(lymph node)은 림프관(lymphatic vessel, lymphatics)을 따라 일정 간격으로 위치하는 작은 림프기관으로 신체 전체에 광범위하게 분포되어 있다.

림프절(lymph node)은 단단하고 섬유상의 피막으로 둘러싸여 있고 바깥쪽의 겉질과 안쪽의 속질로 구분하며 타원형 또는 콩 모양을 보인다. 림프절(lymph node)의 오목한 부분에는 림프액이 나가는 날림프관과 혈관들이 연결되어 있고 볼록한 부분에는 림프액이 들어오는 들림프관이 연결되어 있다. 림프절 내부에는 백혈구가 존재하여 세균이나 이물질을 제거하는 중요한 면역학적 방어 기능을 한다. 얕은 층에 있는 림프절(lymph node)은 촉진에 의해 확인할 수 있다.

(5) 림프기관

림프계(lymphatic system)에는 가슴샘(흉선, thymus), 지라(비장, spleen), 편도(tonsil), 막창자꼬리(충수, appendix), 적색골수(red marrow), 그물내피계(세망내피계, reticuloendothelial system) 등이 포함되어 있다.

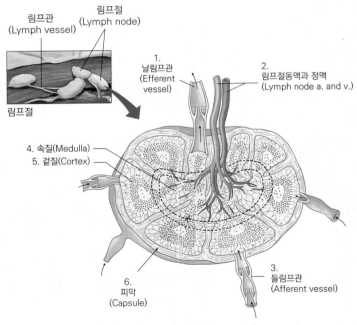

림프관
(Lymph vessel)

림프절
(Lymph node)

림프절

1. 날림프관
(Efferent vessel)

2. 림프절동맥과 정맥
(Lymph node a. and v.)

4. 속질(Medulla)

5. 겉질(Cortex)

3. 들림프관
(Afferent vessel)

6. 피막
(Capsule)

그림 7.14 림프절(lymph node)의 구조

① 지라(비장, spleen)

지라(비장, spleen)는 배 왼쪽 앞쪽에 위치하고 있고 동물에 따라 모양이 다양하지만 개나 고양이는 아령모양이다. 중요한 림프기관으로 혈액을 지속적으로 여과하여 오래되거나 손상된 적혈구를 제거하고 혈액에 들어온 세균으로부터 몸을 보호하는 면역 방어 기능을 한다. 백혈구와 혈소판을 저장하기도 하고 골수의 기능이 떨어지면 골수를 도와 혈액세포를 생산하기도 한다.

② 가슴샘(흉선, thymus)

가슴샘(흉선, thymus)은 심장과 대동맥 앞쪽에 위치하고 있고 어린 동물에서 면역력 발달과 유지에 중요한 역할을 하며 사춘기를 지나 성장이 끝나면 거의 없어진다.

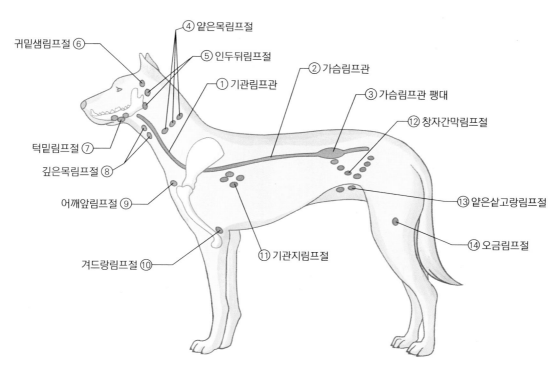

그림 7.15 개의 주요 림프관과 림프절

임상적 고려사항(Clinical considerations)

〈심장 질환 중 다발하는 질병 종류〉

1. 개

   – 이첨판폐쇄부전증(이첨판 점액변성증에 의한)

    : 점액종성 이첨 판막 질환(Myxomatous Mitral Valve Disease, MMVD)

   – 삼첨판폐쇄부전증(폐성 고혈압에 의한)

    : Tricuspid Valve Insufficiency, TVI

   – 심장사상충감염증(Heartworm Disease)

2. 고양이

   – 비대성 심근증(Hypertrophic CardioMyopathy, HCM)

〈그 외〉

1. 림프종(lymphoma)

2. 면역매개성 용혈성 빈혈(Immune Mediated Hemolytic Anemia, IMHA)

3. 면역매개성 혈소판 감소증(Immune Mediated Thrombocytopenia, IMT)

- 혈장(plasma): 우리 몸의 혈액을 구성하는 액체로서 여러 단백질, 이온, 무기질 등이 녹아 있는 용매이다.
- 적혈구(red blood cell, RBC): 붉은색 납작한 원반모양의 혈액세포로 혈관을 통해 전신조직에 산소를 공급하고 이산화탄소를 제거한다.
- 백혈구(white blood cell, WBC): 혈액세포의 한 종류로 외부 물질, 감염성 질환에 대항하여 신체를 보호하는 면역기능을 수행하는 세포이다.
- 혈소판(platelet): 말초 혈액 내에 존재하는 혈구의 일종으로 부착과 응집 과정을 통해 일차 지혈 기전을 담당하는 물질이다.
- 헤모글로빈(hemoglobin, Hb): 헴과 단백질인 글로빈의 화합물이다. 적혈구에 들어 있으며 산소와 쉽게 결합하여 산소 헤모글로빈을 형성하여, 주로 척추동물의 호흡에서 각 조직에 산소를 운반하는 역할을 한다.
- 면역(immunity): 생체의 내부환경이 외부인자인 항원에 대하여 방어하는 현상으로 태어날 때부터 지니는 선천면역과 후천적으로 얻어지는 획득면역으로 구분된다.
- 버피코트(buffy coat): 혈액을 원심 침전시키면 최상층의 혈장부분과 최하층의 적혈구층의 경계에 혈소판과 백혈구로 형성된 흰색의 얇은 층으로 구분되는 경계층을 부르는 용어이다.
- 항체(antibody, Ig): 몸속으로 들어온 외래물질(항원)에 대항하여 혈청이나 조직 속에서 만들어지는 단백질로 항원과 선택적으로 복합체를 이룬다.
- 혈청(serum): 혈장에서 섬유소를 뺀 나머지로 혈액을 시험관에 넣어 두면 응고하여 응혈이 되고 이것이 수축하여 암적색의 덩어리인 혈병과 담황색의 투명한 액체인 혈청으로 분리된다.
- 판막(valve): 혈액의 역류를 막기 위해 심장에 존재하는 막으로 정맥, 림프관에도 존재한다.
- 굴심방결절(동방결절, sinoatrial node, SA node): 심장의 한 부분으로 전기자극을 생성하여 포유동물의 심장이 수축되게 하며 심장 박동의 리듬을 결정한다. 심장 입구 쪽에 가까운 오른심방 벽에 특수화된 근육세포들로 구성되어 있다.
- 문맥(portal vein): 복부의 소화기와 지라(비장)에서 나오는 정맥혈을 모아 간으로 운반하는 정맥이다.
- 태반(placenta): 태아와 모체의 자궁벽을 연결하여 영양 공급, 가스교환, 노폐물 배출 등의 기능을 담당하는 기관이다.
- 타원구멍(oral foramen, foramen orale): 태아 심장의 왼심방과 오른심방 사이에 있는 구멍으로 태어난 뒤에는 대부분 닫힌다.
- 림프절(lymph node): 전신에 퍼져있는 림프관의 중간에 위치하는 결절 모양의 주머니이며, 절 안에는 면역작용을 하는 림프구가 주로 위치해 있어 림프관에 침입한 세균 같은 이물질을 제거하여 신체를 방어하는 역할을 한다.
- 가로막(횡격막, diaphragm): 가슴안과 배안을 나누는 근육으로 된 막
- 대동맥활(대동맥궁, aortic arch): 오름대동맥과 내림대동맥 사이에 위치하는 대동맥의 일부이다.

복습문제

1. 동물병원에서 임상병리검사를 위해 강아지 채혈을 할 때 채혈하는 부위가 아닌 정맥은?

   ① 바깥목정맥 ② 가쪽두렁정맥 ③ 덧노쪽피부정맥
   ④ 안쪽두렁정맥 ⑤ 노쪽피부정맥

2. 심장에는 혈액이 올바른 방향으로 안전하게 흐르게 하기 위한 4개의 판막이 있다. 그 중 3개의 첨판이 있어 삼첨판막이라 불리는 판막의 또 다른 이름은 무엇인가?

   ① 승모판막 ② 오른방실판막 ③ 허파동맥판막
   ④ 대동맥판막 ⑤ 왼방실판막

3. 다음 중 혈액에 대한 설명으로 옳지 않은 것은?

   ① 혈장은 약간 노란색 또는 무색을 띄는 액체로 혈액의 약 55% 정도를 차지한다.
   ② 적혈구의 크기는 동물에 따라 다양하지만 개의 경우 7.0㎛로 제일 큰 편이다.
   ③ 호중구는 중성색소에 잘 염색되는 과립을 가진 백혈구로 개의 경우, 백혈구 중 대략 70%를 차지한다.
   ④ 혈소판은 혈청과 피브리노겐으로 구성된다.
   ⑤ 단핵구는 혈관에서 순환하다가 조직으로 이동하면 대식세포로 분화된다.

4. 동물의 혈액이나 조직의 산소농도가 감소하면 적혈구 조혈인자(erythropoietin)에 의해 적혈구가 생성되고 방출량이 증가한다. 이 적혈구 조혈인자의 생성에 영향을 미치는 우리 몸의 기관은 어디인가?

5. 백혈구를 과립백혈구와 무과립백혈구로 구분하여 쓰시오.

6. 전체 혈구의 약 45%를 차지하고 있는 적혈구는 핵이 없고 양쪽이 오목한 원반모양이다. 이 적혈구의 붉은 빛을 띄게 하는 성분은 무엇인가?

7. 혈액의 응고에 관여하는 것이 아닌 것은?

   ① 트롬보플라스틴 ② 피브리노겐 ③ 혈소판
   ④ 피브린 ⑤ 빌리루빈

8. 심장은 스스로 반복하여 흥분하고 수축할 수 있는데 이 심장박동이 처음으로 발생하는 부위로 이 부위는 전기 충격을 생성하여 심장을 수축시킨다. 이 부위의 이름은 무엇인가?

   ① 방실 다발 ② 방실 결절 ③ 굴심방결절
   ④ 대동맥판막 ⑤ 방실판막

9. 태아기 심장의 구조물 중 출생 후 퇴화되거나 다른 구조물로 변형이 되는 것이 아닌 것은?

   ① 정맥관 ② 타원구멍 ③ 대동맥활
   ④ 동맥관 ⑤ 배꼽정맥

10. 림프계의 기능에 대한 설명으로 옳지 않은 것은?

   ① 가슴림프관은 목 부위에 있는 기관을 따라 쌍을 이루어 주행하는 커다란 림프관이다.
   ② 오른림프관은 오른쪽 가슴, 팔, 머리, 목 부위의 림프를 받아들인다.
   ③ 림프절에는 날림프관과 들림프관이 있다.
   ④ 림프기관 중에는 지라, 가슴샘, 적색골수 등이 있다.
   ⑤ 림프관에도 정맥에서처럼 판막이 있다.

📁🔍 참고문헌

1. 반려동물해부생리학. 김현주 외. 라이프사이언스. 2024.

2. 가축생리학. 제3판. 양일석 외. 광일문화사. 1996.

3. 해부·병태생리로 이해하는 SIM 통합내과학 1. 혈액. 고윤웅 편저. 도서출판 정담. 2018.

4. 농촌진흥청. 개의 혈액형 분류.

5. Alvedia 카탈로그.

6. 수의해부학. 한국수의해부학교수협의회. OKVET. 2014.

7. 생명여행. 권혁빈 외, 라이프사이언스. 2023.

8. 동물해부생리학 개론. 동물해부생리학 교재연구회 역. 범문에듀케이션. 2009.

9. 네이버 지식백과. 두산백과 두피디아. 위키백과.

10. 비상학습백과 중학교 과학 ②

CHAPTER 8

동물체의 호흡기계

학습목표

- 호흡기계 구조와 기능을 이해한다.
- 호흡 운동(호흡 역학)에 대해 학습한다.
- 기체 수송에 대해 이해한다.
- 호흡 조절 원리에 대해 이해한다.

학습개요

꼭 알아야 할 학습 Must know points

- 상부, 하부 호흡기계의 특징 및 기능
- 호흡 역학에 따른 호흡근 작용기전
- 산소, 이산화탄소 운반에 대한 기전
- 호흡 조절에 관여하는 중추와 말초 조절 기전

알아두면 좋은 학습 Good to know

- 호흡기계 위치에 따른 세부 구조 이해
- 호흡 조절에 연관된 기전 이해

1 호흡기계의 구조 및 기능

호흡이란 생명체가 산소를 흡입하고 이산화탄소를 배출하는 과정을 말하며 대부분의 생명체는 호흡을 통해 에너지를 생산하고, 세포의 대사를 유지하며, 몸의 pH 균형을 조절하여 체내의 항상성을 유지한다. 호흡에는 두 가지 주요 형태로 나눌 수 있는데 ① 외부 호흡(폐에서의 가스 교환)과 ② 내부 호흡(세포 내에서의 에너지 생산 과정)이 있다. 외부호흡은 공기가 폐로 들어오면, 폐포라는 작은 주머니에서 산소가 혈액으로 확산되고, 혈액 속의 이산화탄소는 폐포로 이동하여 배출된다. 이 과정은 주로 확산에 의해 이루어지며, 산소는 농도가 높은 곳(폐)에서 낮은 곳(혈액)으로 이동하고, 이산화탄소는 그 반대 방향으로 이동한다. 내부 호흡은 혈액이 체내의 세포로 산소를 운반하고, 세포에서 대사 과정에서 생성된 이산화탄소를 다시 혈액으로 이동시킨다. 이 역시 확산에 의해 이루어지며, 세포의 산소 농도가 낮고 이산화탄소 농도가 높기 때문에 산소가 세포로 들어가고 이산화탄소가 혈액으로 이동한다.

호흡기계의 구조에는 상부 호흡기계(Upper respiratory system)와 하부 호흡기계(Lower respiratory system)로 구성되어 있다.

1) 상부 호흡기계(Upper respiratory system)

(1) 코와 비강(Nasal cavity)

코는 외부 공기가 들어오는 첫 번째 통로로, 공기를 가열하고 습기와 먼지를 걸러내는 역할을 한다. 코안의 입구 부분은 두꺼운 중층편평 상피로 이루어진 털이 없는 표피 덩어리로 보호되며, 이 부분은 심하게 착색되어 있다. 또한 점액샘과 땀샘이 발달해 있으며, 다양한 형태를 지니고 있어 사람의 지문과 같은 역할을 한다. 이를 코덩이(rhinarium)라고 하며, 두 개의 굽어진 구멍이 있어 내부로 연결된다(그림 8.1). 이곳은 후각신경이 많이 분포해 후각을 담당하는 벌집뼈 코선반(비갑개)과 호흡을 담당하는 코 비갑개로 구성되어 있다. 코선반(비갑개)의 주요 기능은 섬모점액상피에 의해서 공기를 가열하고 습기를 추가하여, 폐로 들어가기 전에 최적의 상태로 만들어주며, 외부의 먼지와 병원체를 걸러내어 정화된 공기를 인두로 보내는데 이러한 작용이 폐를 보호하게 된다(그림 8.2).

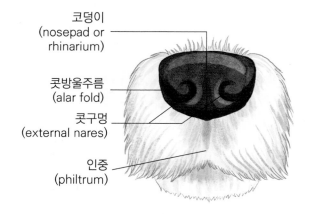

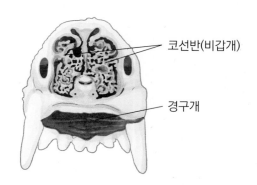

그림 8.1 코의 구조

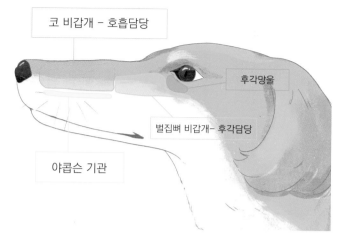

코 비갑개 – 호흡담당

후각망울

벌집뼈 비갑개– 후각담당

야콥슨 기관

그림 8.2 비강의 구조

또한 코곁굴(부비동)이라는 머리뼈 중 얼굴뼈에 존재하며 비강과 연결되어 공기로 채워진 뼈 사이 공간을 말한다. 이곳은 섬모 점액상 피세포로 구성된 점막으로 덮혀 있으며 위턱굴과 이마굴로 구성되어 있다(그림 8.3).

임상적 고려사항(Clinical considerations)

단두종 증후군(Brachycephalic syndrome)
주둥이가 짧은 퍼그, 시츄, 페키니즈, 불독 등 단두종에게 호발 단두종은 주둥이가 짧은 퍼그, 시츄, 페키니즈 등을 말하는데, 이러한 품종들은 선천적으로 코가 짧아 입천장과 목젖에 해당하는 연구개가 늘어져서 숨길을 막는 증상이 나타날 수 있다. 또한 코가 짧아서 숨쉬기 곤란하여 호흡이 어려운데 이러한 증상들을 총칭해서 단두종증후군이라 함.

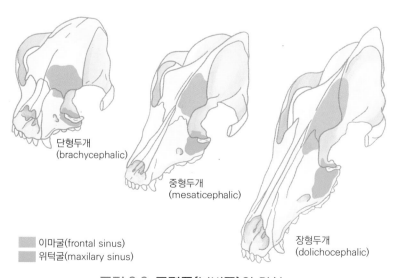

단형두개
(brachycephalic)

중형두개
(mesaticephalic)

장형두개
(dolichocephalic)

이마굴(frontal sinus)
위턱굴(maxilary sinus)

그림 8.3 코곁굴(부비동)의 위치

(2) 인두(Pharynx)

인두는 목구멍의 일부로, 식도와 기관의 경계를 형성한다. 식도와 후두의 위쪽에 존재하여 공기와 음식물이 통과하는 중요한 역할을 하며, 호흡기와 소화기 시스템의 일부로 기능을 한다. 인두는 일반적으로 세 부분으로 구분된다. ① 코인두(비인두, Nasopharynx)는 코와 연결되어 있으며, 공기가 통과하는 통로로 연구개(Soft palate)에 의해서 입인두(Oropharynx)와 구분된다. 코인두는 중이에 존재하는 유스타키오관과 연결되어 있어 양쪽 고막의 공기 압력의 평형을 맞추는 중요한 역할을 한다. ② 입인두(Oropharynx)는 입과 연결되어 있으며, 음식물과 공기가 동시에 통과할 수 있는 부분으로 구강에서 인두로 음식이 넘어가는 경로이다. ③ 후인두(Laryngopharynx)는 인두의 가장 아래 부분으로, 기관과 식도로 나뉘는 부분이다(그림 8.4).

(3) 후두(Larynx)

후두는 호흡기계의 일부로 해부학적 주요 구조로 갑상연골, 윤상연골(Cricoid cartilage), 후두개가 있으며, 소리를 내는 성대주름(vocal folds)과 이를 조절하는 피열연골(Arytenoid cartilages)이 존재한다. 갑상연골(Thyroid cartilage)은 후두의 앞쪽에서 가장 큰 연골로 후두의 중앙에 그리고 후두개보다 아래쪽에 있으며 사람의 경우 아담의 사과로 알려진 부분이다. 후두개(Epiglottis)는 후두의 최상단에 위치하며, 혀의 뒷부분과 연결되어 음식물을 삼킬 때 후두개가 아래로 내려가면서 기도를 덮어, 음식물이 기도로 들어가는 것을 방지한다(그림 8.5).

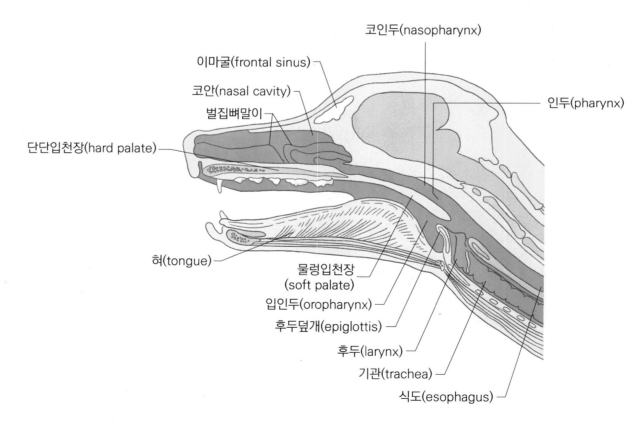

코인두(nasopharynx)
이마굴(frontal sinus)
코안(nasal cavity)
벌집뼈말이
단단입천장(hard palate)
인두(pharynx)
혀(tongue)
물렁입천장
(soft palate)
입인두(oropharynx)
후두덮개(epiglottis)
후두(larynx)
기관(trachea)
식도(esophagus)

그림 8.4 개의 인두

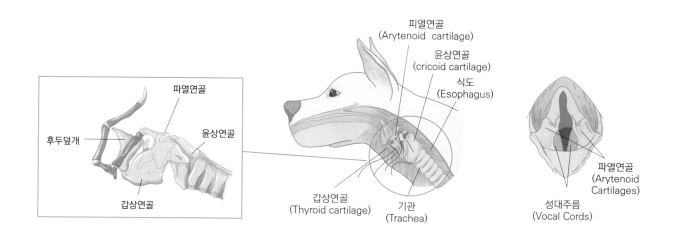

피열연골
(Arytenoid cartilage)

윤상연골
(cricoid cartilage)

식도
(Esophagus)

파열연골

후두덮개

윤상연골

갑상연골

갑상연골
(Thyroid cartilage)

기관
(Trachea)

파열연골
(Arytenoid Cartilages)

성대주름
(Vocal Cords)

그림 8.5 개의 후두

2) 하부 호흡기계(Lower respiratory system)

(1) 기관(Trachea)

기관은 식도 아래쪽 목의 길이 방향으로 앞가슴 입구를 지나간다. 해부학적으로 가슴안(흉강)의 가슴세로칸(종격동, mediastinum) 안에 위치하여 심장 위의 기관갈림에서 끝난다. 영구적으로 열린 상태를 유지하기 위하여 C 형태의 연골이 존재하여 공기가 폐로 유입될 수 있도록 한다. 또한 기관에는 민무늬근(평활근)이 존재하여 기

관의 이완과 수축을 통하여 폐의 환기를 조절할 수 있다(자율신경계의 영향으로). 기관은 섬모점액상피로 이루어져 있으며 점액은 술잔세포(Goblet cell)에서 분비되어 기관 내벽을 덮고 있어 먼지, 미생물, 기타 이물질을 포획하여 기관을 보호한다. 섬모 또한 기관의 상피 세포 표면에 있는 작은 털 같은 구조로 주기적으로 움직여 이물질을 제거하는 데 도움을 준다(그림 8.6).

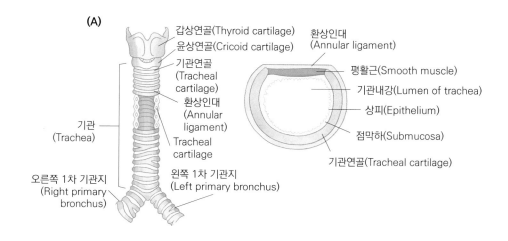

(A)

갑상연골(Thyroid cartilage)

윤상연골(Cricoid cartilage)

기관연골
(Tracheal cartilage)

환상인대
(Annular ligament)

Tracheal cartilage

기관
(Trachea)

오른쪽 1차 기관지
(Right primary bronchus)

왼쪽 1차 기관지
(Left primary bronchus)

환상인대
(Annular ligament)

평활근(Smooth muscle)

기관내강(Lumen of trachea)

상피(Epithelium)

점막하(Submucosa)

기관연골(Tracheal cartilage)

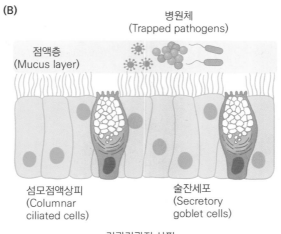

(B)
병원체
(Trapped pathogens)
점액층
(Mucus layer)
섬모점액상피
(Columnar
ciliated cells)
술잔세포
(Secretory
goblet cells)
기관기관지 상피

그림 8.6 개의 기관

> **임상적 고려사항(Clinical considerations)**
>
> 기관 허탈(Tracheal collapse, TC)
> 기관 연골의 무기력과 편평화로 인해 기관 폐색이 일어나는 상태로 토이-소형견종과 단두종, 비만견, 비공 협착이나 연구개 노장된 견에서 다발로 나타남.
> 〈요크셔 테리어, 치와와, 포메라니언, 저패니즈 친, 페키니즈, 말티즈, 푸들, 퍼그 등〉

(2) 기관지와 세기관지(bronchus & bronchioles)

기관에서 갈라져 나와 왼쪽과 오른쪽으로 분기하여 각각 좌측 기관지와 우측 기관지를 형성하게 된다(그림 8.6). 연골이 존재하는 비교적 두꺼운 벽을 가진 관으로, 점액선과 섬모세포로 덮여 있고, 공기를 폐로 전달하며, 공기가 통과할 때 이물질을 제거하는 역할을 한다. 세기관지는 기관지에서 더 작고 좁은 가지로 분기된 구조로, 좌우 기관지에서 계속 나뉘어 형성된다. 세기관지는 더 얇은 벽을 가지고 있으며, 연골이 없는 부드러운 근육층으로 구성되어 있다. 점막과 섬모가 있지만, 기관지보다는 분포도가 낮다. 세기관지의 직경

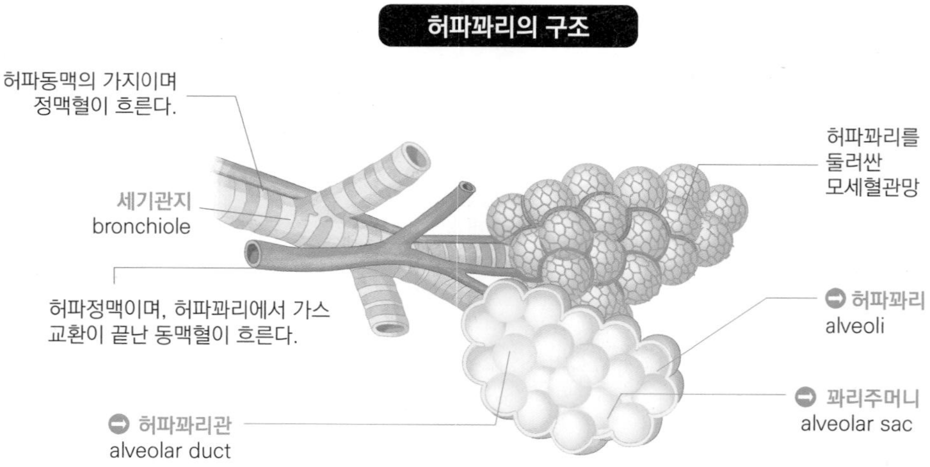

허파꽈리의 구조
허파동맥의 가지이며
정맥혈이 흐른다.
세기관지
bronchiole
허파정맥이며, 허파꽈리에서 가스
교환이 끝난 동맥혈이 흐른다.
허파꽈리관
alveolar duct
허파꽈리를
둘러싼
모세혈관망
허파꽈리
alveoli
꽈리주머니
alveolar sac

그림 8.7 개의 기관지, 세기관지 및 허파꽈리

이 가장 좁아지는 부분인 허파꽈리관(폐포관, alveolarducts)이 허파꽈리(폐포, alveoli)와 연결되어 공기를 폐의 최종 부분인 폐포로 전달하며, 가스 교환이 일어나는 장소로 이어진다. 세기관지는 호흡의 저항을 조절하는 데 중요한 역할을 한다. 기관지와 세기관지는 민무늬근(평활근)으로 이루어져 있어 자율신경계에 영향을 받는다(그림 8.7).

(3) 허파꽈리(폐포, alveoli)

허파꽈리는 폐의 가스 교환이 일어나는 가장 작은 구조 단위이며, 작은 주머니 형태로, 폐의 말단에 위치한다. 매우 얇은 단층 편평상피로 구성되어 있어 허파질막(폐질막, pulmonary membrane)이라 하며, 가스가 쉽게 교환될 수 있도록 돕는다. 허파꽈리 주변에는 모세혈관이 밀접하게 분포되어 있어, 산소와 이산화탄소가 혈액과 교환될 수 있도록 한다.

실질적인 가스 교환이 일어나는데 호흡 시 폐로 들어온 산소가 허파꽈리의 벽을 통해 모세혈관으로 확산되어 혈액에 들어간다. 동시에, 혈액에서 이산화탄소가 허파꽈리로 이동하여 호흡 시 배출된다. 이렇게 산소와 이산화탄소의 교환은 폐포의 큰 표면적 덕분에 효율적으로 이루어진다(그림 8.8).

허파꽈리를 제외한 기체 교환에 관여하지 않는 부분을 "무용공간(사강, dead space)"이라고 하며, 이 공간의 주요 기능은 기체를 폐로 전달하는 역할이다.

(4) 허파(폐, Lung)

오른쪽 및 왼쪽 허파는 가슴막주머니(흉막낭 또는 흉막강, Pleural sac 또는 cavity)으로 각각 분리되어 있으며, 양쪽의 허파의 가슴막주머니 정중앙 사이에 가슴세로칸(종격동, Mediastinum)으로 알려진 공간이 위치해 있다. 가슴막(흉막)에는 두 종류가 있는데 ① 허파의 표면을 직접적으로 덮고 있는 얇은 막인 내장쪽가슴막(폐흉막, Visceral pleura)이라고 하며 호흡 시 폐의 움직임을 원활하게 하고, 마찰을 줄이기 위해 흉막액을 분비하는 기능을 한다. ② 가슴벽의 안쪽을 덮는 벽쪽가슴막(Parietal pleura)의 경우 종격동(가슴세로

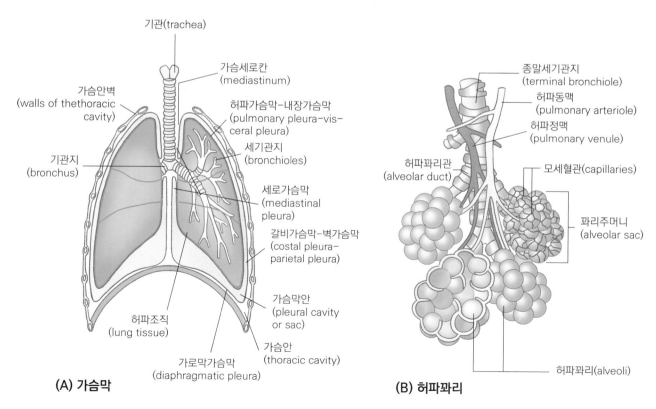

(A) 가슴막

(B) 허파꽈리

그림 8.8 가슴안의 허파

칸)가슴막, 가로막(횡격막)가슴막, 갈비뼈가슴막으로 구성되어 전체적으로 덮고 있으며, 내장쪽가슴막과 벽쪽가슴막에 의해서 가슴막강(흉강, Pleural cavity)이 형성된다(그림 8.9).

개와 고양이의 경우 왼쪽 허파는 3개의 엽(앞엽, 중간엽, 뒤엽)으로 나누어지고 오른쪽 허파는 4개의 엽(앞엽, 중간엽, 뒤엽, 부속엽)으로 이루어진다.

(5) ## 가슴안(흉강, thoracic cavity) 또는 가슴우리 (흉곽, thorax)

가슴세로칸(종격동, mediastinum)으로 알려진 가슴막(흉막, pleura)에 의해 오른쪽 및 왼쪽 가슴막주머니(흉막강, right and left pleural cavities)로 나누어진다. 각 가슴막주머니(흉막강)은 가슴막의 두 개 층 사이에 놓여있고 진공상태이며 소량의 가슴막액을 포함하고 있다. 가슴의 대부분 기관, 즉 심장 그리고 이와 관련된 혈관, 기관 그리고 식도는 종격동(가슴세로칸)가슴막 사이 공간에 놓여있으며,

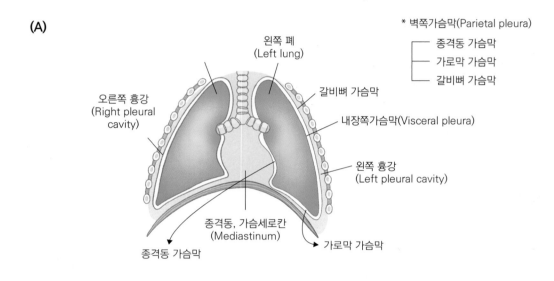

(A)

* 벽쪽가슴막(Parietal pleura)
— 종격동 가슴막
— 가로막 가슴막
— 갈비뼈 가슴막

왼쪽 폐 (Left lung)

갈비뼈 가슴막

내장쪽가슴막(Visceral pleura)

오른쪽 흉강 (Right pleural cavity)

왼쪽 흉강 (Left pleural cavity)

종격동, 가슴세로칸 (Mediastinum)

가로막 가슴막

종격동 가슴막

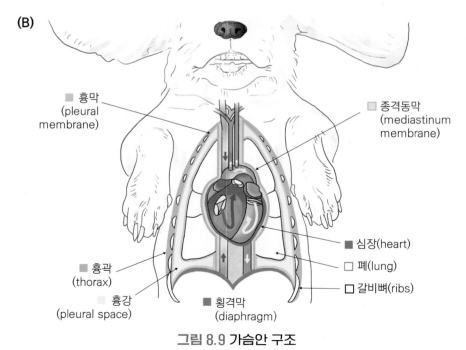

(B)

흉막 (pleural membrane)

종격동막 (mediastinum membrane)

심장(heart)

폐(lung)

갈비뼈(ribs)

흉곽 (thorax)

흉강 (pleural space)

횡격막 (diaphragm)

그림 8.9 가슴안 구조

개와 고양이의 가슴세로칸의 경우 매우 단단하고 두 개의 가슴막안을 완전히 구분하는 벽을 이룬다. 만약 한 쪽 부분이 손상되거나 감염이 되더라도 한 쪽 가슴세로칸은 온전하게 남아 다른 쪽 허파의 기능을 계속하도록 한다.

이런 구조적 특성 덕분에 개와 고양이는 호흡기 질환에 대한 회복력이 상대적으로 높다(그림 8.9).

임상적 고려사항(Clinical considerations)

기흉(pneumothorax)

흉강에 공기가 차는 현상으로 폐가 위축되며 그 원인으로 흉부의 외상 또는 늑골골절에 의한 흉벽이나 폐손상(외상성 기흉)과 검사나 수술의 합병증으로 인한 기흉(의원성 기흉)이 있음.

---

2 호흡 운동(호흡역학)

1) 허파 호흡(폐호흡)

폐호흡(Pulmonary Respiration)은 폐에서 이루어지는 가스 교환 과정으로, 주로 산소(O_2)와 이산화탄소(CO_2)의 이동을 포함한다. 이 과정은 두 가지 주요 단계로 나눌 수 있는데 ① 환기(ventilation)와 ② 가스 교환(gas exchange)이다.

환기(Ventilation)는 폐로 공기가 들어오고 나가는 과정으로 흡기와 호기로 나뉘는데, 흡기의 경우 횡격막과 외늑간근(바깥갈비사이근)의 수축으로 흉강이 확장되어 압력이 떨어지고, 허파는 바깥쪽으로 당겨져 공기가 폐로 들어오며, 호기는 내늑간근(속갈비사이근)과 관여하여 수동적으로 일어나며 또한 횡격막과 외늑간근의 이완으로 흉강이 수축되어 압력이 늘어나서 공기가 폐에서 배출된다.

가스 교환(Gas Exchange)의 경우 폐포에서의 교환을 말하며 가스 분압차에 의해 확산, 즉 고농도에서 저농도로 교환이 일어난다. 폐포는 폐의 미세한 기낭으로, 혈액과 접촉하여 가스가 교환된다. 산소는 폐포에서 혈액으로 확산되고, 이산화탄소는 혈액에서 폐포로

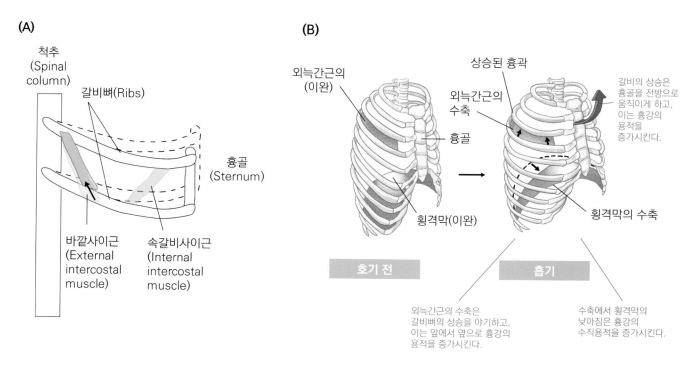

(A)

척추
(Spinal column)

갈비뼈(Ribs)

흉골
(Sternum)

바깥사이근
(External intercostal muscle)

속갈비사이근
(Internal intercostal muscle)

(B)

외늑간근의
(이완)

상승된 흉곽

외늑간근의
수축

흉골

갈비의 상승은 흉골을 전방으로 움직이게 하고, 이는 흉강의 용적을 증가시킨다.

횡격막(이완)

횡격막의 수축

호기 전

흡기

외늑간근의 수축은 갈비뼈의 상승을 야기하고, 이는 앞에서 옆으로 흉강의 용적을 증가시킨다.

수축에서 횡격막의 낮아짐은 흉강의 수직용적을 증가시킨다.

그림 8.10 허파 호흡의 역학(환기)

확산되어 호흡 시 배출된다(그림 8.10).

2) 허파 호흡(폐호흡)에 영향을 미치는 요인

허파 호흡에 영향을 미치는 중요한 생리적 요인으로 기도의 저항성, 허파꽈리(폐포) 표면장력, 그리고 허파의 순응도가 있으며 이들은 서로 밀접하게 연관되어 있다. 첫 번째, 기도의 저항성은 호흡 시 공기가 기도를 통과할 때 느끼는 저항의 정도를 말한다. 이는 여러 요소에 의해 영향을 받으며, 이런 요소에는 대표적으로 기도의 직경이 있다. 기도의 직경은 기관, 기관지와 세기관지에 존재하는 민무늬근(평활근)에 의한 기관지 수축과 이완에 의해 조절된다. 기관지가 수축하면 기도의 직경이 좁아져 저항이 증가하게 되며, 이로 인해 호흡이 어려워지게 된다. 반면, 기관지가 이완하면 기도의 직경이 넓어져 저항이 감소하고, 따라서 호흡이 더 쉬워지게 된다. 이런 현상은 자율신경계에 의해 영향을 받으며 아드레날린과 같은 교감신경성 전달물질이 분비되면 기관지가 이완하게 되며 이는 운동 중이나 스트레스 상황에서 발생된다. 두 번째, 허파꽈리(폐포)의 표면장력은 폐포 표면에 존재하는 액체들에 의해 발생한다. 또한 폐포의 표면에는 허파표면활성제가 존재하여 표면장력을 낮추어 폐포가 쉽게 확장되도록 도와준다. 만약 허파표면활성제가 존재하지 않는다면 폐포 내 액체에 의해 표면장력이 발생하여 무기폐(atelectasis), 즉 폐의 일부 또는 전체가 정상적으로 팽창하지 못하는 허탈 상태가 발생된다. 이로 인해 호흡곤란 증세가 나타난다.

세 번째, 허파의 순응도는 폐가 팽창하는 정도를 나타내는 지표로, 폐의 용적 변화에 대한 압력 변화의 비율을 의미한다. 즉, 순응도가 높을수록 폐가 더 쉽게 팽창하고, 낮을수록 팽창하기 어려워진다. 허파의 순응도에 미치는 요소에는 폐 조직의 탄력성이 있으며, 탄력성이 감소하면 순응도는 낮아지게 된다. 허파표면활성제 또한 영향을 미치게 되며 폐포 내 액체의 표면장력이 높아지면 순응도가 감소하게 된다.

3) 허파의 용적과 용량

호흡과정에서 일어나는 폐용적의 변화로 흡기와 호기를 측정함으로써 정상적인 허파(폐) 기능을 알 수 있다. 폐용적(특정한 상태에서 폐에 들어가거나 나오는 공기의 양)과 폐용량(여러 용적의 조합으로 구성된 폐의 전체적인 공기량)은 다음과 같이 결정될 수 있다

(그림 8.11).

① 일회호흡량(Tidal volume): 휴식 시 매 호흡당 흡기와 호기의 공기의 부피
② 흡기예비량(들숨예비량; Inspiratory reserve volume)
  : 정상 호흡 후 강제로 더 흡입할 수 있는 공기의 부피
③ 호기예비량(날숨예비량; Expiratory reserve volume)
  : 정상 호흡 후 강제로 더 내보낼 수 있는 공기의 부피
④ 남은 공기량(잔기량; Residual volume): 강제호기 후 남은 공기의 부피
⑤ 폐활량(Vital capacity) = TV + IRV + ERV
  : 최대 흡기(들숨) 후 호기(날숨)으로 내보낼 수 있는 공기의 최대 부피
⑥ 흡기용량(Inspiratory capacity) = IRV + TV
  : 휴식 시 호기 끝에 들이쉴 수 있는 공기의 최대 부피
⑦ 총폐활량(Total lung capacity) = VC + RV
  : 폐 안에 있을 수 있는 공기의 최대 부피

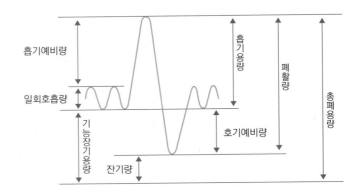

그림 8.11 허파용적의 구분

3 기체수송

1) 산소의 운반

먼저 산소는 심장 펌프 작용에 의해 산소화된 혈액(산소가 풍부한 혈액)이 폐정맥을 지나 심장(좌심방과 좌심실)을 통해 대동맥으로

그리고 전신으로 순환된다. 그리고 대동맥에서 분지된 혈관을 통해 모세혈관으로 이동하며, 이곳에서 산소가 간질액을 통해 세포로 확산된다. 이때 두 가지 형태로 산소가 운반되는데 ① 혈장에 용해된 산소(1.5%)와 ② 혈색소(헤모글로빈)에 결합된 형태(98.5%)이다. 적혈구 내에 존재하는 단백질로 헤모글로빈은 4개의 폴리펩타이드 사슬(2개의 알파 사슬과 2개의 베타 사슬)로 구성되어 있으며, 각 사슬은 헴(heme)이라는 분자를 포함하고 있다. 각 헴 그룹은 철(Fe) 이온을 포함하고 있으며, 이 철 이온이 산소와 결합하는 역할을 하며 헤모글로빈 한 분자에 최대 4개의 산소 분자와 결합할 수 있다. 헤모글로빈은 폐에서 산소를 결합하고, 체내의 조직으로 산소를 전달하며 폐에서 산소 농도가 높을 때(산소 분압이 높을 때) 헤모글로빈은 산소를 결합하고, 조직에서 산소 농도가 낮을 때(산소 분압이 낮을 때) 산소를 방출한다.

헤모글로빈의 산소 결합 능력은 다양한 요인에 의해 영향을 받게 된다. ① pH와 이산화탄소 농도에 의해 혈액의 pH가 낮아지거나 이산화탄소 농도가 높아지면 헤모글로빈은 산소를 방출하기 쉬워진다. ② 온도에 의해 온도가 높을수록 헤모글로빈은 산소를 방출하기 쉬워진다. 이는 운동 중 체온 상승으로 인해 조직에 더 많은 산소가 필요해지는 상황과 관련이 있다.

2) 이산화탄소의 운반

체내의 세포는 대사 과정에서 산소를 사용하여 에너지를 생성하고, 이 과정에서 이산화탄소가 생성되며 세포 내에서 혈액으로 확산이 일어난다. 이산화탄소가 풍부한 혈액(정맥혈)은 모세혈관을 통해 우심방으로 들어간 후 우심실로 내려가, 여기서 폐로 이동하기 위해 폐동맥을 통해 폐의 미세한 공기주머니인 폐포에서 이산화탄소는 혈액에서 폐포로 확산된다.

먼저 체조직에서 혈액으로 이산화탄소(CO_2)의 운반은 주로 다음과 같은 세 가지 방식으로 이루어진다. ① 탄산염 형태로 이산화탄소의 약 70%가 혈액 내에서 탄산(H_2CO_3) 형태로 존재하며 이 과정은 CO_2가 적혈구로 들어가면, 탄산무수효소(Carbonic Anhydrase)라는 효소의 작용을 통해 CO_2와 물(H_2O)이 결합하여 탄산(H_2CO_3)을 형성한다. 생성된 탄산은 즉시 수소이온(H^+)과 중탄산이온(HCO_3^-)으로 해리되며, 중탄산이온 상태로 혈장에서 이동한다. 이 때 수소이온은 헤모글로빈과 결합하여 혈액의 산성화를 방지하는 완충작용을 한다. ② 카바민 형태로 이산화탄소의 약 20-23%가 헤모글로빈과 결합하여 운반되며 이 경우, CO_2는 헤모글로빈의 아미노산 잔기와 결합하여 카바민화합물을 형성한다. ③ 혈장에 용해된 형태로 약

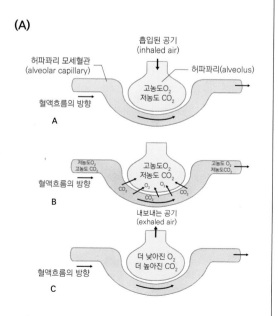

(A)

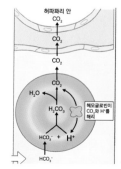

(B)

Transportation of CO_2 I

- **체조직에서 혈액으로 CO_2 운반**
- CO_2가 조직세포에서 세포사이액으로 확산, 이어 모세혈관 벽을 지나 혈액으로 확산
- 대부분이 적혈구로 들어가고 일부는 헤모글로빈과 결합, 나머지는 물과 반응해서 탄산을 형성
- 탄산이 수소이온과 중탄산이온으로 해리
- 헤모글로빈이 대부분의 수소이온을 받아들여 혈액의 산성화를 방지하는 완충작용
- 대부분의 중탄산이온은 혈장으로 확산되어 허파로 전달

Transportation of CO_2 II

- **혈액에서 허파로 CO_2의 운반**
- 헤모글로빈에서 해리된 수소이온과 중탄산이온이 결합하여 탄산이 되고, 탄산은 다시 이산화탄소와 물로 전환
- 이산화탄소는 혈액에서 허파꽈리로 확산되어 숨을 내쉴 때 몸 밖으로 나감

- **혈액의 완충작용**
- CO_2를 중탄산이온으로 전환시켜 혈액을 완충시킴
- 혈장의 pH가 감소하면 중탄산이온이 탄산으로 전환

그림 8.12 허파꽈리의 기체교환

7-10%의 이산화탄소가 혈장에 직접 용해되어 운반되며 다른 두 가지 형태에 비해 상대적으로 적은 양이지만, 여전히 이산화탄소의 운반에 기여한다(그림 8.12).

혈액에서 폐포로 이산화탄소의 운반은 헤모글로빈에서 해리된 수소이온과 중탄산이온이 결합하여 탄산이 된다. 그리고 탄산은 다시 이산화탄소와 물로 전환된 후 이산화탄소는 혈액에서 폐포로 확산되어 호기시 몸 밖으로 빠져나간다.

4 호흡 조절

1) 호흡중추(신경)에 의한 호흡 조절

호흡 조절을 위한 호흡중추는 주로 뇌간에 위치하며, 호흡의 리듬과 깊이를 조절하는 역할을 한다. 주요 호흡중추는 다음과 같다.

(1) 연수(숨뇌, Medulla Oblongata)

연수 호흡중추는 호흡 조절에 중요한 역할을 하는 뇌의 일부로, 뇌간의 연수 부분에 위치한다. 이 중추는 호흡의 기본적인 리듬을 생성하고 호흡을 조절하여 몸의 상태에 따라 호흡 속도와 깊이를 조절한다. 또한 혈액 속 산소 농도, 이산화탄소 농도, pH 변화 등 외부 자극에 민감하게 반응하여 호흡을 조절한다. 연수 호흡중추는 연수의 등쪽에 위치한 들숨중추(Dorsal respiratory group, DRG)와 연수의 배쪽에 위치한 날숨조절중추(Ventral respiratory group, VRG)로 구성되어 있다. 들숨중추로부터의 자극은 가로막신경(횡경막 신경)을 통해 가로막으로 전달되고 갈비사이신경을 통해 외갈비사이근(외늑간근)과 가로막이 수축하여 들숨이 일어난다. 날숨조절중추는 들숨과 날숨에 관여하는 뉴런을 모두 가지고 있어 운동을 하거나 스트레스를 받을 때처럼 환기량이 증가될 때 능동적 날숨(가로막과 외늑간근의 이완)이나 정상보다 큰 들숨에 관여한다. 또한 연수와 함께 호흡중추로 교뇌(다리뇌, Pons) 지속흡입중추(Apneustic Center)를 억제하는데 관여한다(그림 8.13).

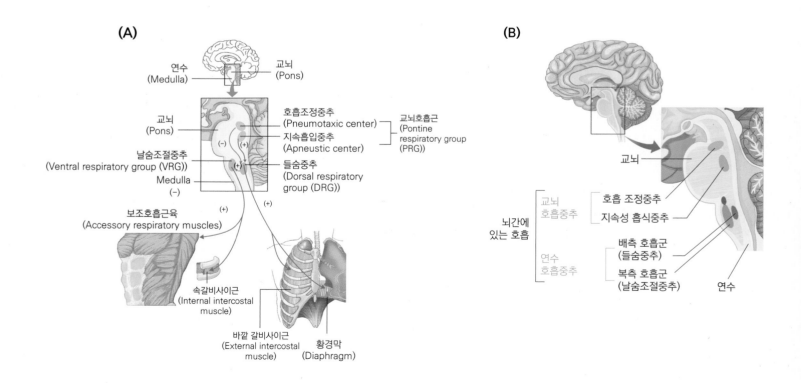

그림 8.13 호흡중추에 의한 호흡조절

(2) 교뇌(다리뇌, Pons)

교뇌의 호흡중추는 연수의 호흡중추와 상호작용하며 호흡수와 1회 호흡량을 조절하여 호흡 패턴을 매끄럽게 만드는 역할을 하며 두 가지 중추로 구성되어 있다. ① 호흡조정중추(Pneumotaxic Center)의 경우 교뇌의 윗부분에 위치하여 호흡의 속도와 패턴을 전반적으로 조절하고, 주기적으로 들숨을 억제하여 지속흡입중추(들숨 중 비정상적인 호흡, 헐떡이는 호흡을 유발하는 경우)에 대해 길항작용을 수행한다. 즉 호흡조정중추의 역할은 들숨 제한을 담당하여 들숨을 끄는 스위치(inspiratory off-switch, IOS)라고 할 수 있으며, 1회 호흡량을 효과적으로 감소시키고 호흡수를 조절한다. 이 중추에 문제가 발생 시 호흡 깊이가 증가하고 호흡수가 감소한다. ② 지속흡입중추(Apneustic Center)의 경우 교뇌의 아랫부분에 위치하여 교뇌에 존재하는 신경세포를 지속적으로 자극하여 들숨을 촉진시킨다. 지속흡입중추는 호흡조정중추에서 발생하는 들숨을 끄는 스위치(IOS) 신호를 지연시켜, 호흡의 강도를 조절하여 들숨과 관련된 뉴런을 더 활성화시킨다. 지속흡입중추는 폐의 확장과 압력을 감지하여 호흡을 조절하는 폐의 신장 수용기와 호흡조정중추에 의해 억제된다. 또한 지속흡입중추는 반대로 호흡조정중추를 억제하는 작용을 한다(그림 8.13).

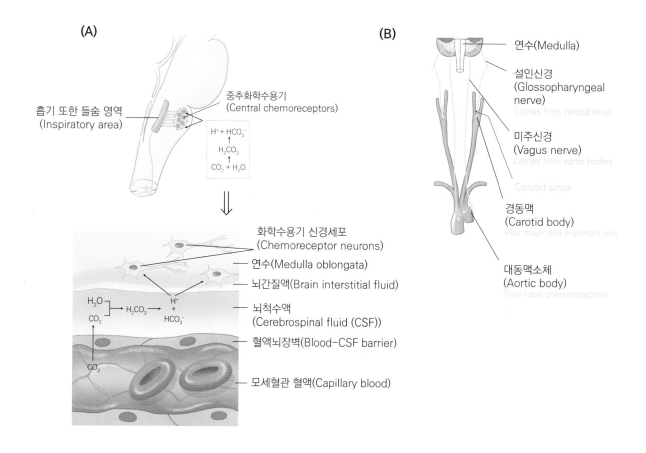

그림 8.14 화학적 수용기에 의한 호흡조절

2) 화학적 수용기에 의한 호흡 조절

또 다른 호흡 조절 기전으로 화학적 수용기와 폐의 신장 수용기 간의 상호작용을 통해 이루어진다. 화학적 수용기가 감지하는 혈중 산소, 이산화탄소, 탄산수소 이온의 변화 그리고 pH 변화에 따라 즉각적인 호흡 반응을 유도하며, 신장 수용기는 기계적 자극을 감지하여 호흡의 패턴과 깊이를 조절한다. 이러한 통합적인 작용은 체내 환경을 항상성 상태로 유지하는 데 필수적이다. 먼저 화학적 수용기에 대해 알아보자.

(1) 중추 화학수용기

중추 화학수용기는 연수(숨뇌, Medulla Oblongata) 표면 가까이에 있는 뇌신경에 해당하는 설인신경, 미주신경의 출구 부위에 위치한다. 이 수용기는 연수의 호흡중추 가까이에 위치해 있으나 별도의 작용하는 장치로 주로 이산화탄소와 수소이온에 반응한다.

실질적으로 중추 화학수용기가 반응하는 것은 이산화탄소의 변화에 더 영향을 받게 된다. 이는 뇌혈관에는 혈액뇌장벽(Blood brain barrier, BBB)이 존재하여 이온들의 이동이 제한되어 수소이온과 중탄산 이온의 경우 통과할 수 없기 때문이다. 그러나 산소와 이산화탄소는 자유로이 혈액뇌장벽을 통과하여 동맥혈의 이산화탄소 농도가 높아지면 뇌척수액으로 확산되고 뇌척수액의 물과 반응하여 탄산을 만들게 된다. 그 후 해리되어 수소이온을 생성하게 되고 수소이온의 농도가 높아지면 중추 화학수용기를 자극하게 된다. 이 자극은 연수의 DRG와 VRG로 정보가 전달되고 VRG에 의해 환기의 패턴과 깊이를 변화시켜 뇌척수액의 이산화탄소 농도를 감소시키게 된다(그림 8.14 A, B).

(2) 말초 화학수용기

말초 화학수용기는 목동맥(경동맥, Carotid artery)에 존재하는 경동맥소체(Carotid body)와 대동맥에 존재하는 대동맥소체(Aortic body)가 있다. 경동맥소체의 경우 설인신경을 통하여 중추와 연결되어 있으며 동맥혈의 저산소증, 과탄산혈증, 산증에 대한 자극을 받아 작용하게 된다. 경동맥소체에 비해 약한 호흡 조절기능을 가진 대동맥소체의 경우 미주신경을 통해 중추와 연결되어 동맥혈의 저산소증, 과탄산혈증, 산증에 대한 보상반응이 없거나 약하나 혈류량의 변화에 대한 자극에는 민감하게 작용한다(그림 8.14 B).

- 상기도(Upper respiratory tract): 코, 비강, 부비동, 인두, 후두 포함
- 하기도(Lower respiratory tract): 기관, 기관지, 세기관지, 폐포 포함
- 비강(Nasal cavity): 공기를 가습하고 정화하는 역할
- 인두(Pharynx): 소화기와 호흡기의 공동 통로
- 후두(Larynx): 성대가 위치한 기관, 소리를 내는 역할
- 기관(Trachea): 공기가 폐로 이동하는 관
- 기관지(Bronchi): 기관이 좌우로 나뉘어 폐로 들어가는 부분
- 세기관지(Bronchioles): 기관지가 더 작은 가지로 갈라진 부분
- 폐포(Alveoli): 가스 교환이 이루어지는 폐의 말단 구조
- 외호흡(External respiration): 폐포와 혈액 사이의 가스 교환
- 내호흡(Internal respiration): 혈액과 조직 세포 사이의 가스 교환
- 환기(Ventilation): 공기의 들숨(흡기)과 날숨(호기) 과정
- 흡기(Inspiration): 공기가 폐로 들어가는 과정
- 호기(Expiration): 공기가 폐에서 나가는 과정
- 호흡수(Respiratory rate, RR): 1분당 호흡 횟수
- 폐활량(Vital capacity, VC): 최대한 들이마신 후 내쉴 수 있는 공기의 양

- 잔기량(Residual volume, RV): 최대한 내쉰 후에도 폐에 남아 있는 공기의 양
- 일회 호흡량(Tidal volume, TV): 정상적인 호흡 시 한 번 들이마시는 공기의 양
- 흡입예비용적(Inspiratory reserve volume, IRV): 정상 흡기 후 추가로 더 들이마실 수 있는 공기량
- 호기예비용적(Expiratory reserve volume, ERV): 정상 호기 후 추가로 더 내쉴 수 있는 공기량
- 산소포화도(Oxygen saturation, SpO_2): 혈액 내 헤모글로빈과 결합한 산소의 비율
- 이산화탄소(Carbon dioxide, CO_2): 세포 대사 후 배출되는 노폐물
- 헤모글로빈(Hemoglobin, Hb): 혈액에서 산소와 결합하는 단백질
- 산-염기 균형(Acid-base balance): 체내 pH를 조절하는 생리적 과정
- 호흡중추(Respiratory center): 연수(Medulla oblongata)와 교뇌(Pons)에 위치, 호흡 조절

복습문제

1. 개에서 볼 수 있는 C자 모양의 불완전한 유리연골성 고리로 구성된 장기는 무엇인가?
   ① 식도
   ② 기관
   ③ 인두
   ④ 후두

2. 허파(lung)에서 공기 교환이 일어나는 부위는 어디인가?
   ① 기관지
   ② 허파꽈리
   ③ 허파꽈리관
   ④ 후두

3. Thoracic cavity에 대한 설명 중 올바른 것은?
   ① 정상적으로 양압(positive pressure) 상태이다.
   ② 정상적으로 음압(negative pressure) 상태이다.
   ③ 액체는 존재하지 않는다.
   ④ 가로막(diaphragm) 뒤쪽에 위치한다.

4. 혈액에 녹아 있어 뇌의 호흡 중추에 있는 중추 화학수용체를 자극할 수 있는 분자나 이온은 무엇인가?
   ① 이산화탄소 (CO_2)
   ② 수산화 이온 (OH^-)
   ③ 산소 (O_2)
   ④ 칼슘 이온 (Ca^{2+})

5. 모세혈관 혈액과 신체 조직 사이에서 용해된 가스의 교환에 적용되는 용어는 무엇인가?
   ① 내부 호흡(Internal respiration)
   ② 외부 호흡(External respiration)
   ③ 환기(Ventilation)
   ④ 세포 호흡(Cellular respiration)

6. 후두(Larynx)는 어떤 두 해부학적 구조 사이에 위치하나?
   ① 콧구멍과 코선반 (The nares and the choanae)
   ② 후두개와 기관 (The epiglottis and the trachea)
   ③ 후비공과 성대문 (The choanae and the glottis)
   ④ 성대문과 후두덮개 (The glottis and the epiglottis)

7. 호흡의 목적은 혈액에 용해된 어떤 물질들의 농도를 조절하는 것인가?
   ① 산소 (Oxygen)
   ② 산소와 이산화탄소 (Oxygen and carbon dioxide)
   ③ 산소, 이산화탄소 및 수소 이온 (Oxygen, carbon dioxide and hydrogen ions)
   ④ 산소, 이산화탄소, 수소 이온 및 ATP (Oxygen, carbon dioxide, hydrogen ions and ATP)

8. "내부 호흡(internal respiration)"의 올바른 정의는 무엇인가?
   ① 신체 조직과 모세혈관 혈액 사이의 가스 교환
   ② 폐의 환기
   ③ 산소를 사용하여 작은 분자로부터 ATP와 이산화탄소를 생성하는 것
   ④ 폐포와 폐 모세혈관 사이의 가스 교환

9. 뇌의 호흡 중추는 호흡 근육을 조절한다. 다음 중 발생하지 않는 것은 무엇인가?
   ① 혈액 내 이산화탄소 농도가 증가하면 말초 화학수용체가 호흡 중추에 신호를 보낸다.
   ② 혈액의 pH 감소는 말초 화학수용체가 호흡 중추에 신호를 보내도록 자극한다.
   ③ 수산화 이온(H3O+)이 혈액-뇌 장벽을 통과하여 호흡 중추의 중추 화학수용체를 직접 자극한다.
   ④ 혈액 내 산소 농도가 감소하면 말초 화학수용체가 호흡 중추에 신호를 보낸다.

10. "외부 호흡(external respiration)"이라는 용어는 무엇을 의미하나?

① 폐의 환기(호흡)

② 폐포 공기와 폐 모세혈관 사이의 가스 교환

③ 세포가 작은 분자와 산소로부터 ATP를 생성하는 과정

④ 모세혈관 혈액과 신체 조직 사이의 용해된 가스 교환

11. 다음은 네 가지 호흡기 구조를 나열한 목록이다. 흡입된 공기가 폐로 들어가는 경로에서 이 구조들을 통과하는 순서대로 나열된 것은 어느 것인가?

① 성대문(glottis), 인두(pharynx), 코선반(conchae), 기관(trachea)

② 콧구멍(nares), 인두(pharynx), 후두(larynx), 코선반(conchae)

③ 코선반(conchae), 인두(pharynx), 후두(larynx), 기관(trachea)

④ 인두(pharynx), 코선반(conchae), 기관(trachea), 성대문(glottis)

12. "세포 호흡(cellular respiration)"이라는 용어는 무엇인가?

① 폐에서의 가스 교환

② 폐의 환기(호흡)

③ 신체 조직에서의 가스 교환

④ 세포 내에서의 ATP 생성

정답: 1 ②, 2 ②, 3 ③, 4 ①, 5 ④, 6 ②, 7 ③, 8 ①, 9 ③, 10 ②, 11 ③, 12 ④

참고문헌

1. 동물해부생리학 개론. introduction to veterinary anatomy and physiology texbook second edition. 동물해부생리학 교재연구회 역. 범문에듀케이션. 2014.

2. 수의생리학. 제4판. 강창원 외. 광일문화사. 2006.

동물체의 소화기계

- 섭취와 소화의 개념을 이해한다.
- 소화기계의 구조와 기능을 학습한다.
- 소화기계를 구성하는 기관의 위치를 확인하고 각각의 기능을 이해한다.

꼭 알아야 할 학습 Must know points

- 소화기계의 구성 및 기능
- 소화관 벽의 구성

알아두면 좋은 학습 Good to know

- 식도를 구성하는 근육층 종류
- 위벽의 근육층 모양
- 소화와 흡수를 위한 소장벽의 구조

모든 동물은 성장과 정상적인 발달을 위해 영양소와 에너지가 공급되어야 하는데, 이는 동물이 음식물을 섭취하면서 시작된다. 소화는 섭취된 음식물을 기계적, 화학적으로 분해한 후 영양소는 세포막을 통해 흡수하고 잔여물은 몸 밖으로 배출하는 과정으로, 이와 관련된 일련의 기관계를 **소화기계(digestive system)**라 한다.

섭취, 소화, 흡수 및 배설을 담당하는 소화기계는 일반적으로 다음과 같은 과정을 거친다.

- 섭취: 음식물을 입안으로 취하는 과정
- 씹기: 음식물을 치아로 부수어 침(타액)과 혼합하는 것
- 연하: 구강 내 음식물이 목구멍으로 넘어가 식도, 위로 이동하도록 삼키는 것
- 소화: 음식의 기계적 및 화학적 분해 작용
  - 혼합 및 추진: 음식의 혼합 및 음식물을 위장관을 따라 뒤로 밀어냄
  - 분비: 물, 산, 완충액 및 효소를 위장관 내강으로 방출
- 흡수: 음식물이 소화된 영양분이 위장관으로부터 혈액과 림프로 이동
- 배변: 위장관 밖으로 대변의 배출

소화는 크게 기계적 소화와 화학적 소화로 나눌 수 있다.

기계적 소화는 구강의 저작(씹는 과정)과 위장관 운동으로, 섭취된 음식물을 잘게 부수어 소화효소가 작용되는 표면적을 증가시킨다. 위장관 운동은 연동운동(꿈틀운동)과 분절운동(혼합운동)이 있으며 소화관 위치에 따라 차이가 있다(그림 9.1).

화학적 소화는 잘게 부수어진 음식물 입자를 신체 세포에서 사용할 수 있는 더 작은 분자로 분해하는 소화 효소에 의한 일련의 가수분해반응(hydrolysis reactions)이다(표 9.1).

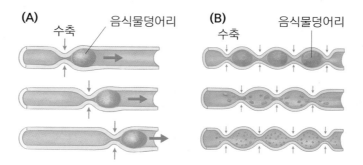

그림 9.1 연동운동(A)과 분절운동(B)

TIP 연동운동(peristalsis)

구강내로 들어온 음식물은 식도를 시작으로 항문까지 소화관의 근육층(내부 원형근육층과 외부 세로근육층의 두 층의 평활근)을 따라 율동적으로 수축하며 음식물을 뒤로 밀어내는데, 이 율동적인 근육의 수축과 이완을 연동운동이라고 한다. 식도에서는 연수(medulla oblongata)에 의해 제어된다.

TIP 분절운동(segmentation)

장의 내용물이 앞뒤로 왔다갔다 하면서 잘 섞이게 하는 작용을 하며 장 표면과의 접촉시간을 증가시키므로 영양분의 소화와 흡수를 도와준다.

표 9.1 소화기계에서 분비되는 소화효소

소화기관	분비액	분비샘	소화효소	가수분해반응
구강	침	침샘, 혀샘	아밀라아제	전분(다당류)을 엿당으로 분해
			리파아제	중성지방과 지질을 분해
위장	위액	주세포	펩신	단백질을 펩타이드로 분해
			리파아제	중성지방을 분해
췌장	췌장액	췌장 선방세포	췌장 아밀라제	전분을 맥아당, 말토트리오스 및 α-덱스트린으로 분해
			트립신	단백질을 분해
			키모트립신	단백질을 분해
			엘라스타제	단백질을 분해
			카르복시펩티다아제	아미노산을 분해
			리파아제	중성지방을 분해
			뉴클레아제	핵산을 분해
소장	장액	흡수상피세포의 미세융모	α-덱스트리나제	α-덱스트린을 포도당으로 분해
			말타제	맥아당을 포도당으로 분해
			수크라제	자당을 포도당과 과당으로 분해
			락타아제	유당을 포도당과 갈락토오스로 분해
			엔테로키나제	트립시노겐을 트립신으로 활성화시키는 기능
			트립신, 키모트립신, 엘라스타아제	단백질을 펩타이드로 분해
			카르복시펩티다제	펩타이드의 카르복실 말단에 있는 아미노산을 분해
			아미노펩티다제	펩타이드의 아미노 말단에 있는 아미노산을 분해
			디펩티다제	디펩타이드를 아미노산으로 분해
			리파아제	트리글리세리드를 지방산, 모노글리세리드로 분해
			뉴클레오시다제, 포스파타제	뉴클레오티드를 오탄당과 질소 염기로 분해

소화관 벽은 4개의 층(점막층, 점막하층, 근육층, 장막층)으로 구성되는데, 층의 구성은 소화관 부위에 따라 달라질 수 있다(표 9.2).

- **점막층**은 소화관의 내강을 구성하는 가장 안쪽 층으로 표면상피조직과 그 아래 고유판(lamina propria)과 점막근층으로 구성되며, 소화효소를 분비하는 세포와 점액을 분비하는 술잔세포(goblet cell)가 분포한다. 입술, 입, 혀, 입인두(구강인두), 후두인두 및 식도의 점막표면은 각질화되지 않은 중층 편평 상피로, 음식물 입자로 인한 마모로부터 보호한다.
- **점막하층**은 점막 밑에 위치한 결합조직으로, 혈관, 림프관, 림프절, 신경말단 및 점액선이 있다.
- **근육층**은 두 층의 평활근(안쪽 원형근육층, 바깥쪽 세로근육층)으로 이루어져 있다.
- **장막**(serosa) 또는 외막(adventitia)층은 소화관의 가장 바깥을 감싸는 구조로 결합조직에 의해 지지되는 한 층의 얇은 층으로, 장액성 액체를 분비하는 세포로 구성되어 있다.

표 9.2 소화관 벽의 구성

소화관 벽	구성
점막층	• 소화관 내강의 가장 안쪽 층으로 3개 층으로 구성 a. 표면상피: 중층편평상피(혀 등) 또는 단순원주상피 b. 고유판: 혈액, 림프관, 땀샘이 분포하는 결합조직 c. 점막근층: 평활근으로 구성
점막하층	• 결합조직으로 혈관, 림프관, 신경이 분포
근육층	• 두 층의 평활근(안쪽돌림근과 바깥세로근)으로 구성(식도, 소장, 대장 등 대부분의 위장관) * 위장은 안쪽경사근을 포함하여 세 층의 평활근으로 구성
장막 또는 외막층	• 위장관 벽을 구성하는 가장 바깥쪽 층

위장관은 장신경계와 자율신경계에 의해 조절된다.

- **장신경계**: 위장관에 고유한 것으로, 독립적으로 기능할 수도 있지만 자율신경계의 조절을 받아 소화기계기능을 조절한다. 장신경계는 복잡한 두 종류의 신경망이 분포하여 위장관의 운동 및 분비 기능을 모두 제어한다. 근육층 바깥쪽 세로근육층(바깥세로

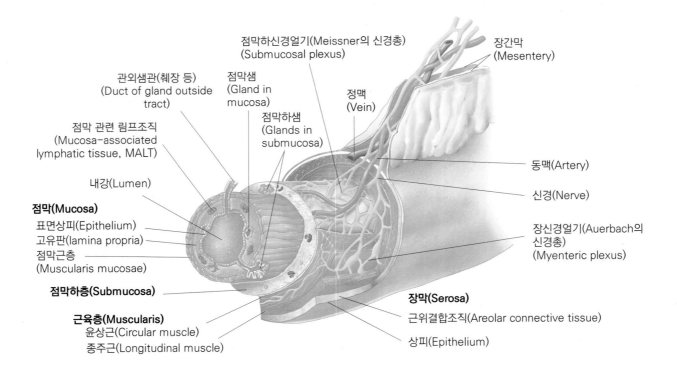

그림 9.2 소화관 벽의 해부학적 구조

근)과 안쪽 원형근육층(안쪽 돌림근) 사이에 위치하는 장신경얼기(myenteric plexus)는 위장관 운동성을 조절하고, 점막하층에 위치한 점막하신경얼기(submucosal plexus)은 위장관 분비를 조절한다.

- **자율신경계**: 미주신경(X) 부교감신경 섬유와 골반 내장 신경은 장신경계 뉴런의 활동을 증가시켜 위장관 분비와 운동성을 증가시키고, 척수의 흉부 및 상부 요추 부위의 교감 신경 섬유는 장신경계 뉴런을 억제하여 위장관 분비 및 운동성을 감소시킨다. 미주신경의 부교감 신경은 췌장 효소의 분비를 증가시키는 반면, 교감 신경의 자극은 분비 활동을 감소시킨다.

2 소화기계의 구성 및 기능

소화기계는 **위장관(gastrointestinal tract, 소화관)**과 **부속소화기관(accessory digestive organs)**으로 구성된다(그림 9.3). 위장관은 입에서 항문까지 연속되는 근육질 관으로 구강, 인두, 식도, 위장, 소장, 대장을 포함한다. 부속소화기관은 치아, 혀, 침샘, 간, 담낭, 췌장으로 구성되어 있다.

1) 구강(입안, oral cavity)

소화관이 시작되는 구강은 외부에서 음식물을 받아들여 저작(씹기)을 하고 미각 및 발성을 담당하는 부분으로 구강 내에는 혀, 치아와 음식을 섭취하는 데 필요한 부속기관(침샘 등)이 포함되어 있다(그림 9.4).

(1) 혀

혀는 입안의 바닥에 위치하며 음식물을 침과 섞어주고, 미뢰(taste buds)가 있어 미각을 느낄 뿐만 아니라 발성작용에도 중요한 역할을 한다. 통증, 온도, 촉각을 느끼도록 신경이 분포되어 있으며 혈액이 잘 공급되는데, 혀의 표면에 위치하는 혈관은 체온조절기능(예: 개에서 혀를 내밀고 헐떡거림을 통한 열 발산)을 한다. 혀의 윗면은 유두(papillae)라는 작은 돌기들이 돌출되어 있어 털을 고르거나 음식물 덩어리를 인두 아래로 이동시키는 데 도움을 준다.

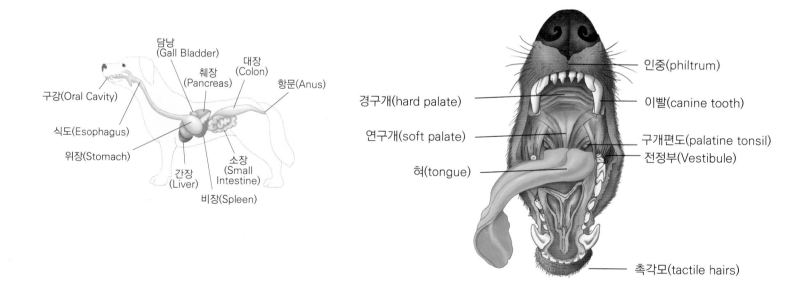

그림 9.3 동물체의 소화기계의 구성

그림 9.4 개의 구강구조

혀의 아랫면을 덮는 점막은 매끈하며 정중앙에는 혀주름띠라는 막 주름이 혀를 입안의 바닥에 고정시키고, 혀주름띠의 양쪽에는 혀 밑샘과 턱밑샘의 통로가 있다. 혀는 외재성 근육과 내재성 근육으로 구성되어, 유연한 조작 및 미세하고 섬세한 움직임이 가능하다.

(2) 치아(이빨)

치아는 음식물을 잘게 자르고 으깨어 음식물과 침이 잘 섞여서 쉽게 목으로 넘어갈 수 있도록 돕는다. 개와 고양이의 치아는 앞니(Incisors), 송곳니(Canines), 작은 어금니(Premolar), 어금니(Molars)로 치아의 종류는 비슷하지만 치아의 개수는 다르다. 전형적인 육식동물인 고양이의 이빨은 저작보다는 찢기에 맞게 적절하게 변형되어 있다. 고양이는 위턱의 첫 번째 작은 어금니, 아래턱의 첫 번째와 두 번째 작은 어금니가 없고 어금니는 위턱과 아래턱 양쪽에 하나의 치아로 구성된다.

치아의 배열(치식)은 앞니 I, 송곳니 C, 작은 어금니 P, 어금니 M으로 표기하며, 각 알파벳 대문자 뒤에 치아의 개수를 숫자로 표시한다 (표 9.3).

표 9.3 치아의 배열(치식)

	젖니(유치)	영구치
개	2(I 3/3, C 1/1, P 3/3) = 28	2 (I 3/3, C 1/1, P 4/4, M 2/3) = 42
고양이	2(I 3/3, C 1/1, P 3/2) = 26	2 (I 3/3, C 1/1, P 3/2, M 1/1) = 30

(3) 침샘(타액선)

입과 혀의 점막에는 타액(침)을 구강으로 방출하는 여러 개의 작은 침샘(광대샘, zygomatic gland)이 있으나, 대부분의 타액은 주요 침샘인 귀밑샘(이하선), 턱밑샘(하악선), 혀밑샘(설하선)에서 분비된다(그림 9.5). 분비되는 타액은 분비선에 따라 장액성(물성), 점액성(점성) 또는 혼합형일 수 있다.

① 귀밑샘(이하선, parotid gland)

침샘 중 가장 크며 양쪽 귀의 아래쪽에 위치하고 깨물근(교근) 위에 있다. 구강까지 연장되는 긴 귀밑샘관을 가지고 있으며, 장액성의 침을 분비한다. 생산되는 전체 타액량의 약 절반을 차지한다.

② 혀밑샘(설하선, sublingual gland)

혀 아래쪽, 턱밑샘 앞 윗쪽에 있는 침샘으로 혼합형 타액(점액이 장액보다 더 많아 진하고 끈끈한 침)을 분비한다.

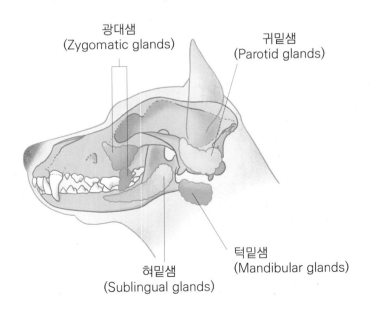

그림 9.5 개의 침샘

③ 턱밑샘(하악선, mandibular glands)

턱밑샘은 아래턱뼈 각진 부분의 안쪽, 입안의 바닥에 위치하고 장액이 점액보다 많은 혼합성 침(타액)을 분비한다.

타액은 윤활, 항균 작용, pH 조절, 체온 조절, 효소 소화 등 많은 기능을 한다. 타액의 주된 성분은 물로 구성되어 있지만 단백질, 전해질, 항체(면역글로불린[IgA]), 당단백질, 기타 유기 분자, 중탄산염 및 효소도 포함한다. 타액에서 발견되는 라이소자임 효소는 면역글로불린과 함께 구강 내 세균수를 조절하는 데 도움이 된다. 전분을 소화하는 효소인 아밀라아제는 구강에서도 분비되지만 음식이 입안에 머무는 시간이 짧기 때문에 소화가 거의 일어나지 않으며 개, 고양이, 반추동물은 생산되는 타액 아밀라아제 양이 적은 편이다.

2) 인두(pharynx) & 식도(esophagus)

인두(Pharynx)는 코 안과 후두, 입안과 식도가 동시에 연결된 구조의 근육 기관으로 코인두(nasopharynx), 입인두(oropharynx), 후두인두(laryngopharynx)로 구분된다. 식도는 인두에서 위까지 이어지는 일직선의 근육질 관으로 식도열공(esophangeal hiatus)이라고 하는 구멍을 통해 횡경막을 관통하여 위장과 연결된다.

(1) 인두와 식도의 기능

음식물이 인두점막에 닿으면 입인두 수용체 자극으로 호흡이 일시적으로 멈추고, 연구개와 목젖이 위쪽으로 이동하면서 코인두가 닫히게 되어 삼킨 음식과 액체가 비강(nasal cavity)으로 들어가는 것을 방지한다. 또한 후두덮개(후두개, Epiglottis)가 기도(공기통로)를 막아서 후두나 기관으로 음식물이 들어가지 않고 입인두와 후두인두를 지나 식도로 들어간다(그림 9.6). 이후 연동운동(근육층의 수축과 이완)이 진행되어 음식물덩어리를 위장 쪽으로 밀어내는 파동이 반복되고, 하부 식도 괄약근(Sphincter)이 이완되어 음식물덩어리가 위로 이동한다. 식도는 소화효소를 생성하지 않으며 흡수도 하지 않는다.

(2) 식도벽의 구조

식도 내부에는 주름 모양으로 형성된 점막이 늘어서 있어 음식물이 통과할 때 확장되고, 음식물이 통과하지 않을 경우에는 서로 납작하게 붙어 세로로 주행하는 주름이 만들어진다. 위 근처의 식도 점막에는 점액샘이 있어 분비되는 점액은 음식물 덩어리를 윤활하고 마찰을 줄이면서 음식물을 위장으로 운반한다.

개, 말, 반추 동물의 경우, 식도 근육은 전체에 걸쳐 골격근(중층편평상피로 압력·마찰에 잘 견딤)으로 이루어져 있다. 고양이와 영장

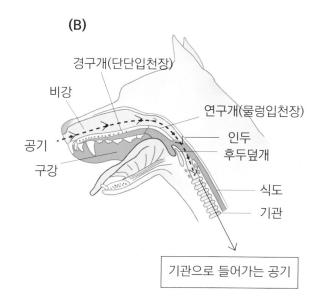

(A)
경구개(단단입천장)
비강
구강
음식
연구개(물렁입천장)
인두
후두덮개
식도
기관
식도로 들어가는 음식

(B)
경구개(단단입천장)
비강
공기
구강
연구개(물렁입천장)
인두
후두덮개
식도
기관
기관으로 들어가는 공기

그림 9.6 음식섭취(A), 호흡(B) 시 구강구조물의 위치

류의 경우 상부 식도근은 골격근이고 말단으로 갈수록 골격근에서 평활근으로 변하여 하부 식도근은 평활근으로 이루어져 있다. 식도의 각 끝 부분에서 근육층은 약간 더 두드러지며 두 개의 괄약근(골격근으로 구성된 상부 식도 괄약근과 평활근으로 구성된 하부 식도 괄약근)을 형성한다. 상부 식도 괄약근은 인두에서 식도로의 음식 이동을 조절하고, 하부 식도 괄약근은 식도에서 위로 음식물이 이동하는 것을 조절한다. 하부식도괄약근(분문괄약근)은 산도가 높은 위 내용물이 식도로 역류하여 점막을 손상시키는 것을 방지하는 역할을 한다.

식도의 제일 바깥층은 외막(adventitia)으로, 층의 결합 조직이 식도가 통과하는 종격동 주변 구조의 결합 조직과 합쳐져서 식도를 주변 구조물에 부착시킨다.

3) 위장(stomach)

위장은 식도와 십이지장을 연결하는 근육으로 된 주머니 모양의 소화기관으로 횡경막 바로 아래에 위치한다. 위장은 식도와 접하는 **분문(cardia)**, **위바닥(fundus)**, **위몸통(body)** 및 십이지장과 이어지는 **유문(pylorus)**으로 구분할 수 있다(그림 9.7). 위장에서 소화되어 죽 상태가 된 음식물은 유문을 통해 소장으로 보내지는데, 유문에는 유

문괄약근이라고 불리는 원형 근육이 있어 위에서 부분적으로 소화된 음식물이 십이지장으로 배출되는 속도를 조절한다.

(1) 위장의 기능

① 저장소 역할
소장으로 배출되기 전까지 위는 섭취한 음식물을 저장하는 역할을 한다.

② 소화기능
음식물을 기계적, 화학적으로 분해하여 유미즙(chyme, 위액과 음식 입자가 섞여 부분적으로 소화된 산성의 액체)을 형성한다.

③ 내인성 인자 생산
소장에서 비타민 B_{12} 흡수에 필요한 내인성 인자를 생산하는 기능을 한다.

④ 호르몬 분비
가스트린을 혈액으로 분비한다.

⑤ 일부 물질의 흡수
위장벽은 대부분의 물질이 투과되지 않으나 물, 특정 이온, 특정 약물(예: 아스피린), 알코올 등을 흡수한다.

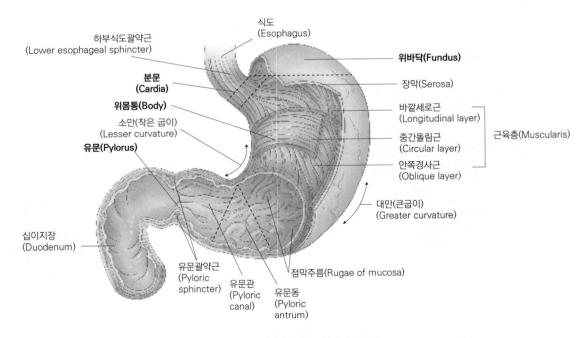

그림 9.7 위장의 해부학적 구조

표 9.4 위샘의 세포 종류와 분비물

세포 종류	분비물
으뜸세포(주세포)	소화효소인 펩시노겐과 리파아제(gastric lipase)를 분비
벽세포(부세포)	염산(HCl)과 내인성인자 분비
	** 고양이에서는 위의 벽세포가 아닌 췌장이 비타민 B$_{12}$를 흡수하는 데 필요한 내인성인자를 분비한다.
점액목세포(점액경세포)	점액을 분비

(2) 위장벽의 구조

다른 소화관과 마찬가지로 점막, 점막하층, 근육층, 장막의 4층으로 이루어진다. 점막의 상피 세포는 고유관까지 확장되어 위샘을 형성한다. 위샘에는 세 종류의 외분비선 세포(주세포, 부세포 및 점액목세포)가 분비물을 위 내강으로 분비하여 위액을 형성한다(표 9.4). 또한, 위샘에는 내분비 세포인 G세포도 있어 위산분비 및 위장 운동을 자극하는 가스트린 호르몬을 혈류로 분비한다.

점막하층은 결합조직으로 구성되어 있다. 위장의 근육층은 특징적으로 안쪽경사근, 중간돌림근, 바깥세로근의 3층의 평활근으로 이루어져 있다(그림 9.7). 안쪽경사근은 위장 특유의 대각선 방향의 근육층으로, 내벽 안쪽으로 많은 점막주름(rugae)을 형성하여 표면적을 넓히고, 위가 음식으로 채워질 때 확장되어 음식을 저장할 수 있게 한다. 바깥세로근은 식도나 십이지장의 바깥세로근과, 중간돌림근은 식도와 십이지장의 안쪽돌림근과 연결과 연결되어 있다.

위장을 덮고 있는 장막은 내장 복막(Peritoneum)의 일부로, 단순 편평 상피와 결합조직으로 구성된다. 위의 소만(작은 굽이) 부위에서 간까지 위쪽으로 확장된 내장 복막은 소망막(작은 그물막), 위의 대만(큰굽이)부위에서 아래쪽으로 계속되어 장을 덮는 내장 복막은 대망막(큰 그물막)이라 한다.

4) 소장(small intestine)

소장은 유문 괄약근에서 맹장까지 이어지는 긴 관으로 **십이지장**, **공장**, **회장**의 세 부분으로 구성된다. 소장의 첫 번째 부분인 십이지장의 안쪽 벽에는 담즙과 췌장액이 분비되는 총담관과 췌장관이 개구하는 대십이지장유두(파터유두)가 있다. 이곳에는 간췌장조임근(오디조임근)이 있어 담즙과 췌장액의 유출을 조절한다. 대십이지장유두 위쪽에는 소십이지장유두가 있으며, 이곳으로는 부췌장관이 개구하고 있다(그림 9.8). 십이지장은 공장으로 연결되는데 주로 복강(abdominal cavity) 위쪽 윗부분에, 회장은 복강 오른쪽 아래 부

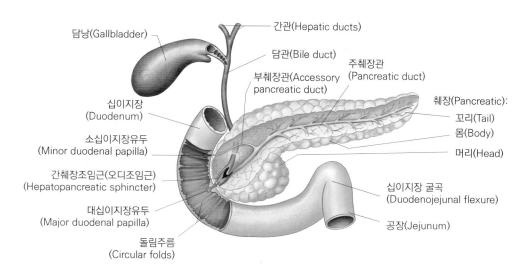

그림 9.8 **십이지장과 주변 부속기관**

위에 위치하며 대장의 시작부위인 맹장으로 이어진다.

(1) 소장의 기능

① 음식물 소화

소장은 소화와 흡수가 주로 이루어지는 장소로 3대 영양소(탄수화물, 단백질, 지방)의 최종분해가 일어나는 곳이다. 소장 안쪽벽에 있는 장샘과 췌장에서 분비되는 소화효소에 의해 화학적 소화가 일어나고, 소장의 분절운동과 연동운동은 장내용물을 소화액과 골고루 섞어 주며 대장 쪽으로 보낸다. 소장에서의 화학적 소화 및 기계적 소화 과정을 통해 최종적으로 탄수화물은 단당류(포도당, 과당 및 갈락토스)로, 단백질은 아미노산으로, 지방은 담즙염의 유화작용과 지질소화의 결과로 주로 모노글리세리드와 지방산(단쇄 지방산 또는 장쇄 지방산)으로 분해된다.

② 완충액 분비

위장에서 넘어온 유미즙은 산성이므로 십이지장 점막의 손상을 방지하기 위해 적절한 완충이 필요하다. 위장에서 분비된 염산을 중화시키는 중탄산나트륨을 포함한 췌장액이 췌장관과 부속관을 통해 십이지장 내로 분비된다.

③ 영양분 흡수

융모(villi)에는 모세혈관과 림프관이 지나고 있어 소화된 영양분을 흡수(위장관에서 모세혈관으로 들어가 혈액이나 림프로 이동하는 것)한다. 영양소와 수분의 상당량이 소장에서 흡수되고, 소장에서 소화되지 않거나 흡수되지 않은 물질은 대장으로 전달된다. 탄수화물, 단백질은 분해되어 융모의 모세혈관으로 흡수되어 간문맥(hepatic vein)을 타고 간으로 이동한다. 지방성분은 지방산과 모노글리세이드로 분해되어 장융모에 흡수된 후 세포 안에서 트리글리세리드로 다시 합성되어 킬로미크론(chylomicron)의 형태로 융모의 암죽관을 통해 림프관으로 들어간다. 혈액이나 림프로 흡수된 영양소는 간문맥 시스템을 통해 간으로 운반되고 간세포에 의해 제거되지 않으면 일반 순환계로 들어간다.

- 탄수화물
  탄수화물은 단당류로 소화되어 흡수된다. 과당은 촉진 확산을 통해, 포도당과 갈락토오스는 2차 능동 수송을 통해 융모의 흡수 세포로 수송되어 융모의 모세혈관으로 들어간다.

- 단백질
  소장에 존재하는 단백질의 95~98%가 소화되어 융모의 흡수 세포로 들어가고 흡수 세포 내부에서 가수분해되어 단일 아미노산이 되면 확산을 통해 융모의 모세혈관으로 들어간다.

- 지질과 담즙염
  모든 식이 지질은 단순 확산을 통해 흡수된다. 양친매성 특성을 가진 담즙염 분자는 소수성의 지질 소화선물을 둘러싸서 '미셀(micell)'이라는 작은 구체를 형성하여 흡수를 돕는다.

- 전해질
  나트륨, 철, 칼륨, 마그네슘, 인산염 이온과 같은 전해질이 능동 수송을 통해 흡수된다.

- 비타민
  지용성 비타민 A, D, E, K는 섭취된 식이 지질과 함께 미셀(micelles)에 포함되어 단순 확산을 통해 흡수된다. 수용성 비타민(비타민 C 및 대부분의 비타민 B)도 단순 확산을 통해 흡수된다. 그러나 비타민 B_{12}는 위에서 생성된 내인성 인자와 결합하여 능동 수송을 통해 회장에서 흡수된다.

- 물
  수분의 상당량이 소장에서 흡수된다.

(2) 소장벽의 구조

소장 내벽은 원형주름(돌림주름, 윤상주름)과 융모가 있고, 융모의 표면은 미세융모를 가지는 단층원주상피세포로 덮여있어 효율적으로 영양분을 흡수할 수 있도록 면적을 넓히는 구조로 되어 있다(그림 9.9). 융모의 안쪽은 1~2개의 모세림프관인 중심암죽관(중심유미관)과 그 주위를 모세혈관 그물이 둘러싸고 있다.

소장점막의 상피 세포 표면에서는 소화효소가 분비된다(표 9.1). 점막 상피의 흡수세포는 음식물을 소화하는 효소를 포함하고 영양분을 흡수하는 미세융모(microvilli)가 있다. 점액을 분비하는 술잔 세포도 상피에 존재한다. 융모 바닥 부위의 소장점막은 샘상피로 둘러싸인 많은 깊은 틈새를 포함하는데, 틈새를 둘러싸는 세포들이 장샘(리버퀸샘)을 형성하고 다량의 묽은 액체를 분비하여 소화와 흡수율을 높여준다. 장샘을 구성하는 세포들은 흡수세포와 술잔세포 외에도 판레스(Paneth)세포와 장내분비 세포가 있다. 소장 점막의 고유판에는 결합 조직이 포함되어 있으며 점막과 관련 림프 조직이 풍부하다. 작은 림프소절들이 다수 존재하는데, 회장 점막 속에

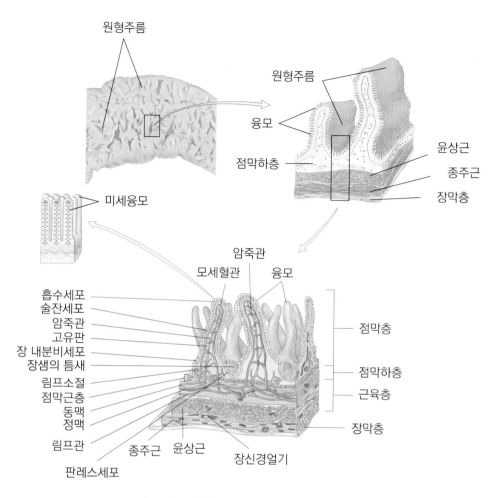

원형주름

원형주름

융모

윤상근

종주근

장막층

점막하층

미세융모

암죽관

모세혈관

융모

흡수세포
술잔세포
암죽관
고유판
장 내분비세포
장샘의 틈새
림프소절
점막근층
동맥
정맥
림프관
종주근   윤상근
판레스세포
장신경얼기

점막층

점막하층

근육층

장막층

그림 9.9 소장벽의 해부학적 구조

는 림프소절들이 밀집된 무리림프소절(Peyer's patches)가 있는 것이 특징이다.

점막하층에는 맑고 점성이 높은 알칼리성 점액을 다량 분비하는 점액분비선(십이지장의 Brunner's gland)이 있다.

근육층은 안쪽돌림층과 바깥세로층으로 구성되며 근육층의 율동적 수축은 소장의 분절운동과 연동운동을 일으킨다.

장막은 소장벽을 구성하는 가장 바깥쪽 층으로 소장의 장막은 내장복막(장측복막)의 일부로 복막과 연결된다. 공장과 회장은 소장벽에 영양을 공급하는 혈관, 신경과 림프관을 지지해주는 장간막(2겹의 복막주름)에 의해 뒤쪽 배벽 체벽에 매달려 있다.

5) 대장(large intestine)

대장은 위장관의 말단 부분으로 소장 끝부분과 연결되는 부위인 회맹장 괄약근에서 항문까지이며 **맹장, 결장, 직장, 항문**관으로 구분된다. 맹장은 회맹장 괄약근 아래쪽에 위치한 주머니 모양의 구조로 회장에서 대장으로 이어지는 부위에는 두 개의 판막으로 형성된 회맹판(대장쪽에 돌출되어 있는 입술모양의 주름구조)이 있어 대장의 내용물이 소장으로 역류하는 것을 막아준다. 맹장의 끝부분에는 맹장꼬리(충수)가 있는데 대부분 기능하지 않는 흔적기관으로 소화기능은 없다. 결장은 상행결장, 횡행결장, 하행결장, S자형결장으로 구분된다(그림 9.10). 직장은 아래쪽으로 향하고, 꼬리뼈 끝에서 항문으로 굽어진다. 항문에는 항문괄약근이 있어 분변이 몸 밖으로 배출되는 것을 조절한다.

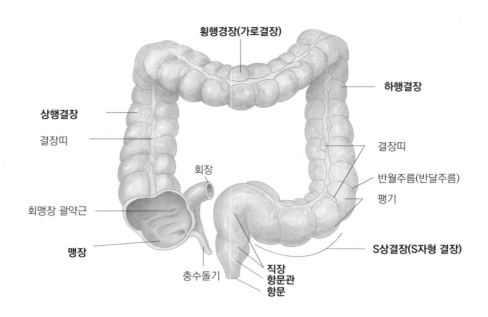

횡행경장(가로결장)

하행결장

상행결장

결장띠

결장띠

회장

반월주름(반달주름)

회맹장 괄약근

팽기

맹장

S상결장(S자형 결장)

충수돌기

직장
항문관
항문

그림 9.10 대장의 해부학적 구조

(1) 대장의 기능

① 대장내용물을 이동

대장운동은 대장의 안쪽돌림근과 바깥세로근의 복합작용을 통해 일어나며, 팽기수축, 연동 운동 및 집단수축운동에 의해 결장의 내용물은 직장으로 이동된다.

대장에서는 소장에서의 연동파 대신에 집단수축운동이라 불리는 다른 형태의 운동에 의하여 장내용물을 아래로 내려보낸다. 이 운동은 위-대장반사에 의해 일어나며 식사 후에 위가 충만하게 되든지 십이지장내에 음식물이 들어가면 대장의 안쪽돌림근(윤상근) 및 바깥세로근(종주근)이 동시에 강력히 수축하여 대장의 팽기가 소실되고 대장의 길이가 짧아져서 대장의 내용물이 S자형 결장과 직장 내로 일시에 운반된다.

② 장내 세균들의 도움으로 비타민을 합성

대장에 있는 세균들은 단백질을 아미노산으로 전환하고 아미노산을 분해하며 일부 비타민 B와 비타민 K를 생성한다.

③ 물, 이온, 비타민의 일부 흡수

영양분의 흡수는 거의 일어나지 않으나, 수분과 전해질을 흡수하여 내용물이 고형화된다.

④ 대변의 형성 및 배변(대변 배출)

소장에서 소화되지 않고 남은 음식의 찌꺼기(셀룰로오스와 섬유질), 수분과 전해질, 세균 및 가스로 구성된 대장의 내용물은 고형화되어

TIP 팽기수축

소장의 분절운동과 비슷한 맹장과 상행결장에서 주로 볼 수 있는 대장운동으로, 대장의 바깥세로근이 몰려있는 결장띠가 수축하면 반월(반달)주름과 팽기를 형성하면서 울룩불룩한 주머니 모양이 되는데 이를 팽기수축이라 한다.

TIP 집단수축운동

대장의 고유한 수축 운동으로 결장분절이 동시에 수축하면서 장내 용물을 아래로 내려보내는 운동이다. 주로 횡행결장 및 하행결장에 걸쳐서 일어나지만 배변시에는 S상결장에서도 일어나며 내용물이 이동하고 배변 반사로 대변이 배출된다.

저장되어 있다가 직장이 변으로 채워지면 직장 근육은 수축하고 항문근육은 이완되는 배변반사가 일어나고 변이 배출된다.

(2) 대장벽의 구조

대장벽은 전형적인 4개의 층(점막, 점막하층, 근육층, 장막)으로 구성된다. 대장내벽은 소장에서 나타나는 원형주름과 융모가 없어서 매끈하다. 점막상피는 대부분 단순원주상피이나, 직장의 끝부분은 중층편평상피로 구성되고 항문에서 피부로 이행한다. 점막 깊숙이 곧게 뻗은 관형 장샘(리베르쿤 선와)을 에워싸는 상피는 술잔세포가 대부분을 차지하며 미분화세포, 흡수세포 및 장크롬친화성세포가 점막을 구성하고 있다. 술잔 세포는 결장 내용물의 통과를 윤활하는 점액을 분비하며, 흡수 세포에는 미세융모가 존재하여 주로 물흡수 기능을 한다. 단독 림프절은 점막의 고유판에서도 발견되며 점막근층을 통과하여 점막하층까지 확장될 수 있다.

점막하층은 결합 조직으로 비교적 두껍게 형성되어 있으며 혈관과 신경, 림프관이 존재한다.

근육층은 2층의 평활근(안쪽돌림근과 바깥세로근)으로 구성되나, 다른 위장관 부분과 다른 점은 바깥세로근이 장관 전체에 고르게 분포되어 있지 않고 세 부위에만 몰려 띠 모양의 구조(결장띠)를 형성한다는 점이다. 직장의 끝부분에 있는 안쪽돌림근은 특히 발달되어 속항문조임근(괄약근)이 되고 그 바깥쪽에는 골격근육으로 형성된 바깥항문조임근(괄약근)이 있다. 평활근의 속항문조임근은 조절이 불가능하나 골격근의 바깥항문조임근은 조절가능하다.

장막(serosa)은 가장 바깥쪽을 구성하는 조직으로 대장의 장막은 내장 복막(장측복막)의 일부로 복막과 연결된다.

6) 부속소화기관(Accessory Digestive Organs)

(1) 간(liver)

간은 소화관은 아니지만 음식물의 소화와 영양 대사에 중요한 역할을 하는 부속기관으로 다량의 혈액이 통과한다. 신체의 가장 큰 내장기관으로 횡경막 바로 아래, 복부의 오른쪽 위에 위치한다. 부분적으로 갈비뼈에 둘러싸여 있으며 색은 적갈색으로 혈관이 잘 발달되어 있다.

간소엽(hepatic lobule)은 간의 구조적, 기능적 단위로 하나의 소엽은 중앙에 중심정맥을 중심으로 간세포들이 방사상으로 뻗어있고, 굴모세혈관(동양혈관), 성상세망내피세포(쿠퍼 세포)를 포함한다. 영양혈관인 고유 간동맥(proper hepatic artery)에서 산소와 영양분을 포함한 혈액이 굴모세혈관으로 공급되고, 동시에 기능혈관인 간문맥(hepatic portal vein)을 통해 소화관에서 새롭게 흡수된 영양분이 굴모세혈관으로 운반되어 중심정맥을 지나 간정맥을 통해 간을 빠져나간다.

간은 문맥계통으로부터 영양소를 받아들여 탄수화물대사(당원의 합성과 분해 및 저장), 지방대사(지질의 합성, 분해 및 동원, 지방산의 산화), 단백질 대사(단백질 이화작용의 최종 산물을 요소와 요산으로 전환, 혈액응고인자와 같은 혈장 단백질을 합성)를 한다. 또한, 간은 문맥 혈액 내 유해 물질을 덜 유해하거나 무해한 화합물로 전환하는 해독작용을 하며, 약물 및 호르몬 처리, 적혈구 파괴로 생긴 빌리루빈의 배설, 담즙산 합성, 비타민(비타민 A, D, B_{12})과 미네랄(Fe)의 저장, 식균 작용, 비타민D 활성화 기능을 한다. 담즙(bile, 쓸개즙)을 생성·분비하고, 장액의 pH를 완충하고, 태아기 동안에는 조혈 기능도 한다.

(2) 담낭(gallbladder, 쓸개)

담낭은 간에서 생성된 담즙을 농축하고 임시 저장하는 주머니 모양의 소화기관으로, 간의 아랫면에 부착되어 있다. 담즙산, 담즙색소, 콜레스테롤, 전해질 등으로 구성된 담즙은 소화효소는 포함하고 있지 않지만, 지방을 유화시키고 리파아제(지질분해효소)의 효과를 높이는 기능을 하여 지방소화를 돕는다.

지질의 유화 및 흡수에 참여한 후 대부분의 담즙산은 회장 말단 점막에서 능동 수송에 의해 재흡수되고 혈액을 타고 간문맥을 지나 간으로 되돌아가서 재활용된다. 이를 담즙산의 장간순환(enterohepatic circulation)이라고 한다.

담즙의 구성 비율이 일정치 않거나 감염이 되는 경우에는 콜레스테롤이 침전되어 고체의 결정을 형성하기도 하는데, 이 결정이 커져 담석을 형성한다. 담관의 담석은 담즙의 흐름을 막아 폐쇄성 황달을 유발하며 통증을 일으키기도 한다.

(3) 췌장(pancreas, 이자)

췌장은 소화액을 분비하는 외분비선과 호르몬을 분비하는 내분비선을 동시에 가진 길고 약간 납작한 장기이다(내분비 기능에 대해서는

6장 동물체의 내분비계 참조).

외분비선으로서 췌장은 췌장액을 췌장관과 부속관을 통해 십이지장 내로 분비하는데, 췌장액에는 위장에서 분비된 염산을 중화시키는 중탄산나트륨과 소화효소[탄수화물(췌장 아밀라제), 단백질(트립신, 키모트립신, 카르복시펩티다제, 엘라스타제), 중성지방(췌장 리파아제), 핵산(리보뉴클레아제, 디옥시리보뉴클레아제)]가 포함되어 있다(표 9.1). 췌장에서 분비되는 소화효소는 주췌장관을 통해서 온쓸개관(총담관)과 합류하거나 또는 단독으로 십이지장유두로 열려진다(그림 9.8).

- 가수분해 반응(hydrolysis reactions): 물 분자가 들어가면서 화학결합이 파괴되어 두 개 이상으로 분해되는 화학반응
- 고유판(lamina propria): 결합조직으로 이루어진 얇은 층으로 소화기계를 포함한 신체의 다양한 부위를 둘러싸고 있는 점막의 일부
- 술잔세포(배상세포, goblet cell): 소화관 내강을 구성하는 단순원주상피세포 속에 산재해있는 점액을 분비하는 술잔모양의 세포
- 장막(serosa): 결합 조직이 단층편평상피로 덮인 소화관의 제일 바깥층
- 외막(adventitia): 결합 조직이 주변 구조의 결합 조직과 합쳐진 소화관의 제일 바깥층
- 미뢰(taste buds): 구강에 있는 세포로 맛을 느끼는 역할을 하는 미각세포가 꽃봉오리처럼 겹쳐진 구조
- 인두(Pharynx): 후두상부에 위치하는 소화기관의 일부로 구강, 후두와 식도를 연결하는 공간
- 식도열공(esophangeal hiatus): 가로막(횡경막)의 좁은 구멍으로 식도와 복강 내 위와 연결되기 위해 지나는 통로
- 괄약근(Sphincter): 한 기관에서 다른 기관으로 액체 및 고체의 이동을 통제하는 고리 모양의 근육

- 유미즙(chyme): 산성의 액상 물질로 위액과 음식물이 섞여 부분적으로 소화된 위장에서 소장까지 이동하는 혼합물
- 복막(Peritoneum): 복벽, 복강 및 일부 골반강의 내장을 싸고 있는 일종의 장막
- 복강(abdominal cavity): 내장 대부분이 모여 있는 복부 내부의 공간으로 복강의 위로는 가로막(횡경막)에 의해 흉강과 구분되고 아래로는 골반부와 접함
- 융모(villi): 소장벽에서 영양소를 흡수하는 표면적을 증가시키기 위한 구조로 소장의 내면 점막 주름 표면에 위치한 손가락 모양의 돌기
- 킬로미크론(chylomicron): 소장 상피세포에서 중성지방, 인지질, 콜레스테롤 등의 지질과 단백질로 형성된 지단백질(lipoprotein)로 미세융모의 림프관을 타고 혈관(정맥)으로 이동하는 형태
- 미셀(micelles): 단층의 인지질로 구성된 구형의 집합체로 소수성을 띄는 꼬리부분은 안쪽으로, 친수성을 띄는 머리부분은 바깥으로 향한 양친매성(amphipathic) 분자
- 빌리루빈(Bilirubin): 적혈구가 분해되었을 때 분비되는 색소

복습문제

1. 소화관 벽의 구조를 내부에서부터 올바르게 나열한 것은?

   ① 점막층-점막하층-장막-근육층

   ② 점막층-점막하층-근육층-장막

   ③ 점막층-장막-근육층-점막하층

   ④ 점막하층-점막층-근육층-장막

   ⑤ 장막-점막하층-근육층-점막층

2. 음식물이 기도로 유입되는 것을 방지하는 구조물은?

   ① 후두인두

   ② 후두덮개

   ③ 경구개(단단 입천장)

   ④ 연구개(물렁 입천장)

   ⑤ 목젖

3. 식도와 연결되는 위의 부위는?

   ① 유문

   ② 분문

   ③ 위바닥

   ④ 위몸통

   ⑤ 소만

4. 위의 유문에서 십이지장으로 음식을 보낼 때 관여하는 윤상모양의 근육은?

   ① 식도괄약근

   ② 분문괄약근

   ③ 유문괄약근

   ④ 오디괄약근

   ⑤ 회맹장괄약근

5. 쓸개즙(담즙)과 췌장액이 분비되고 오디조임근(오디괄약근)이 위치하고 있는 기관은?

   ① 십이지장

   ② 회장

   ③ 맹장

   ④ 결장

   ⑤ 직장

6. 소장의 융모(villi)를 구성하는 상피세포는?

   ① 단층원주상피

   ② 중층원주상피

   ③ 단층입방상피

   ④ 중층입방상피

   ⑤ 중층편평상피

7. 다음 중 점막의 표면적을 증가시키는 데 관여하는 소화관 벽의 구조는?

   ① 원형주름

   ② 림프절

   ③ 반원주름

   ④ 결장띠

   ⑤ 고유판

8. 다음 중 위장에 대한 설명 중 틀린 것은?

   ① 식도로부터 넘어온 음식물 저장

   ② 위액의 분비

   ③ 알코올을 선택적으로 흡수

   ④ 음식물의 수분 및 영양소의 흡수

   ⑤ 비타민 B_{12} 흡수에 필요한 내인성 인자를 생산

9. 개의 주요 침샘이 아닌 것은?

① 이하선

② 하악선

③ 설하선

④ 광대선

⑤ 어금니선

10. 다음 중 간의 기능에 관한 설명으로 옳지 않은 것은?

① 요소의 파괴

② 담즙의 생산

③ 해독작용

④ 적혈구의 파괴

⑤ 혈장 단백질 합성

정답: 1.② 2.② 3.② 4.③ 5.① 6.① 7.① 8.④ 9.⑤ (설명) 어금니치은 고양
이의 주요 5개(이하선, 하악선, 설하선, 아랫니은, 광대선)에 속한다. 10. ①

📁 참고문헌

1. Principles of ANATOMY & PHYSIOLOGY(15th Edition) GERARD J. TORTORA&BRYAN DERRICKSON.

2. Atlas of Feline Anatomy for Veterinarians(2nd Edition).

3. Clinical Anatomy and Physiology for Veterinary Technicians(4th Edition) Thomas P. Colville, Joanna M. Bassert.

4. (그림출처) https://namu.wiki/w/%EC%8B%AD%EC%9D%B4%EC%A7%80%EC%9E%A5

CHAPTER 10

동물체의 비뇨기계

학습목표

- 체내 항상성 유지를 위한 비뇨기계 역할을 이해한다.
- 비뇨기계 기관의 해부학적 명칭, 특징, 역할을 이해한다.
- 소변의 생성 기전(여과, 재흡수, 분비)을 이해한다.
- 소변이 배출되는 배뇨의 기전을 이해한다.
- 콩팥의 체액과 내분비 조절 기능을 이해한다.

학습개요

꼭 알아야 할 학습 Must know points

- 비뇨기계의 구성과 기능
- 비뇨기계의 생리학적 역할
- 배뇨의 기전

알아두면 좋은 학습 Good to know

- 비뇨기계 위치에 따른 세부 구조
- 비뇨기계 생리적 기전을 통한 체액과 혈압 조절

동물은 생명 유지를 위해 마시고, 먹고, 숨쉬는 등 다양한 대사 (metabolism)활동을 하며, 이후 쓰고 남은 물질이나 노폐물은 소변, 대변, 호흡을 통해 몸 밖으로 내보낸다. 비뇨(urinary)는 콩팥(신장, kidney)에서 소변(urine)이 생성되는 것을 의미하며, 비뇨기계 (urinary system)에 해당하는 기관을 통해 몸 밖으로 나가게 된다. 동물은 각자의 신체 상태에 따라 소변의 성분과 양을 조절하여 체액의 항상성(homeostasis)을 유지한다. 그러므로 소변이 정상범위 수치를 벗어났다면 이는 단순히 물을 충분히 마시지 못해서 일 수도 있지만, 해부학적 구조의 이상이나 질병에 의한 신호일 수 있다. 더불어 비뇨기계 일부 세포는 전신에 영향을 주는 호르몬을 분비하므로, 동물보건사는 소변을 단순히 얼른 치워야 하는 냄새 나는 배설물로만 이해하거나 취급해선 안 된다.

1 비뇨기계의 구조와 기능

비뇨기계는 한 쌍의 콩팥(kidney)과 한 쌍의 요관(ureter), 한 개의 방광(urinary bladder)과 요도(urethra)로 이루어져 있다(그림 10.1). 소변이 생성되어 배출되는 경로이므로 이를 요로(urinary tract)라고 부른다. 소변이 만들어지는 콩팥은 순환되는 혈액을 여과하는 토리 (사구체, glomerulus)와 여과한 소변이 이동하는 요세관(uriniferous tubule), 소변이 모이는 집합관(collecting duct)으로 구성되어 있다. 만들어진 소변은 요관을 따라 방광으로 보내지고 축적된 소변은 요의(오줌 마려움)에 의해 요도를 통해 나온다. 해부학적으로 수컷의 요도는 암컷보다 길고 정액의 통로이기도 하므로 그 위치와 구조의 다름을 이해하고 있어야 한다.

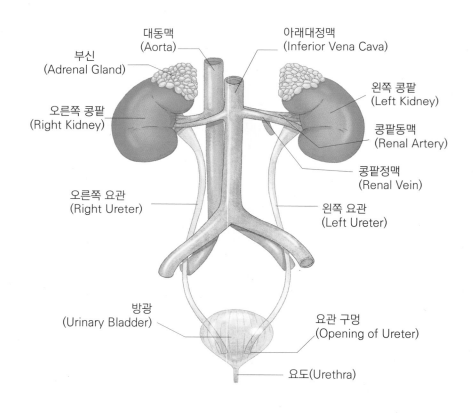

그림 10.1 비뇨기계 기관(Urinary System)의 구조

콩팥의 표면은 매끄럽고 두꺼운 껍질인 피막(capsule)이 덮여있다. 심장에서 나온 혈액의 20~25%가 빠른 속도와 압력으로 콩팥을 지나가며 소변이 생성되므로 피막은 장기를 보호하고 비정상적으로 부풀지 않게 하는 구조적 안정성을 제공한다. 가장자리는 볼록하고 안쪽은 오목한 모양인데 안쪽에 콩팥 문(신장문, renal hilum)이 있어 이곳으로 혈관, 신경, 요관, 콩팥 깔때기(신우, renal pelvis)가 지난다.

1) 콩팥

(1) 콩팥의 형태

콩팥(신장, kidney)은 좌우 한 쌍으로 흉추(thoracic vertebra)와 요추(lumbar vertebra) 아래, 복막 뒤쪽 공간(retroperitoneal cavity)에 지방조직으로 둘러싸여 위치하고 있다(그림 10.2). 정상적인 콩팥은 양쪽이 같은 크기와 모양을 가진다. 동물별로 차이가 있는데 개는 약 3~10cm 길이, 30~90g 무게의 강낭콩(bean) 모양이며, 고양이는 약 3~4cm, 20~30g의 계란형(oval)이다. 콩팥의 바로 위에는 부신(adrenal gland)이 지방조직에 둘러싸여 있으며, 왼쪽 콩팥은 해부학적으로 위와 비장에 닿아 있다. 개, 고양이 모두 오른쪽 콩팥이 왼쪽보다 조금 앞쪽에 자리 잡고 있는 해부학적 특징을 가진다.

(2) 콩팥의 구조

콩팥의 내부는 표면에 가까운 부분부터 겉질(피질, cortex), 속질(수질, medulla), 콩팥 동굴(신동, renal sinus)로 구성되어 있다. 겉질은 소변을 생성하는 기본 구조인 콩팥단위(신장단위, nephron)와 곱슬세관(곡요세관, convulted tubule)이 많이 분포하고 있어 불규칙하고 미세한 과립 모양을 보인다. 속질은 겉질이 파고들어가 만든 콩팥기둥(신주, renal column)과 원뿔 모양의 콩팥피라미드(신주체, renal pyramid)로 구성되어 있다. 속질 깊숙한 곳에는 소변을 농축하는 헨레고리(Henle's loop)가 있고 속질 피라미드 끝에는 생성된 소변이 모이는 콩팥유두(신유두, renal papilla)가 있다. 콩팥 안쪽 콩팥 동굴에는 콩팥잔(신배, calyx)과 콩팥 깔때기(신우, renal

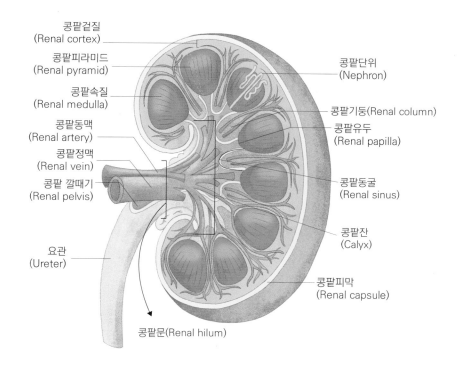

콩팥겉질 (Renal cortex)
콩팥피라미드 (Renal pyramid)
콩팥속질 (Renal medulla)
콩팥동맥 (Renal artery)
콩팥정맥 (Renal vein)
콩팥 깔때기 (Renal pelvis)
요관 (Ureter)
콩팥문(Renal hilum)
콩팥단위 (Nephron)
콩팥기둥(Renal column)
콩팥유두 (Renal papilla)
콩팥동굴 (Renal sinus)
콩팥잔 (Calyx)
콩팥피막 (Renal capsule)

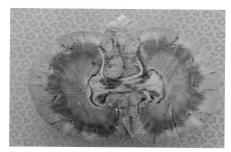

(A) 개의 콩팥 단면

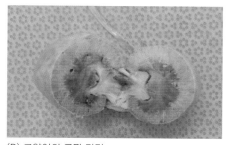

(B) 고양이의 콩팥 단면

그림 10.2 콩팥의 구조 [A. 개, B. 고양이]

pelvis)가 있다. 콩팥 문이 콩팥 안으로 이어지는 공간(space)으로 콩팥유두의 소변이 콩팥잔으로 모이고 이후 다시 콩팥 깔대기로 모여 요관으로 연결된다(그림 10.2).

① 콩팥단위(신장단위, nephron)

콩팥단위(신장단위, nephron)란 소변을 만드는 콩팥의 기능적 단위로 한 개의 콩팥소체(신소체, renal corpuscle)와 요세관(uriniferous tubule)을 무리 지어 일컫는 용어이다(그림 10.3). 한 개의 콩팥에 사람은 약 100만 개, 개와 고양이는 각각 약 40~60만, 약 20~30만 개의 콩팥단위가 존재한다. 콩팥단위는 순환 혈액을 여과하여 소변을 만들며 요세관에서 필요한 물질은 재흡수하고, 불필요한 물질은 분비하여 소변을 농축한다. 신체는 효율성이 높은 기관으로 대부분의 물질은 재흡수하여 재활용하며 필요하지 않은 물질을 배설한다.

② 콩팥소체(신소체, renal corpuscle)

콩팥소체(신소체, renal corpuscle)는 콩팥겉질에 있는 공 모양의 작은 구조물이다. 콩팥으로 들어오는 들세동맥(수입세동맥, afferent arteriole)과 나가는 날세동맥(affrent arteriole)이 실뭉치처럼 뭉쳐져 있는 토리(사구체, glomerulus)와 토리를 컵 모양으로 감싸고 있는 토리주머니(사구체낭, 보우먼주머니, glomerularcapsule)로 구성되어 있다. 토리의 들세동맥은 날세동맥보다 직경이 크고 길이가 짧아 높은 압력이 유지되는데 이 힘의 차이로 혈액이 토리주머니로 여과된다. 토리주머니의 바깥쪽은 토리쪽곱슬세관과 닿아 있고 안쪽은 특수하게 분화된 발세포(podocyte)가 토리와 접하고 있다. 토리를 지나는 혈액은 토리 혈관의 내피세포(endothelium), 토리 바닥막(glomerular basement membrane), 발세포(podocyte)로 이루어진 여과막(filtration membrane)을 통과하면서 바깥쪽과 안쪽의 공간인 요공간(urinary space)에 소변을 만들어 낸다. 혈장 안의 알부민(albumin)이나 적혈구(red blood cell) 등은 여과되지 않는데 이는

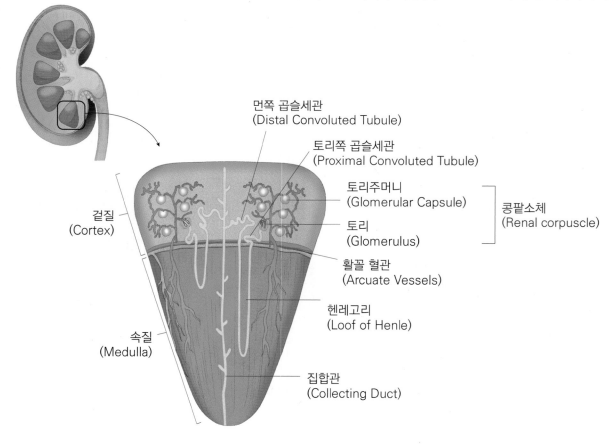

먼쪽 곱슬세관
(Distal Convoluted Tubule)

토리쪽 곱슬세관
(Proximal Convoluted Tubule)

토리주머니
(Glomerular Capsule)

토리
(Glomerulus)

콩팥소체
(Renal corpuscle)

활꼴 혈관
(Arcuate Vessels)

헨레고리
(Loof of Henle)

집합관
(Collecting Duct)

겉질
(Cortex)

속질
(Medulla)

그림 10.3 콩팥단위(nephron)의 구조

토리의 모세혈관을 감싸고 있는 발세포 돌기(foot process) 사이 틈새보다 이들의 크기가 크기 때문이다. 그러므로 정상 소변에서는 알부민과 적혈구가 나오지 않으며, 소변으로 이들이 나온다면 여과막 기능이 저하되었거나 손상된 것일 수 있다.

③ 토리곁장치(juxtaglomerular apparatus)

토리곁장치(juxtaglomerular apparatus)는 먼쪽곱슬세관(원위곡요세관, distal convoluted tubule)이 콩팥소체 가까이에서 혈관과 맞닿는 부분에 특수하게 변형된 세포 구조물을 의미한다(그림 10.4). 들세동맥의 평활근 세포가 변형된 토리곁세포(juxtaglomerular cell)와 먼쪽곱슬세관의 상피세포가 변형된 치밀 반점(macula densa)으로 특화(특정한 기능을 수행하도록 변화)되어 있다. 이들은 콩팥으로 들어오는 혈액의 양과 나트륨 농도의 변화를 감지하여 체액과 콩팥의 항상성을 유지한다. 들세동맥의 혈류가 감소할 때 토리곁세포

(juxtaglomerular cell)는 레닌(renin)이라는 호르몬을 분비하여 나트륨의 재흡수를 촉진 시킨다. 요세관의 나트륨 농도가 낮아지면 먼쪽곱슬세관의 치밀 반점은 토리곁세포로 신호를 보내 토리곁세포의 레닌 분비를 촉진한다. 체액이 부족하거나 농도가 낮아지면 혈압에 문제가 생기고 결국 신장에 손상이 일어나므로 이를 막기 위해 나트륨의 삼투 작용을 일으켜 혈액의 양과 농도를 유지하는 것이다.

④ 요세관(uriniferous tubule)

요세관(uriniferous tubule)은 토리주머니에서 연결되어 나와 겉질→속질→겉질→속질을 왕복하는 가느다란 관으로 어느 부위에 근접하느냐에 따라 토리쪽곱슬세관(근위곡요세관, proximal convoluted tubule), 헨레고리(loop of Henle), 먼쪽곱슬세관(원위곡요세관, distal convoluted tubule), 집합관(collecting duct)으로 불리며 여러 개의 곱슬 세관은 모여서 하나의 집합관이 된다(그림 10.5). 토리쪽

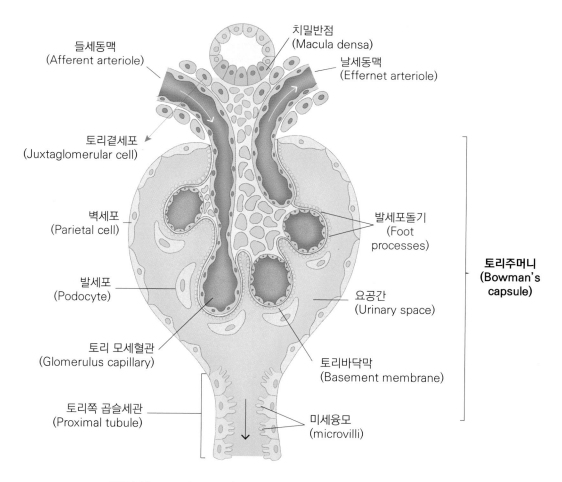

그림 10.4 토리곁장치(juxtaglomerular apparatus)의 구조

곱슬세관은 콩팥소체와 연결되어 겉질에선 구불구불하게 꼬여 있으며 속질로 들어가면서 곧게 내려간다. 요세관은 토리에서 여과된 물질의 70%를 재흡수하고 약물이나 독성 물질 등을 분비하기 때문에 노폐물의 배설과 체액의 균형에 가장 중요한 역할을 한다. 헨레고리는 토리쪽곱슬세관과 먼쪽곱슬세관을 잇는 관으로 U자 모양을 이룬다. 겉질에서 속질로 내려갈 때는 수분을, 올라올 때는 나트륨, 염소 등을 흡수해 농도 차이를 만듦으로써 소변을 농축하고 소변 성분을 세밀하게 조정한다. 먼쪽곱슬세관은 콩팥단위의 마지막 부분으로 콩팥소체 부위에서 구불구불하게 꼬여 있다가 속질의 집합관으로 이어진다. 집합관에는 물 분자를 선택적으로 통과시키는 아쿠아포린(aquaporin)이라는 단백질 통로가 분포하는데 뇌하수체 후엽에서 분비되는 항이뇨호르몬(antiuretic hormone, ADH)이 통로의 발현을 조정해 수분 재흡수 여부를 조절한다.

⑤ 콩팥의 혈관

콩팥은 혈관이 풍부한 기관으로 심박출량의 약 25%에 해당하는 혈액이 지속해서 통과한다. 배대동맥(복부대동맥, abdominal aorta)에서 나온 좌우 콩팥동맥(renal artery)이 콩팥문(hilum)을 통해 콩팥으로 들어가며, 속질에서 피질로 들어가 들세동맥을 이룬다. 이후 토리를 지나 날세동맥이 되고 요세관 근처에서 재흡수와 분비를 위해 요세관 주위 모세혈관(peritubular capillaires)이 된다. 이 중 헨레고리를 따라 곧게 내려가는 혈관을 특별히 곧은 혈관(직혈관, vasa recta)이라 부른다. 모세혈관을 거쳐 정맥이 된 혈관은 콩팥 정맥(renal vein)으로 모이며 콩팥 정맥은 아래대정맥(하대정맥, inferior vena cave)에 합쳐져 심장으로 들어간다.

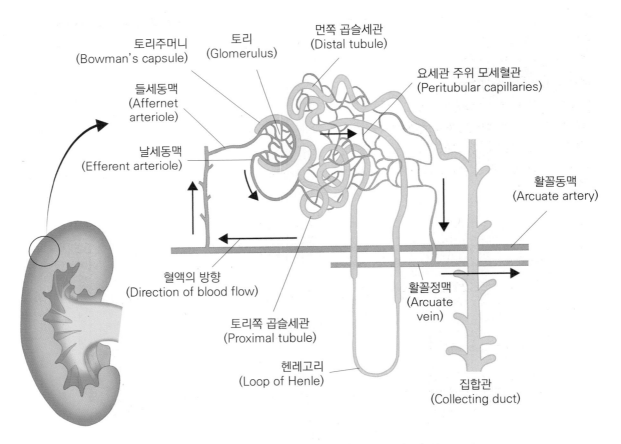

그림 10.5 요세관(uriniferous tubule)의 구조

2) 요관(ureter)

요관(ureter)은 소변이 콩팥깔때기(신우, renal pelvis)에서 콩팥문을 지나 방광으로 들어가는 민무늬근(smooth muscle)으로 된 관이다. 소변이 콩팥깔때기 내에 어느 정도 모이면 콩팥깔때기가 수축하여 소변을 콩팥에서 요관으로 밀어내고, 이후 연동운동(peristalsis)을 통해 방광으로 소변을 보낸다. 요관에는 통증을 느끼는 통각수용기(nociceptor)가 많이 분포되어 있어 요로결석(urinary calculus)이 있을 경우, 자극과 압박으로 극심한 통증이 발생할 수 있다.

> **임상적 고려 사항(Clinical considerations)**
>
> • 결석(calculus 또는 stone)은 식이, 산-염기, 전해질 불균형으로 소변 성분 결정이 농축되어 생기며 비뇨기계 모든 부분에서 형성될 수 있지만 요관에서 특히 통증이 심하다.

3) 방광(urinary bladder)

방광(urinary bladder)은 좌우 요관에서 운반된 소변을 일시적으로 저장하는 신축성 있는 근육 주머니이다. 방광의 용량은 개는 약 100~600ml, 고양이는 약 100~200ml로 품종별로 다양하나 동물 간에도 개체 차이가 큰 편이다. 방광의 벽은 안쪽부터 점막, 점막밑조직, 근육층, 바깥막으로 구성된다. 방광의 바닥 쪽에는 요관이 연결되는 구멍이 2개가 있는데, 요도가 시작되는 부위와 연결하여 방광삼각(vesical trigone)이라고 부른다. 이 부위는 방광의 소변이 들어오고 나가는 부위이기 때문에 다른 부위와 달리 주름이 없고 매끄럽다. 소변을 누는 배뇨(micturition)는 근육의 수축 운동으로 일어나는데, 요도 시작 부위에 속요도조임근(내요도 괄약근, internal urethral sphincter muscle)이 요도의 폐쇄 여부를 조절한다.

4) 요도(urethra)

요도(urethra)는 방광에서 모여진 소변이 연동운동을 통해 체외로 나가는 관이다. 요도의 길이와 기능은 해부학적으로 수컷과 암컷에 차이가 있다. 암컷의 요도는 수컷에 비해 짧으며 항문과 가깝다. 관리가 잘되지 않으면 세균 등이 쉽게 요도에 침입하여 방광염 등의 요로(urinary tract) 상행 감염이 일어나기 쉬우므로 청결에 주의해야 한다. 수컷의 요도는 소변뿐 아니라 정액도 배출된다. 상대적으로 길고 좁은 구조를 가지므로 결석이 생길 경우, 제거가 어렵고 통증이 심하지만, 상대적으로 암컷보다 감염의 위험은 적은 편이다.

2 비뇨기계의 생리

비뇨기계에서 가장 중요한 기관은 콩팥으로, 아래의 주요 기능은 꼭 알아두도록 한다.

> **TIP 콩팥의 기능**
>
> ① 대사 과정에서 발생하는 요소, 암모니아, 크레아티닌과 같은 질소 노폐물을 배설한다.
> ② 외부에서 체내로 들어 온 독소, 약물 등의 물질을 제거한다.
> ③ 수분 배설을 통해 혈액량과 혈액 내 전해질을 조절한다.
> ④ 수소이온(H^+)의 배설을 조절하여 체액의 산-염기 균형(혈액의 pH)을 조정한다.
> ⑤ 나트륨 농도나 혈압이 낮아지면 레닌(renin)이라는 호르몬을 분비해 혈압을 조절한다.
> ⑥ 산소농도에 따라 에리스로포이에틴(erythropoietin)을 분비해 골수의 적혈구 생성을 자극한다.

1) 소변의 생성과 배뇨

소변은 토리에서의 여과(filtration), 요세관에서의 재흡수(reabsorption), 분비(secretion) 과정을 통해 생성되고 배설(excretion)되며(그림 10.6), 소변의 양과 성분은 섭취한 수분과 음식물의 종류, 건강 상태에 영향을 받는다. 개의 소변 pH는 약 7.0~7.5이며, 비중은 물을 1.000으로 했을 때 1.015~1.045이다. 고양이는 약 6.3~6.6, 비중은 1.035~1.060이다. 육식을 주로 하면 단백질이 아미노산으로 분해되고 이 과정에서 황산, 인산 등의 대사산물이 생겨 소변이 산성을 띠게 되며, 채식을 많이 섭취하면 칼슘, 마그네슘, 칼륨 등의 알칼리성 미네랄로 인해 소변의 산성도가 낮아진다. 또한 수분 섭취량에 따라 소변의 비중도 달라질 수 있으므로 모두 질병이라고 판단하지 않는 주의가 필요하다.

(1) 콩팥소체에서의 여과(filtration)

혈액이 토리를 통과하게 되면 혈장단백질과 혈구 이외 모든 성분은 혈관 벽을 통해 토리주머니 내에 여과(filtration)되어 나오면서 소변이 만들어진다. 이때 토리주머니로 여과를 일으키는 힘은 혈압(blood pressure)이며, 혈장 내 교질 삼투압(plasma colloidal osmotic pressure)과 토리주머니 내 압력이 여과의 반대 방향으로 작용한다. 혈압에서 반대 방향의 압력을 뺀 만큼의 힘이 여과되는 힘(filtration pressure)이 된다. 단위시간(minute, 분)에 여과되는 혈액량을 토리여과율(glomerular filtration rate, GFR)이라 하며 개, 고양이는 약 1.0~3.5ml/min/kg이다. 콩팥의 기능 평가에 사용되며 감소할 경우, 신장의 질환이나 기능 저하의 징후일 수 있다.

(2) 요세관에서의 재흡수(reabsorption)

소변의 양과 성분은 요세관에서 무엇이 재흡수(reabsorption)되느냐에 크게 영향을 받는다. 토리쪽곱슬세관과 헨레고리에서 대부분의 재흡수가 일어나며, 유용한 성분인 포도당, 나트륨이온, 아미노산 등은 여과액으로부터 주변 모세혈관으로 흡수되어 혈액으로 다시 돌아간다. 토리쪽곱슬세관에서는 물이 자유롭게 투과되므로 소변과 혈장이 등장액(isotonic) 상태이다. 이대로 소변이 배설되면 체내는 수분과 전해질을 많이 잃게 되므로 헨레고리를 통해 수분을 보전하고 전해질을 정밀하게 교정하여 우리가 알고 있는 농축된 소변을 만든다. 콩팥의 속질로 들어가는 하행(descending) 헨레고리는 물에는 투과성이 있지만 나트륨에는 투과성이 없어 수분이 흡수되면서 소변이 농축된다. 상행(ascending) 헨레고리는 반대로 물에는 투과성이 없고 전해질만 투과시켜 농축된 소변이 너무 고농도를 띠지 않도록 희석한다. 이를 역류 증폭(countercurrent multiplication)이라고 한다.

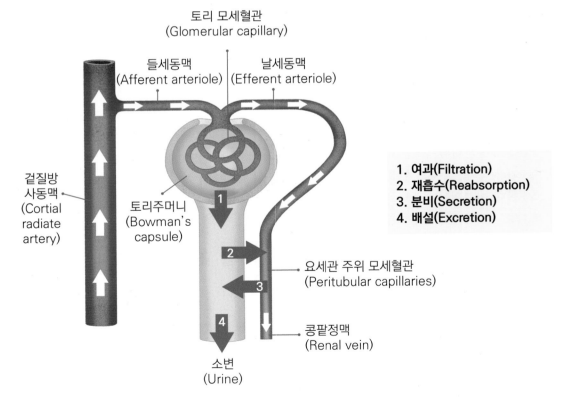

그림 10.6 소변의 생성

(3) 요세관에서의 분비(secretion)

단백질이 분해되어 생기는 아미노산은 에너지 대사와 근육 유지를 위해 대부분 재흡수 되지만 근육 대사에서 생긴 노폐물인 크레아티닌(creatinine), 아미노산 분해 시 생긴 독성의 암모니아(ammonia, 수소이온과 결합하여 암모늄(NH_4^+) 형태로 배출), 요소(urea, 단백질의 간 대사산물)와 K^+, HPO_4^- 등은 요세관에서 소변 내로 분비(secretion)된다(그림 10.7). 육식 동물인 고양이는 단백질을 주 에너지원으로 사용해 더 많은 양의 암모니아와 요소를 처리하므로 콩팥 건강이 특히 중요하다. 영양분 외에도 토리쪽곱슬세관에서는 과잉의 이온, 약물, 독소 등이 분비되며, 먼쪽곱슬세관과 집합관에서는 K^+, H^+ 등을 분비하여 전해질과 산-염기 균형(acid-base balance)이 조절된다.

(4) 이뇨(diuresis)

이뇨(diuresis)란 콩팥에서 정상보다 많은 양의 소변이 만들거나 배설되는 것을 말한다. 다양한 원인에 의하여 토리의 여과가 많아지거나 요세관의 흡수가 줄어들 때 일어난다. 강심제 등 혈압을 상승시키거나 들세동맥을 확장시키는 약물은 토리로 가는 혈액이 많아지게 한다. 과량의 수분을 섭취했을 때는 항이뇨호르몬(ADH)의 분비가 억제되며, 수분의 재흡수량이 감소하여 이뇨가 일어나게 된다. 혈장보다 진한 수액, 포도당 용액이 과량으로 투입되면 토리쪽

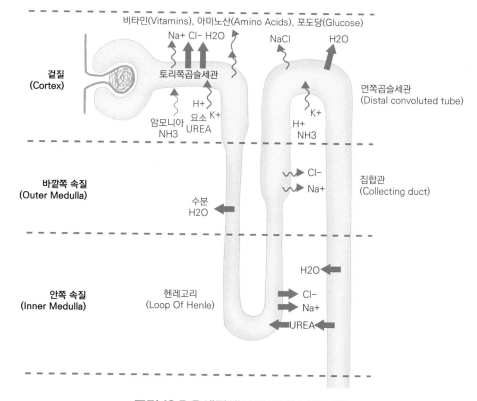

그림 10.7 요세관에서의 재흡수와 분비

곱슬세관에서 다 재흡수되지 못하고 요세관 내의 삼투압을 높여 이뇨를 일으킬 수 있으므로 동물의 수액 처치 시에도 주의를 기울여야 한다.

(5) 배뇨(micturition)

소변을 배출하는 배뇨(micturition)는 교감신경과 부교감 신경으로 구성된 자율신경계와 뇌, 척수의 중추 신경계의 영향을 받는다(그림 10.8). 소변이 방광에 모여 방광 안의 압력이 높아지면 소변이 마려운 감각이 생기며, 이 신호는 골반 신경을 통해 척수 부위로 전달된다. 척수의 부교감 신경계는 다시 신호를 보내 방광 벽의 배뇨근(detrusor muscle)을 수축시키며, 이때 속요도조임근(internal urethral sphincter muscle)이 이완되면서 요도가 열려 배뇨가 일어난다. 이는 의지와 상관없이 비자발적(involuntary)으로 일어나는데 이를 배뇨반사(micturition reflex)라고 한다. 배 근육(abdominal muscle), 가로막(횡경막, diaphragm)도 반사적으로 수축하여 복강

내 압력을 높여 방광을 압박함으로써 배뇨를 돕는다. 교감신경은 배뇨근을 이완시키고 속요도조임근을 수축해 반대의 과정을 일으킨다.

배뇨는 자율적 반사 과정이지만 다리뇌(pons)에 배뇨 중추와 대뇌의 의식을 통해서 수의적으로 조절이 가능하다. 동물이 적절한 장소에서 배뇨가 일어나도록 소변을 참을 수 있는 이유이다. 이때는 바깥요도조임근(external urethral sphincter muscle)이 작용한다. 척수 신경의 조절을 받는 맘대로근(수의근, voluntary muscle)으로 근육의 수축과 이완을 조절하여 배뇨를 억제하며, 배뇨 도중에도 멈출 수 있다. 배뇨가 조절되지 않으면 소변이 의도치 않게 누출되는 데 이를 요실금(urinary incontinence)이라고 한다. 뇌 기능이 완성되지 않은 어린 동물이나 척수 장애로 배뇨 중추가 손상된 동물, 중성화한 암컷 개에서 바깥요도조임근이 조절되지 못하면 발생할 수 있다.

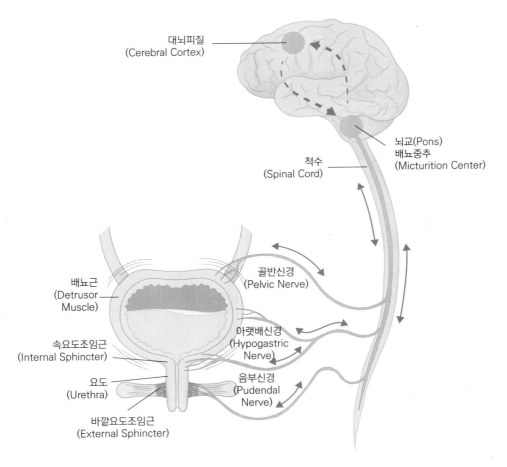

그림 10.8 배뇨의 조절

2) 콩팥의 체액 조절

(1) 콩팥의 산-염기 평형 조절

물과 물이 포함된 용액에는 수소이온(H^+)과 수산화이온(OH^-)이 들어 있으며, 동물의 체액은 수분이 함유된 액체이다. pH는 'power of H^+'의 약자로 수용액 속 수산화이온에 대한 수소이온의 상대적 농도를 의미하며, 개와 고양이 혈액의 정상적 pH는 7.35~7.45이다. 정상보다 체액의 pH가 낮은 상태를 산증(acidosis), 높은 상태를 알칼리증(alkalosis)이라고 하는데, 세포는 정상 범주 내에서 최적의 기능을 수행하므로 신체는 혈액 내 화학반응, 호흡, 콩팥 기능을 이용해 항상성을 유지한다. 체내에 산이 쌓이면 콩팥은 요세관에서 중탄산염(HCO_3^-)을 재흡수하고 수소이온($H+$)을 배설하며, pH가 높아지면 중탄산염(HCO_3^-)을 배설하고 수소이온($H+$)을 재흡수하여 체액의 pH를 정상범위로 유지한다.

(2) 체액량과 삼투압 조절

체내의 과도한 체액이 축적되면 부종(edema)이 생기고 부족하면 탈수(hydration)가 일어난다. 탈수로 체액의 삼투압이 높아지면 동물은 갈증을 느껴 물을 마시게 되며, 과잉의 수분으로 삼투압이 낮아지면 항이뇨호르몬(ADH)의 분비가 감소되어 소변 내 수분량이 증가한다. 단백질, 염분(NaCl) 또한 수분을 머금게 하므로 식이를 통해서도 체액량이 조절된다. 특히 혈액의 삼투압 유지는 혈압과 심장 순환을 유지하게 하므로 매우 중요하다. 부신에서 분비되는 알도스테론(aldosterone) 호르몬은 콩팥의 먼쪽곱슬세관과 집합관에서 나트륨이온(Na+)의 재흡수를 촉진한다. 반대로 체액량이 증가하여 심장에 압력이 가해지면 심방(atria) 근육세포에서 심방성나트륨이뇨펩티드(Atrial Natriuretic Peptide, ANP) 호르몬이 나와 알도스테론과 항이뇨호르몬(ADH)의 분비를 억제한다.

3) 콩팥의 내분비 기능

(1) 레닌(renin)

레닌(renin)은 들세동맥 벽이 특수하게 변형된 토리곁세포(juxtaglomerular cell)가 합성하여 분비하는 호르몬으로 체내의 혈압과 전해질 균형을 유지하는 기능을 한다. 토리곁세포(juxtaglomerular cell)는 낮아진 혈압을 감지하고 레닌-안지오텐신-알도스테론 시스템

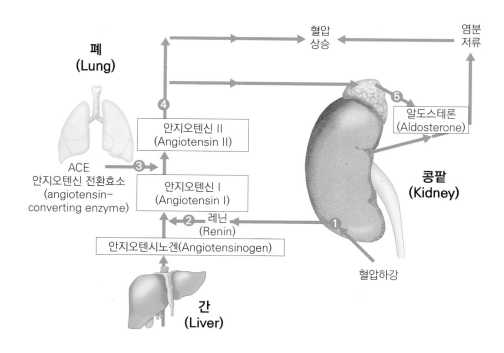

그림 10.9 레닌-안지오텐신-알도스테론 시스템(RAAS)

(renin-angiotensin-aldosterone system, RAAS)을 활성화시켜 혈압을 정상으로 회복시킨다(그림 10.9). 레닌은 혈액으로 들어가 간에서 합성되어 혈액으로 나온 안지오텐시노겐(angiotensinogen)을 안지오텐신(angiotensin)I으로 변환시킨다. 변환된 안지오텐신 I은 폐의 혈관 내피세포에서 생성된 안지오텐신 전환 효소(angiotensin-converting enzyme, ACE)를 만나 안지오텐신 II로 변환된다. 안지오텐신 II는 강력하게 혈관을 수축시킨다. 부신피질의 알도스테론의 분비도 자극해 콩팥에서 나트륨의 재흡수를 촉진하며, 뇌하수체에서 항이뇨호르몬의 분비 또한 촉진해 수분의 재흡수를 증가시켜 혈압을 올린다. 콩팥의 치밀 반점은 여과된 소변의 나트륨 농도가 낮을 때 이를 감지하여 토리곁세포(juxtaglomerular cell)에 레닌을 분비하도록 신호를 준다. 저혈압, 스트레스 등에 의해 교감신경이 자극되어도 레닌 분비가 촉진되어 혈압이 올라갈 수 있다.

(2) 적혈구형성호르몬(erythropoietin, EPO)

콩팥 겉질의 토리쪽세뇨관 주위 모세혈관을 둘러싼 간질세포(interstitial cell)는 산소농도를 감지한다. 혈액 내 산소의 농도가 감소해 저산소증(hypoxia)이 되면 이들 세포는 적혈구형성호르몬(erythropoietin, EPO)을 합성하여 분비함으로써 적혈구 형성을 촉진한다. 혈액으로 들어간 호르몬은 골수(bone marrow)에 도달해 적혈구 선조세포(erythroid progenitor cell)의 분화와 성숙을 자극한다. 적혈구를 만들어 체내에 필요한 산소를 충분히 공급하고자 하는 것이다. 따라서 폐질환이 생기거나 콩팥에 질환이 생기면 적혈구의 생성이 증가하거나 감소한다.

- 비뇨기계(urinary system): 소변을 만드는 기관의 합을 의미하며 콩팥, 요관, 방광, 요도로 구성
- 콩팥(신장, kidney): 소변을 생성하는 기관으로 흉추 아래 복막 뒤 좌우 한 쌍으로 위치
- 콩팥소체(신소체, renal corpuscle): 콩팥겉질 구조물로 동맥, 토리, 토리주머니를 의미
- 콩팥단위(신장단위, nephron): 소변을 만드는 기능적 단위로 한 개의 콩팥소체와 요세관을 의미
- 요세관(uriniferous tubule): 토리주머니에서 나온 가느다란 관으로 재흡수·분비를 담당
- 토리쪽곱슬세관(근위곡요세관, proximal convoluted tubule): 재흡수(포도당, 아미노산, 나트륨, 물, 칼륨, 중탄산 이온, 인산염)와 분비(수소이온, 암모니아, 약물 등) 기능을 하는 토리쪽 구불한 요세관
- 헨레고리(loop of Henle): 토리쪽세뇨관과 먼쪽세뇨관 사이의 U자 모양의 관으로 나트륨과 물, 전해질의 재흡수가 선택적으로 일어나 소변의 농축과 희석을 조절
- 먼쪽곱슬세관(원위곡요세관, distal convoluted tubule): 헨레고리 이후 관으로 나트륨, 칼슘 등의 이온을 다시 재흡수하고 과잉의 수소이온, 칼륨 등을 분비하는 구불한 요세관
- 집합관(collecting duct): 먼쪽곱슬세관과 연결된 관으로 항이뇨호르몬에 의해 물의 재흡수가 조절되며 나트륨, 칼륨, 암모니아, 수소이온이나 중탄산염을 분비하거나 재흡수
- 토리곁장치(juxtaglomerular apparatus): 먼쪽곱슬세관이 콩팥소체 가까이에서 혈관과 맞닿는 부분에 특수하게 변형된 세포 구조물로 혈류의 감소, 요세관액 나트륨 농도 변화를 감지
- 요관(ureter): 소변이 콩팥에서 방광으로 들어가도록 연동운동 하는 민무늬근으로 된 관

- 방광(urinary bladder): 좌우 요관에서 운반된 소변을 저장하는 신축성 있는 근육 주머니
- 요도(urethra): 방광에 모여진 소변이 외부로 나가는 관
- 토리 여과(glomerular filtration): 혈액이 혈압에 의해 토리를 통과하는 것
- 재흡수(reabsorption): 요세관과 집합관에서 체내에 필요한 물질이 흡수되는 것
- 분비(secretion): 혈액에서 과잉되거나 불필요한 물질이 먼쪽곱슬세관과 집합관으로 나가는 것
- 이뇨(diuresis): 콩팥에서 평소보다 많은 양의 소변이 만들어지거나 배설되는 것
- 배뇨(micturition): 방광에 저장된 소변이 요도를 통해 체외로 배출되는 과정
- 산-염기 평형(acid-base balance): 체내 산도(pH)를 일정하게 해 세포 기능을 정상적으로 유지하는 것
- 체액 삼투압(body fluids osmotic pressure): 세포 내외 물과 전해질의 균형 유지에 중요한 요소로 체액 내의 용질(전해질, 단백질 등) 농도 차이로 물이 이동하려는 힘
- 항이뇨호르몬(antiuretic hormone, ADH): 뇌하수체 후엽에서 분비되어 집합관에 작용하는 호르몬으로 물의 재흡수를 촉진해 소변 농도를 조절
- 레닌(renin): 콩팥에서 분비되는 호르몬으로, 레닌-안지오텐신-알도스테론 시스템을 활성화하는 효소
- 알도스테론(aldosterone): 부신피질에서 분비되어 먼쪽곱슬세관과 집합관에서 나트륨 재흡수와 칼륨 배출을 조절하여 체내 수분과 전해질 균형 및 혈압을 조절하는 호르몬
- 적혈구형성호르몬(erythropoietin, EPO): 체내 산소 수치를 부족 시 골수의 적혈구의 생성을 자극하여 혈액 내 산소 운반 능력을 유지하도록 하는 콩팥에서 생성되는 호르몬

복습문제

1. 소변이 생성되어 배출되는 요로(urinary tract)의 올바른 순서는?

  ① 콩팥-요도-방광-요관

  ② 콩팥-요관-방광-요도

  ③ 콩팥-요도-요관-방광

  ④ 콩팥-요관-질-요도

  ⑤ 콩팥-전립선-요관-요도

2. 콩팥에 대한 설명으로 다음 중 옳지 않은 것은?

  ① 좌우 1쌍으로 존재한다.

  ② 콩팥 위쪽으로는 부신이 있다.

  ③ 콩팥은 겉질과 속질로 이루어져 있다.

  ④ 개, 고양이 모두 왼쪽 콩팥이 오른쪽보다 조금 앞쪽에 있다.

  ⑤ 콩팥문으로 혈관, 신경, 요관이 출입한다.

3. 콩팥 기능의 기본 단위를 일컫는 단어로 한 개의 콩팥소체와 요세관을 의미하는 것은?

  ① 콩팥겉질

  ② 콩팥속질

  ③ 콩팥실질

  ④ 콩팥깔때기

  ⑤ 콩팥단위

4. 혈액이 토리를 통과하여 토리주머니에 소변이 만들어지는 과정을 무엇이라고 하는가?

  ① 재흡수

  ② 여과

  ③ 분비

  ④ 능동 운반

  ⑤ 배설

5. 비뇨기계 각 기관에 대한 설명으로 옳지 않은 것은?

  ① 콩팥은 소변을 만드는 기관이다.

  ② 방광은 소변을 저장하는 근육 주머니이다.

  ③ 요도는 방광에서 소변을 외부로 보내는 길이다.

  ④ 수컷의 요도는 암컷보다 짧아 요로감염에 더 취약하다.

  ⑤ 요관에는 통각수용기가 많아 결석이 생기면 극심한 통증이 발생할 수 있다.

6. 수분의 재흡수를 위해 항이뇨호르몬이 주로 작용하는 부위는?

  ① 콩팥세관고리

  ② 토리

  ③ 토리쪽곱슬세관

  ④ 먼쪽곱슬세관

  ⑤ 집합관

7. 다음 중 혈압 저하 시 혈압을 회복시키기 위해 콩팥 세포에서 분비되는 물질은?

  ① 안지오텐시노겐

  ② 레닌

  ③ 안지오텐신 I

  ④ 안지오텐신 II

  ⑤ 알도스테론

8. 다음 중 콩팥의 기능이 아닌 것은?

  ① 적혈구 분화 촉진

  ② 혈압의 조절

  ③ 체액의 삼투압과 양 조절

  ④ 혈소판 분화 촉진

  ⑤ 체액의 산-염기 조절

9. 콩팥이 질병 없이 건강할 때 여과되지 않은 물질을 모두 고르시오.

① 적혈구, 백혈구 등의 혈구
② 포도당
③ 아미노산
④ 알부민 등의 혈액 내 단백질
⑤ 크레아티닌

10. 배뇨에 관한 내용으로 옳지 않은 것은?

① 배뇨는 비자발적 반사와 의식적이고 자발적인 조절의 통합 과정에 의해 이루어진다.
② 방광이 차면 오줌이 마렵다는 느낌이 들고 속요도조임근이 이완되면서 배뇨반사가 일어난다.
③ 배 근육과 가로막도 반사적으로 수축하여 복강 내 압력을 높여주어 배뇨를 돕는다.
④ 의식적으로 조절할 수 있는 속요도조임근을 수축하면 일정 시간 동안 소변을 참을 수 있다.
⑤ 사고가 나서 척수 장애가 발생하면 소변이 의도치 않게 누출되는 요실금이 발생할 수 있다.

정답: 1. ②, 2. ③, 3. ⑤, 4. ②, 5. ④, 6. ⑤, 7. ②, 8. ④, 9. ①/④, 10. ④

📇 참고문헌

1. Victoria Aspinall. et al.
   Introduction to Animal and Veterinary Anatomy and Physiology (2019). CABI
2. Joanna M. Bassert.
   McCurnin's Clinical Textbook for Veterinary Technicians and Nurses(2021). Saunders
3. 강창원 외. 수의 생리학(2005). 광일문화사.

CHAPTER 11
동물체의 생식기계

학습목표

- 수컷의 생식기 해부학적 구조와 조절 호르몬의 역할을 학습한다.
- 암컷의 생식기 해부학적 구조와 조절 호르몬의 역할을 학습한다.
- 동물별 자궁의 특징과 차이점을 이해한다.
- 개와 고양이의 발정 시 주요 변화와 번식 과정의 차이점에 대해 학습한다.

학습개요

꼭 알아야 할 학습 Must know points
- 고환, 부고환 등 수컷 생식기를 구성하고 있는 해부학적 구조물과 안드로겐의 역할
- 난소, 자궁 등 암컷 생식기를 구성하고 있는 해부학적 구조물과 동물별 자궁의 특징
- 에스트로겐, 프로게스테론 등 번식과 관련된 성선호르몬의 종류와 역할
- 개와 고양이의 발정 중 주요 변화와 번식과정 중 주요 생리학적 차이점

알아두면 좋은 학습 Good to know
- 정자와 난자의 구조 및 역할
- 난소 내 난자의 성숙과 배란과정

동물은 영원히 살 수 없기 때문에 자손을 낳아 멸종되지 않도록 번식 행위를 한다. 동물은 수컷과 암컷이라는 두 가지 성별로 나뉘며 수컷의 정자와 암컷의 난자(ovum)는 서로 결합한 후 세포분열을 시작하여 배아(embryo)를 형성하는 유성생식(Sexual reproduction)을 통해 유전형질을 자손에게 전달한다. 이렇게 태어난 자손은 부모인 수컷과 암컷의 유전자가 섞여 유전적 다양성이 증가한다.

수컷의 생식기는 2개의 고환과 부고환 그리고 음낭, 정관, 전립샘, 덧생식샘 등으로 이루어져 있으며 정자(Sperm)와 호르몬을 생산하는 역할을 한다.

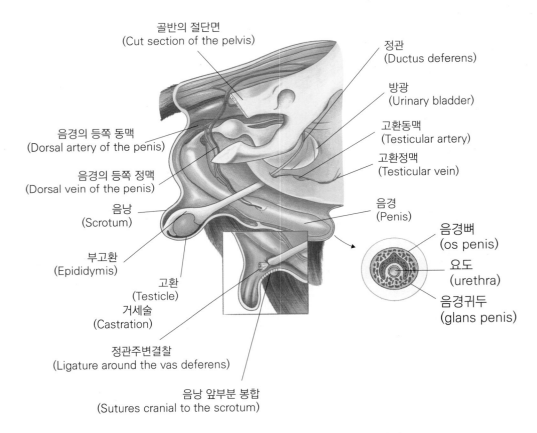

골반의 절단면
(Cut section of the pelvis)

음경의 등쪽 동맥
(Dorsal artery of the penis)

음경의 등쪽 정맥
(Dorsal vein of the penis)

음낭
(Scrotum)

부고환
(Epididymis)

고환
(Testicle)

거세술
(Castration)

정관주변결찰
(Ligature around the vas deferens)

음낭 앞부분 봉합
(Sutures cranial to the scrotum)

정관
(Ductus deferens)

방광
(Urinary bladder)

고환동맥
(Testicular artery)

고환정맥
(Testicular vein)

음경
(Penis)

음경뼈
(os penis)

요도
(urethra)

음경귀두
(glans penis)

그림 11.1 우측에서 본 수컷 개의 생식기

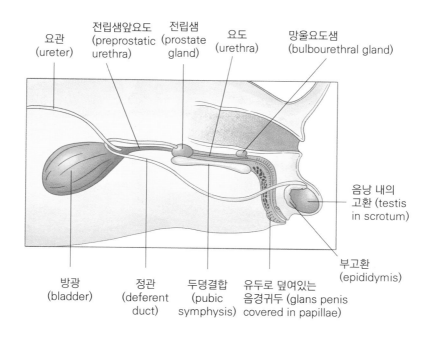

요관 (ureter)
전립샘앞요도 (preprostatic urethra)
전립샘 (prostate gland)
요도 (urethra)
망울요도샘 (bulbourethral gland)
음낭 내의 고환 (testis in scrotum)
부고환 (epididymis)
방광 (bladder)
정관 (deferent duct)
두덩결합 (pubic symphysis)
유두로 덮여있는 음경귀두 (glans penis covered in papillae)

그림 11.2 좌측에서 본 수컷 고양이의 생식기

1) 고환(testis)

고환(정소)은 내분비샘과 정자를 생산하는 외분비샘을 모두 가지고 있으며 개는 복부의 중간 부위에 위 그림과 같이 고환이 위치한다. 반면에 고양이의 경우 고환의 크기가 몸의 크기가 체격에 비해 작은 편이며 개와 다르게 항문을 향하여 [그림 11.2]와 같이 경사진 곳에 위치한다. 고환의 중요 생리 작용은 고환과 정세관 사이에 있는 간질세포에서 분비하는 안드로겐(Androgen) 호르몬에 의해 조절된다. 안드로겐은 테스토스테론, 디하이드로테스토스테론(DHT) 등 남성 호르몬의 작용을 모두 나타내는 모든 스테로이드 호르몬을 총칭한다. 안드로겐은 생식기의 성장과 2차 성징의 발현을 돕고 대표적인 성선 자극호르몬인 FSH(follicle stimulating hormone, 난포[여포]자극호르몬)가 정세관에서 정자를 형성하는 것을 돕는다. 정자(Sperm) 생성은 온도의 영향을 받는다. 정상 체온에서는 정자의 형성이 활발하지 못하다. 정자의 연속적인 생산을 위해서는 체내 온도보다 4~7℃ 낮은 온도가 더 유리하다. 때문에 고환은 신체 외부에 위치하고 있고 음낭에는 지방층이 없으며, 땀샘이 분포하고, 고환을 매달고 있는 정삭(spermatic cord) 내에 정맥과 동맥이 광범위하게 접촉하며 덩굴정맥얼기(pampiniform plexus)를 형성하여 고환에서 나가는 정맥이 들어오는 동맥 혈액의 온도를 낮춰 정자의 생산이 활발해지도록 돕는다. 하지만 기온이 너무 낮을 때에는 이러한 열발산 기능으로 인해 고환의 온도가 너무 많이 내려갈 수 있다. 이때 음낭근육이 음낭을 수축시켜 표면적을 줄이고 체온이 높은 복부쪽으로 음낭을 당겨준다.

고환내림(testicular descent)은 개의 태아 발달 초기 고환이 복강내에서 형성된 후 샅굴(inguinal canal)을 통하여 음낭으로 하강하는 과정을 의미한다. 이러한 정상적인 고환내림 과정이 완료되지 않고 고환이 복강 또는 서혜관 내부에 위치하거나 음낭 외부 피하조직에 위치하는 이상을 잠복고환이라 한다.

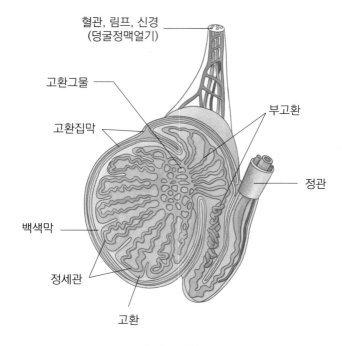

혈관, 림프, 신경
(덩굴정맥얼기)

고환그물

고환집막

부고환

정관

백색막

정세관

고환

그림 11.3 고환의 가로단면

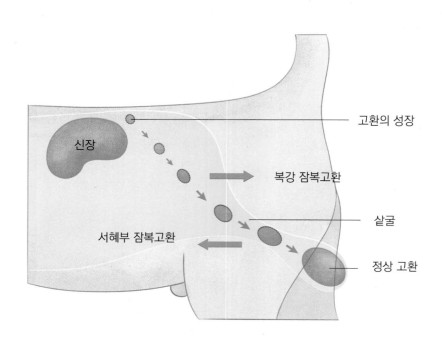

고환의 성장

신장

복강 잠복고환

샅굴

서혜부 잠복고환

정상 고환

그림 11.4 잠복고환의 발생과정

잠복고환이 발생할 경우 안드로겐 생성에 문제가 발생할 뿐만 아니라 향후 고환종양과 고환염전이 발생할 가능성이 급격히 증가하므로 중성화 수술을 필수적으로 해주는 것이 좋다.

부고환(epdidiymis)은 고환에 밀착하여 길게 뻗어 있으며 미성숙한 정자를 일시적으로 저장하여 성숙 및 농축시키는 중요한 장소이다. 고환의 등쪽에 한쪽 면을 따라 길게 위치하고 있으며 머리, 몸통, 꼬리 세부분으로 구성되고 정자는 머리 부위에서부터 꼬리 쪽으로 이동하여 정관으로 수송된다. 안드로겐에 의해 분비가 조절되는 부고환액은 정자의 보존과 성숙에 필수적이다.

2) 정자(sperm)의 형태와 기능

정자는 올챙이 모양이며 고환의 정세관에서 형성된다. 정자는 크게 두부와 미부(경부+중편부+주부+종부)로 구성되어 있다. 두부는 수컷의 DNA를 포함한 고도의 농축된 염색질이 있는 핵과 얇은 2중막으로 덮여있는 첨체로 구성된다. 정세관 내에는 골지기 → 두모기 → 첨체기 → 성숙기 총 4단계의 발달 단계가 다른 정자세포가 모두 존재한다. 사출 직후 정자는 꼬리의 움직임을 통해 올챙이와 같이 전진운동을 한다. 정자의 운동성과 생명은 온도와 매우 밀접한 관계가 있는데 체내 온도보다 약간 낮은 온도에서 활성화 정도가 높으며 50℃ 이상으로 상승하면 정자의 운동성이 상실된다. 사정된 정자는 자궁과 난관의 운동에 의해 빠른 속도로 운반되나 백

혈구의 탐식작용에 의해 분해되거나 질 밖으로 배출되어 극히 소수의 정자만 난관팽대부에 도착한다. 하지만 이러한 어려움을 극복하고 난자에 도달한 정자는 난자의 투명대에 침입하여 첨체가 소실되고 투명대와 난관막을 통과하여 수정(Fertilization)에 성공하여 수정란을 형성한다.

음낭(scrotum)은 수컷의 외부 생식기 가까운 복부 하부에 피부 조직이 주머니 형태로 내려온 부위로 고환과 부고환을 포함하고 있다. 날씨가 더울 경우 내측의 근섬유가 이완되어 정소가 복벽에서 멀어지도록 돕고 날씨가 추울 경우 내측의 근섬유가 반대로 수축하여 정소가 복벽에 부착되도록 도와 고환의 정자의 생산이 원활이 이루어지는 체내 온도보다 4~7℃ 낮은 온도를 유지하는데 큰 역할을 한다.

정관(deferent duct)은 부고환에서 나온 정자를 배출시키는 역할을 하는 바깥지름이 2mm 정도인 가느다란 얇은 관으로 전립선의 밑을 지나 요도 끝까지 뻗어나가 있다. 부고환 꼬리 부분에서는 구불거리며 부고환 체부에 평행하여 뻗어나가 있으나 머리쪽으로 가까워질수록 곧게 뻗어 정삭(spermatic cord)을 형성한다. 정삭은 복강으로 들어가 정관 팽대부를 형성하고 정관을 둘러쌓는다.

정관 팽대부(ampulla ductus deferentis)는 정관이 방광 후면에 이르러 요도에서 개구하는 정관의 끝부분을 지칭하며 개는 크기가 작고 정액의 액체 부분을 분비하는 역할을 한다.

정낭샘(Seminal vesicle)은 정관의 말단 부위에 위치한 주머니 형태의 한쌍의 기관이이며 정자의 대사에 관계하는 분비물을 다량 분비하나 개와 고양이는 정낭선을 가지고 있지 않다.

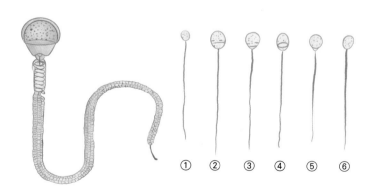

① 말, ② 소, ③ 면양, ④ 산양, ⑤ 돼지, ⑥ 개

그림 11.5 정자(sperm)의 형태와 기능

전립샘(Prostate gland)은 방광 바로 밑 골반 깊숙히 위치하며 다수의 배출관을 가지고 요도를 반지처럼 감싸고 있으며 정액의 구성성분인 전립선액을 생산하여 요도로 배출한다. 전립선액은 백색으로 pH6.5의 약산성이며 정액의 액상성분의 가장 많은 부분을 차지하며 정자를 감염에서 보호하고 외부 세균의 침입을 막는다.

망울요도샘(bulbourethral gland) 또는 요도구샘은 골반의 출구와 요도의 배벽에 위치하는 2개의 작은 구조물로 사정에 앞서 pH8의 알카리성의 분비액을 배출하여 요도를 세척하고 중화하는 역할을 하지만 개에게는 존재하지 않고 고양이는 존재한다.

위에서 언급한 정관팽대부, 정낭샘, 전립샘, 요도구샘 등을 총칭하여 덧생식샘(accessory reproductive gland)이라 한다. 덧생식샘은 수컷이 사정 시 정자의 이동, 영양 공급, 암컷 생식기 내 산성 환경에 대한 완충 역할을 하는 정액을 분비한다. 정액의 액상성분은 대부분은 전립샘에서 분비된다.

(1)　수컷의 외부생식기

음경(penis)은 오줌의 배출을 위해 요도를 포함하고 있으며 암컷의 질내에 정액을 주입하는 교미기구로의 역할을 한다. 동물이 성적 자극을 받으면 동맥 혈액이 음경의 해면체에 공급이 증가되며 음경이 딱딱하게 강직하고 일어난다. 발기와 사정은 신경에 의하여 조절되는데 특히 정관의 근수축은 골반 신경총(pelvic plexus)의 자율신경에 의해 조절된다. 동물의 음경에는 3개의 스폰지 형태의 해면체가 요도와 음경 주위에 있으며 음경의 형태와 발기기전은 동물의 품종에 따라 다르다. 성적 활동의 유무와 상관없이 정액은 정관을 따라 수송되나 정자는 성적 활동에 자극을 받지는 않는다. 개는 사람 등 영장류와 다르게 특이하게도 음경 내부에 음경뼈(os penis)가 존재하여 해면체 조직을 지지한다. 음경뼈는 발기 시 음경의 강직도를 향상시키며 교미시간을 연장하고 사정 시 정액이 효과적으로 전달되도록 돕는다. 개는 음경뼈로 인해 요도의 확장이 어려워 음경뼈의 시작부위에는 요로결석이 자주 발생한다.

수컷 고양이(tomcat)는 개보다 음경이 짧고 음경귀두에는 가시가 있어 암컷과 교배를 마칠 때 통증을 유발한다. 이러한 통증은 암컷의 뇌의 시상하부를 자극하여 배란(Ovulation)을 유도하는데 이를 유도배란이라 지칭한다. 고양이에게도 음경뼈가 존재한다.

(2)　안드로겐(androgen)

안드로겐이란 고환(정소)의 간질세포에서 분비되는 웅성호르몬의 총칭으로 테스토스테론(Testosterone)과 디하이드로테스토스테론(Dihydrotestosterone, DHT)이 대표적이다. 안드로겐은 수컷의 생식기 발육과 형태적 변화 그리고 기능을 유지시키며 외관상 수컷다운 형태를 나타내는 2차 성징과 공격성을 갖게 하는 작용이 있다. 또한 수컷의 성욕 발현과 성적 행위에 영향을 주고 정자형성과 수송에 관여한다.

3 암컷의 생식기와 조절 호르몬

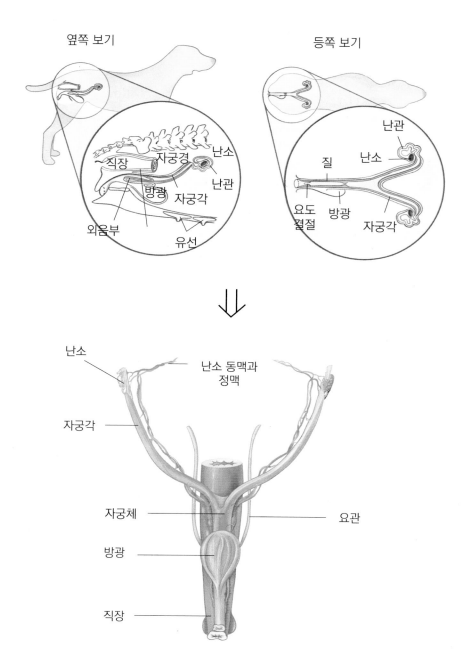

옆쪽 보기

등쪽 보기

난소
자궁경
직장
난관
방광
자궁각
외음부
유선

난관
난소
질
자궁각
요도
결절
방광

난소
난소 동맥과
정맥
자궁각
자궁체
요관
방광
직장

그림 11.6 **암컷개의 생식기관 모식도**

1) 난소(ovary)

난소는 복강 하부에 위치하며 성호르몬을 분비하고 난자(ovum)를 생산한다. 성스테로이드 호르몬을 분비하는 내분비 기능과 난자를 생산하는 외분비 기능을 동시에 가지고 있다. 난소는 속질(수질)과 겉질(피질)로 이루어져 있다. 난소의 속질은 섬유성 탄성 결합조직과 난소문을 통해 난소 내부로 들어오는 혈관계와 신경계로 되어 있으며 난소의 주된 기능적 부분을 담당하는 난소 겉질은 발정주기의 단계에 따라 난포와 황체를 가지게 되며, 겉질의 결합조직은 많은 양의 혈관, 림프관, 신경 및 평활근 섬유, 섬유아세포, 세망섬유, 약간의 교원질로 구성되어 있다. 난소의 크기와 모양은 동물의 품종과 발정주기에 따라 다른데 개와 고양이는 [그림 11.6]과 같으며 돼지는 포도송이 모양, 소는 강낭콩 모양이고 출생 시 양측 난소에 존재하는 난모세포의 수는 품종에 따라 다르다. 동물이 태어날 때 가지고 있는 난모세포의 수는 양측 각각 200만 개 이내이고 실제 성숙되어 배란되는 난자의 수는 이보다 훨씬 적다.

난포는 체세포분열에 의해 수가 증가하는데 이를 2차 난포라 한다. 이후 난포가 성숙될 때까지 감수분열을 하기 시작하고 배란 며칠 전부터 분열을 멈추며 난소 내벽에 있는 과립막세포는 기저막에 의해 혈액 공급이 차단되면서 파열되어 성숙한 난자를 배란(Ovulation)한다. 한 발정기에 성숙하는 성숙난포의 숫자는 환경적 요인과 유전적 요인에 의해 영향을 받고 성숙된 난자만 배란된다.

난소와 뇌하수체 사이에는 배란과 관련하여 매우 중요한 다양한 상호 작용이 발생한다. 난포의 성숙은 뇌하수체로부터 분비되는 성선자극호르몬(GTH, Gonadotropic hormone)에 의해 일어나며 이는 성주기와 관련되어 있다. 성선자극 호르몬은 대표적으로 FSH(follicle stimulating hormone, 난포[여포]자극호르몬)와 LH(luteinizing hormone, 황체자극호르몬)가 있다. FSH는 LH 수치가 분비급증기(LH Surge)일 때 과립막세포 내에서 황체를 증식시키며 과립막세포가 LH의 자극에 의하여 황체 세포로 변환되어 프로게스테론의 분비가 시작된다. 이렇게 FSH와 LH의 상호작용에 의해 프로게스테론, 안드로겐, 에스트로겐이 분비되고 배란이 일어난다.

(1) 배란(ovulation)

난소 내부에서 난포는 발정주기와 상관없이 지속적으로 성숙한다. 그중 매일 2~3개 정도의 난포가 성장하거나 퇴화되어 배란이 이루어지고 난자가 자궁으로 배출된다. 난소와 뇌하수체 사이에는 배란과 관계되는 중요한 여러가지 상호작용이 있다. 난포가 성숙하면 에스트로겐이 시상하부와 뇌하수체에 작용하여 배란 직전 LH 수치가 급격히 상승하는 LH 분비급증기(peak 또는 surge)가 발생하며 과립막 세포가 LH의 자극에 의해서 황체 세포로 변화하고 프로게스테론이 분비되기 시작한다. LH가 분비급증기로 상승하는 시간은 개는 24시간이며 고양이는 4-12시간이다. 이들은 발정주기에 따라 주기적으로 배란이 일어나고 난자가 배출된다.

(2) 난자(ovum)의 형태와 기능

난자(ovum)는 암컷의 생식 세포로 수컷의 정자와 결합하여 수정란을 형성하고 이후 배아와 태아로 발전한다. 난소에서 성숙된 후 자궁으로 배출되며 핵, 세포질, 난황막, 투명대(Zona pellucida), 방사관(coronaradiata)으로 구성되어 있다. 모계의 유전정보를 전달하는데 중요한 역할을 하기 때문에 일반적인 체세포와 그 구조가 다르다. 난자의 생식능력은 동물의 품종에 따라 다르지만 짧은 시간 동안 유지되며 수정이 이루어지지 않으면 퇴화한다.

(3) 황체(corpus luteum, CL)

난소에서 배란 시 성숙한 난자가 배출되고 난 뒤 파열된 난포가 변화하여 생기는 황색의 조직 덩어리를 지칭한다. 황체의 형성은 LH 분비급증기에 에스트로겐을 분비시키던 과립막세포가 프로게스테론을 분비하기 시작할 때부터 시작되며 새로 형성된 황체는 프로게스테론을 생성하고 분비한다. 배란된 난자가 착상되지 않으면, 프로게스테론의 분비가 줄어들기 시작하면서 황체는 자궁에서 분비되는 PGF2α(황체퇴행호르몬)의해 퇴행하기 시작한다.

2) 난관(uterine tube)

난관(나팔관)은 난소에서 배란된 난자를 자궁으로 운반하는 관으로 정자와 난자를 서로 반대 방향으로 이동시켜 난관팽대부에서 주로 수정을 유도하여 하나의 세포인 수정란(Zygote)을 형성한다. 수정란은 자궁에 수송되기 전 난관팽대부에서 잠시 머문다. 난관의 근조직은 분절운동과 수송운동을 통하여 복합적인 수축운동을 하는데 이러한 수축운동은 난관 내용물의 혼합을 촉진하여 난자의 난구세포가 벗겨지는 나화(denudation)를 돕고 난자 수송의 속도를 조절하며 정자와 난자의 접촉을 촉진시켜 수정(Fertilization)을 가능하게 한다. 난관액은 주로 난소를 향해 흐르며, 수정된 난자의 생존에 적합한 환경을 제공하며 난소 호르몬에 의해 영향을 받는데 황체기에는 적고 발정 개시기에 증가하며 발정 1일 후에 가장 많다.

3) 자궁(uteras)

자궁은 임신과 출산에 매우 중요한 여러 가지 기능을 수행한다. 교배 시 수축 운동으로 정자의 이동을 돕고 자궁액을 분비하여 정자가 수정 능력을 갖는데 중요한 환경을 제공하며 임신 후 배아를 보호하기 위해 태반을 형성하고 배아에게 영양을 공급하고 발달시킨다. 또

표 11.1 동물별 자궁의 특징

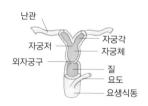

자궁이 두 개의 뿔모양(자궁각)으로 나뉘어져 있지만 하단부는 합쳐진다. 자궁경관 바로 앞에 자궁체가 있고 자궁체 전방에 격벽이 없는 형태의 자궁이다.

두뿔자궁(Bicornuate uterus): 개, 고양이, 돼지, 말의 자궁 형태

자궁경관이 질에서 각각 개구되고 두 개의 자궁이 질강으로 연결되어 있다. 자궁체와 자궁경의 구별이 없는 형태의 자궁이다.

중복자궁(Duplex uterus): 설치동물(쥐 등), 토끼, 기니피그의 자궁형태

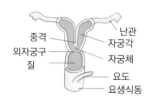

두뿔자궁처럼 자궁체강의 일부가 분열되어 있어서 자궁경관 앞의 자궁체의 길이가 짧은 형태의 자궁이다.

분열자궁(Bipartite uterus): 반추동물(소, 양 등)의 자궁형태

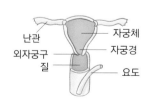

자궁체와 자궁각이 융합되어 자궁각이 없는 형태의 자궁이다.

단일자궁(Simple uterus): 사람과 영장류의 자궁형태

한 분만 시 강력한 수축작용을 통해 태아와 태반의 반출을 돕고 분만후에는 스스로 분만이전의 상태로 회귀한다. 난소에도 영향을 주는데 임신이 안 될 경우 자궁내막에서 분비되는 프로스타글란딘은 황체 퇴행에 영향을 주며 자궁액은 착상이 이루어 지기 전 배에 영양을 공급하고 정자의 수정능력 획득에 필요한 환경을 만들어 준다. 자궁은 자궁목(자궁경부, cervix of uterus)과 난관 사이에 위치하고 있는 기관으로 동물에 따라 그 형태가 다르며 일반적으로 1개의 자궁체와 자궁경 그리고 2개의 자궁각으로 구성되어 있다. 개, 고양이, 돼지 그리고 말의 자궁은 두뿔자궁(uterus bicarnis)의 형태를 가지고 있는데 자궁목관(자궁경관, cervical canal) 앞에 자궁체가 있고 한쌍의 자궁각에는 주름이 있다. 특히 말은 2개의 각이 나뉘어진 중격과 돌출한 자궁각을 가지고 있다. 소와 양 등의 반추동물의 자궁은 분열자궁(Bipartite uterus)으로 중격이 있어 2개의 자궁각으로 나뉘며 자궁체가 돌출되어 있다. 자궁의 양쪽은 광인대(Broad ligament)에 의해 골반에 부착되어 있고 자궁체는 자궁각 인대에 의해 고정되어 있기 때문에 실제보다 크게 보인다. 동물별 자궁의 특징은 [표 11.1]과 같다.

자궁경관은 정자의 저장과 수송촉진의 역할을 한다. 자궁경관의 안쪽벽은 여러 형태의 돌출물이 발달되어 있다. 자궁경은 평소 완전히 폐쇄되어 있지만 발정시기에는 개방되며, 임신 시 점도가 높고 혼탁한 자궁경 점액으로 자궁경관을 다시 폐쇄시켜 자궁 내부로 세균 등 외부 미생물의 침입을 막고 분만 시에는 다시 개방된다.

4) 외부생식기

외부생식기는 음부(vulva), 질(vagina), 대음순(labia majora), 소음순(labia minora), 음핵(clitoris)과 전정선(vestibular glands) 등으로 구성되어 있다. 대음순의 피막에는 피지선과 관상선이 잘 발달되어 있고 음핵은 중층편평상피에 의해 덮인 발기조직(erectile tissue)이며 말초신경이 다수 분포되어 외부자극에 매우 민감하다.

(1) 질(Vagina)

질은 정액이 사정되는 교미기구이며 태아와 태반이 만출되는 통로이다. 커진 질구는 교미 후 정자가 자궁경에 저장될때까지 정액의 저장소가 된다. 질의 좁은 관과 내부 환경은 자궁까지 미생물이 침입하는 것을 막는다. 또한 질은 분만시에는 산도가 되며 자궁내막, 자궁경 및 난관분비물의 배설관이다. 발정기가 가까워 질수록 질벽 혈관으로부터 질 분비물의 분비가 증가하고 질액의 점도는 점점 감소한다.

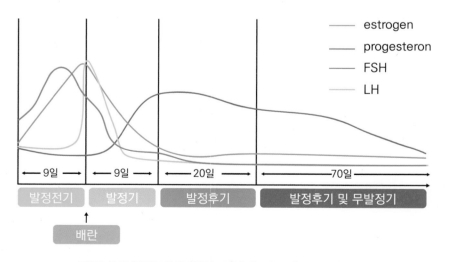

그림 11.7 암컷 개의 발정 주기에 따른 호르몬의 변화

4 개와 고양이의 번식

1) 번식과 관련된 성선호르몬

번식과 관련된 성 스테로이드 호르몬은 에스트로겐(estrogen)과 프로게스테론(progesterone)이 대표적이다. 스테로이드는 지용성으로 모든 세포내로 이동이 가능하며 세포질 특이적 수용체를 합성하고 표적세포와 선택적으로 결합한 후 핵으로 이동하여 염색질과 결합하여 mRNA를 생성한 후 세포단백질을 합성한다. 혈중 스테로이드 호르몬의 농도는 분해와 합성 속도에 따라 결정된다. 즉 LH 분비 급증기에 의해 황체화되고 있는 과립막세포는 프로게스테론을 분비하기 위해 에스트로겐의 분비가 감소하며 황체퇴행이 시작되면 반대로 프로게스테론의 분비가 감소한다.

에스트로겐(estrogen)은 난소 내 난포의 과립막세포 그리고 태반과 부신피질에서 생산되며 자궁, 유선, 질 등의 생식기관의 성적성숙과 성적행동에 영향을 준다. 난소의 에스트로겐의 합성은 과립막세포에 작용하는 난포자극호르몬(FSH)과 황체형성호르몬(LH)에 의해서 조절된다. 또한 에스트로겐은 자궁내막선의 성숙을 촉진하여 착상 전 수정란(zygote)를 유지하는데 도움을 주며 유선의 성숙과 정자와 난자의 생존을 위한 난관의 분비작용을 촉진시키고, 뇌하수체 전엽의 난포자극호르몬(FSH)과 황체형성호르몬(LH) 분비를 조절

한다. 또한 임신하지 않을 경우 PGF2α(황체퇴행호르몬)을 방출을 촉진하여 황체의 퇴행을 유발하고 난관과 자궁의 수축운동을 촉진하는 작용을 한다.

프로게스테론(progesterone)은 황체와 태반에서 분비되는 호르몬으로 임신 유지에 필수적인 호르몬이다. 에스토로겐과 함께 개의 발정행위를 유발하고 자궁내막선의 증식과 유선의 발달을 촉진시킨다. 또한 임신기간 중 자궁의 수축을 억제하며 성선자극호르몬의 분비를 조절하고 착상전 수정란에 영양을 공급하며 포배(blastocyst)가 착상되도록 준비시킨다. 임신하지 않은 동물 황체의 프로게스테론 합성은 황체형성호르몬(LH)에 의해 조절된다.

2) 번식과 관련된 뇌하수체 전엽 호르몬

번식과 관련된 뇌하수체 전엽 호르몬은 난포자극호르몬(FSH, Follicle-Stimulating Hormone), 황체형성호르몬(LH, Luteinizing Hormone), 젖분비자극호르몬(PRL, Prolactin)이 대표적이다. FSH와 LH는 성선자극 호르몬(GTH, Gonadotropic hormone)이다. FSH는 난소 내 난포의 성숙을 촉진하여 배란을 준비하며 에스트로겐의 분비를 유도한다. LH는 배란을 일으키며 과립막세포를 황체화시켜 프로게스테론의 분비를 촉진한다.

시상하부에서 분비되는 GnRH(성선자극호르몬분비호르몬, Gonadotropin-releasing hormone)는 뇌하수체 전엽에서 FSH와 LH가 분비되는 것

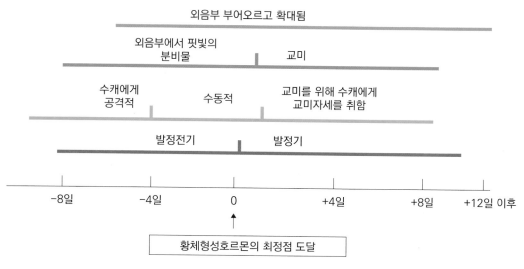

암캐의 발정중 변화

외음부 부어오르고 확대됨

외음부에서 핏빛의 분비물 · 교미

수캐에게 공격적 · 수동적 · 교미를 위해 수캐에게 교미자세를 취함

발정전기 · 발정기

-8일　-4일　0　+4일　+8일　+12일 이후

↑
황체형성호르몬의 최정점 도달

그림 11.8 암컷 개의 발정 중 신체 변화

을 조절한다. 난소, 시상하부, 뇌하수체 등은 번식과 관련된 호르몬의 분비를 서로 촉진하고나 억제하여 번식기능을 조절한다. 배란직전에는 FSH와 LH가 다량 배출되는데 이를 FSH와 LH의 분비급증기(LH Surge)라 한다. PRL은 갑상선자극 호르몬 등에 의해 촉진되며 시상하부에서 방출되는 도파민 등에 의해 억제되고 임신 중 유선조직의 발달과 모유의 생성을 유도한다.

3) 번식주기

동물은 성성숙기에 도달하면 생식기의 기능이 활성화되기 시작하고 주기적으로 발정과 난소의 기능변화가 일어난다. 개는 일반적으로 생후 6-12개월 이후 성숙기에 도달하며 7~8개월 정도를 주기로 발정이 시작되나 이 시기는 품종에 따라 차이가 있을 수 있고 18개월 이상 성장이 어느 정도 완료되었을 때 번식을 하는 것이 권장된다. 수컷을 허용하는 발정기간도 4-21일(평균 9일) 전후로 긴 편이며, 7-10일(평균 9일) 정도 발정전기가 있고 발정기와 발정전기 사이에 LH의 분비급증기(LH Surge) 이후 24-48시간 이내에 배란한다. 즉 교배자극이 없어도 자연스럽게 배란이 일어나는 자연배란 동물이다. 발정휴지기는 70-80일, 난소가 활동하지 않는 기간도 70-175일이나 된다.

고양이는 생후 4-12개월 이후 성숙기에 도달하며 발정이 시작되고 12개월 이상 성장이 어느 정도 완료되었을 때 번식하는 것이 권장된다. 원래 계절번식 동물로 날씨가 따뜻하고 먹이 공급이 수월한 봄과 여름이 번식의 적기이나 최근 도시화와 실내 사육이 증가하여 계절번식에 큰 영향을 주는 일조량과 기온에 영향을 크게 받지 않아 발정주기가 불규칙해 수시로 발정이 오는 경우가 많다. 일반적인 발정주기는 봄과 여름에 임신 여부에 따라 16~36일 사이로 발정이 반복적으로 시작되며 수컷을 허용하는 발정기간은 5-6일 정도로 개에 비해서 상대적으로 다소 짧다. 또한 고양이는 교미 시 수컷의 음경의 가시모양의 구조물이 질을 자극하여 통증을 유발하고 시상하부에 자극이 전달되어 24-36시간 이후에 배란하는 유도배란 동물이다.

표 11.2 개와 고양이의 번식 생리 비교

구분	개	고양이
계절번식 여부	해당 없음(수시)	봄, 여름
발정횟수 및 주기	연 2회 (7-8개월)	수시 [16일(비임신)~ 36일(상상임신)]
발정기간	14~21일	5~7일
배란 시 자극필요 여부	불필요 (자연배란)	필요 (유도배란)
배란시기	발정 1~2일	교미 후 24~36시간
임신 기간	약 63일	약 65일
수유기간	6~8주	8~10주
평균 새끼수	6~8마리	3~5마리

개와 고양이에게서 수컷이 발정기 암컷의 질 분비물 냄새에 의해 끌리는 경우와 같은 행위가 일어나는데 이때 이러한 화학물질을 페로몬(pheromone)이라 하며 이를 감지하기 위해 코에 야콥슨 기관(Jacobson's organ)이 존재한다.

4) 수정(Fertilization)과 임신

난자는 난소에서 배란되면 난관의 수축운동과 섬모 운동을 통해 난관의 팽대부로 이동한다. 정자는 질을 통해 주입된 후 자궁안으로 이동하여 난관에 도달한다. 정자가 수정능력을 유지하며 생존 가능한 기간은 개의 경우 90시간 이내이며 그 과정에서 정자는 백혈구에 탐식되거나 퇴화하여 그 수가 빠르게 줄어든다. 난자에 도달한 정자는 난자의 투명대에 침입하고 난관막을 통과하여 수정(Fertilization)이 된다. 투명대(Zona pellucida)는 한 개의 난자에 많은 정자가 진입하는 다정자진입을 방지하는 기능을 한다.

수정된 수정란은 2,4,8,16세포로 분할과 성장을 시작하는데 이를 난할(egg cleavage)이라 하며, 상실배(morula)를 거쳐 포배(blastocyst)를 형성한다. 이후 장기계통과 태반의 분화가 일어나면 배아(Embryo)라 지칭하며 그 이후는 태아(Fetus)라 지칭한다.

착상(Implantation)이란 정자와 난자가 결합한 수정란이 분할 후 배아로 성장하여 성숙한 암컷의 자궁에 부착되는 과정을 의미한다. 착

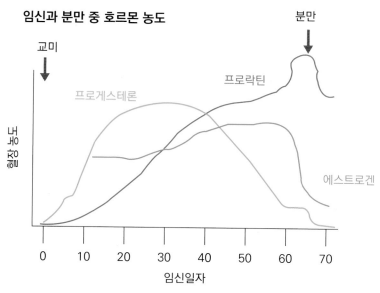

임신과 분만 중 호르몬 농도

교미

분만

프로게스테론

프로락틴

혈장 농도

에스트로겐

임신일자

그림 11.9 암컷 개의 임신과 분만 중 호르몬의 변화

상 후 자궁에 배아의 존재를 모체가 인식하면 에스트로겐이 분비되어 황체의 퇴화를 방지하고 황체가 유지되면서 프로게스테론의 분비가 지속되어 임신을 하게 된다. 임신을 하면 수정란과 태아의 발달에 필요한 기능을 갖추기 위해 다양한 생리학적 변화가 일어난다. 임신 기간이란 수정이 시작되고 분만까지의 기간을 말하며 개가 63일 전후의 임신기간을 가지고 있듯이 동물에 따라 각기 다른 일정기간의 임신기간을 가지고 있다.

태반(Placenta)은 태아와 모체 사이에 당류, 아미노산, 비타민, 미네랄 등 영양분의 흡수, 호흡, 노폐물의 배설 생리적 물질 교환과 글리코겐 등 영양분의 저장 기관으로 태아를 둘러싸고 있는 태막과 태막에 부착되어 있는 모체의 자궁점막 조직 그리고 모체와 태아를 연결하는 제대혈관으로 구성되어 있다. 태막은 내부에 양수가 있는 양막, 요수가 있는 중간의 요막, 외부의 융모막으로 구성되어 태아의 배설물을 포함하고 있으며, 태아를 물리적 자극에서 보호할 뿐만 아니라 프로게스테론, 에스트로겐 등 호르몬을 분비하는 내분비기관으로 역할을 수행한다.

⑤ 분만(Parturition)

분만이란 뇌하수체 후엽에서 분비되는 옥시토신(Oxytocin) 호르몬

의 영향으로 태아와 태반이 모체로부터 배출되는 생리학적 과정을 의미한다. 분만 직전 대부분의 동물은 머리가 모체의 외음부 쪽으로 향하여 태아와 산도의 굴곡이 최대한 유사하게 변화하여 골반을 쉽게 통과하도록 하여 분만을 쉽게 한다. 분만이 시작되는 개구기(stage1)는 약 6-12시간 정도 지속되며 옥시토신의 분비가 시작되고 정상체온보다 1℃ 정도 체온이 내려가며 유선이 커지고 유즙이 분비된다. 또한 식욕감소와 불안감을 표출한다. 배출기(stage2)에 도달하면 옥시토신의 분비가 증가하여 강한 자궁 수축이 일어나며 양막이 파열되고 각 강아지당 30분 이내로 태아의 배출이 머리부터 시작된다. 이후 마지막으로 후산기(stage3)에 도달하게 되면 태반이 배출된다. 난산은 태아의 크기가 너무 크거나 위치가 비정상적일 경우, 자궁수축이 약한 자궁 무력증 등의 이유로 30분 이상 강한 진통에도 불구하고 강아지가 배출되지 않거나 24시간 이내에 태반의 배출까지 출산이 끝나지 않을 경우를 의미하며 수의사의 개입이 필요하다. 분만 이후에는 태어난 동물의 기도 확보와 호흡을 확인하고 체온이 유지되는지와 초유의 섭취를 확인한다. 모체는 자궁의 수축과 출혈여부를 모니터링하고 유선염의 발생을 예방하기 위한 위생관리를 실시하여 합병증의 발생을 예방한다.

핵심용어

- 고환(testis, 정소): 개의 복부 중간 부위에 위치하며 안드로겐 호르몬을 분비하고 정자를 생산한다
- 부고환(epdidiymis, 부정소): 고환에 밀착하여 길게 뻗어 있으며 미성숙 정자를 일시적으로 저장하여 성숙 및 농축시키는 장소이다.
- 음낭(scrotum): 수컷의 외부 생식기 인근 피부 조직이 주머니 형태로 내려온 부위로 고환과 부고환을 포함하고 있다
- 전립샘(Prostate gland, 전립선): 방광 바로 밑 골반 깊숙히 위치하며 요도를 반지처럼 감싸고 있으며 정액의 구성성분인 전립선액을 생산하여 요도로 배출한다.
- 덧생식샘(accessory reproductive gland, 부생식샘): 정액의 액상성분을 분비하는 정관팽대부, 정낭샘, 전립샘, 요도구샘 등의 총칭
- 안드로겐(androgen, 웅성호르몬): 고환(정소)에서 분비되는 웅성 호르몬의 총칭으로 테스토스테론이 대표적이다.
- 정자(Sperm): 정자는 올챙이 모양으로 고환의 정세관에서 형성되며 수컷의 DNA를 포함하고 있으며 암컷의 난자와 결합하여 수정란을 형성하고 이후 배아와 태아로 발전한다.
- 난소(ovary): 복강 하부에 위치하며 성호르몬을 분비하고 난자를 생산한다.
- 난자(ovum): 암컷의 생식 세포로 암컷의 DNA를 포함하고 있으며 수컷의 정자와 결합하여 수정란을 형성하고 이후 배아와 태아로 발전한다.
- 황체(corpus luteum): 난소에서 성숙한 난자가 배출되고 난 뒤 파열된 난포가 변화하여 생기는 황색의 조직 덩어리로 프로게스테론을 생성하고 분비한다.
- 자궁(uteras): 정자가 수정 능력을 갖는데 중요한 환경을 제공하며 임신 후 배아를 보호하기 위해 태반을 형성하고 배아에게 영양을 공급하고 발달시킨다.
- 두뿔자궁(Bicornuate uterus, 쌍각자궁): 개와 고양이의 자궁의 형태로 자궁경관 앞에 자궁체가 있고 자궁체 전방에 격벽이 없으며 자궁이 두 개의 뿔모양(자궁각)으로 나뉘어져 있지만 하단부는 합쳐진다.
- 에스트로겐(estrogen): 난소 내 난포의 과립막세포 그리고 태반과 부신피질에서 생산되며 자궁, 유선, 질 등의 생식기관의 성적성숙과 성적행동에 영향을 준다.
- 프로게스테론(progesterone): 황체와 태반에서 분비되는 호르몬으로 개의 발정행위를 유발하고 자궁내막선의 증식과 유선의 발달을 촉진시키며 임신 유지에 필수적이다.

- 난포자극호르몬(Follicle-Stimulating Hormone, FSH, 여포자극호르몬): 난소 내 난포의 성숙을 촉진하여 배란을 준비하며 에스트로겐의 분비를 유도한다.
- 황체형성호르몬(Luteinizing Hormone, LH): 배란을 일으키며 과립막세포를 황체화 시켜 프로게스테론의 분비를 촉진한다
- 젖분비자극호르몬(Prolactin, (PRL, 유선자극호르몬)): PRL은 유선의 분비조직을 성장시켜 젖이 분비되도록 한다.
- 야콥슨기관(Jacobson's organ): 수컷이 발정기 암컷의 질 분비물 냄새와 같은 페로몬(pheromone)을 감지하기 위한 기관이다.
- 수정란(Zygote, 접합자): 난자에 도달한 정자가 난자와 결합하여 수정된 후 형성된 단일세포로 이후 분열을 통해 배아로 발달한다.
- 난관(Implantation, 나팔관): 난관은 난소에서 배란된 난자를 자궁으로 운반하는 관으로 정자와 난자를 서로 반대 방향으로 이동시켜 수정을 유도하여 수정란을 형성한다.
- 착상(Implantation): 수정란이 분할 후 배아로 성장하여 성숙한 암컷의 자궁에 부착되는 과정을 의미한다.
- 태반(Placenta): 태아와 모체 사이에 생리적 물질 교환과 영양분의 저장 기관으로 태아를 물리적 자극에서 보호할 뿐만 아니라 호르몬 내분비기관으로 역할을 수행하다.
- 분만(Parturition): 옥시토신(Oxytocin) 호르몬의 영향으로 태아와 태반이 모체로부터 배출되는 과정을 의미한다.

1. 고환에서 형성되는 안드로겐을 대표하는 호르몬으로 생식기의 성장과 2차 성징의 발현을 돕는 남성호르몬은?

① 에스트로겐[estrogen]
② 프로게스테론[progesterone]
③ 황체형성호르몬[LH]
④ 난포자극호르몬[FSH]
⑤ 테스토스테론(Testosterone)

2. 다음 수컷개의 생식기관 중 요도를 반지처럼 감싸고 있으며 정액 중 액체성분의 대부분을 요도로 분비하는 기관은?

① 고환   ② 부고환   ③ 정관   ④ 음낭   ⑤ 전립샘

3. 개의 복부 중간 부위에 위치하며 안드로겐 호르몬을 분비하고 정자를 생산하는 기관은?

① 고환   ② 부고환   ③ 정관   ④ 음낭   ⑤ 전립샘

4. 정자의 생존성과 운동성에 온도가 미치는 영향에 대해 바르게 기술한 것은?

① 온도 상승 시 정자의 생존성과 운동성은 증가한다.
② 온도 상승 시 정자의 생존성은 증가하지만 운동성은 감소한다.
③ 온도 하강 시 정자의 생존성은 증가하지만 운동성은 감소한다.
④ 온도 하강 시 정자의 운동성과 생존성은 감소한다.

5. 배란된 난자가 태아로 되는 과정을 바르게 나열한 것은?

① 수정 – 정자의 침입 – 착상 – 난할
② 정자의 침입 – 난할 – 착상 – 수정
③ 수정 – 난할 – 정자의 침입 – 착상
④ 정자의 침입 – 수정 – 난할 – 착상

6. 난소 내 난포의 과립막세포 그리고 태반과 부신피질에서 생산되며 자궁, 유선, 질 등의 생식기관의 성적성숙과 성적행동에 영향을 주는 호르몬은?

① 에스트로겐[estrogen]
② 프로게스테론[progesterone]
③ 황체형성호르몬[LH]
④ 난포자극호르몬[FSH]
⑤ 테스토스테론(Testosterone)

7. 황체와 태반에서 분비되는 호르몬으로 개의 발정행위를 유발하고 자궁내막선의 증식과 유선의 발달을 촉진시키며 임신 유지에 필수적인 호르몬은?

① 에스트로겐[estrogen]
② 프로게스테론[progesterone]
③ 황체형성호르몬[LH]
④ 난포자극호르몬[FSH]
⑤ 테스토스테론(Testosterone)

8. 난포의 발육, 성숙 및 파열이 일어나며, 황체가 형성되는 암컷의 생식기관은 무엇인가?

① 난관   ② 난소   ③ 자궁   ④ 질   ⑤ 전립샘

9. 개의 자궁과 같이 자궁각이 있으며, 자궁체 전방에 격벽이 없는 자궁은?

① 중복자궁   ② 분열자궁   ③ 두뿔자궁   ④ 단일자궁

10. 난소에서 황체의 퇴화에 직접적으로 관여하는 호르몬은 무엇인가?

① LH   ② FSH   ③ $PGF_{2\alpha}$ ④ progesterone   ⑤ estrogen

11. 암컷의 생식기 중 수정, 난할 및 배란이 일어나는 장소는 어디인가?

① 난소   ② 난관   ③ 자궁   ④ 질   ⑤ 전립샘

12. 정자와 난자가 만나 수정이 이루어지는 암컷의 생식기는?

① 난소   ② 난관   ③ 자궁   ④ 질   ⑤ 전립샘

참고문헌

1. 동물해부생리학 개론. introduction to veterinary anatomy and physiology texbook second edition. 동물해부생리학 교재연구회 역. 범문에듀케이션. 2014.
2. 수의생리학. 제4판. 강창원 외. 광일문화사. 2006.

CHAPTER 12

동물체의 피부계

학습목표

- 동물의 피부 구조와 기능을 이해한다.
- 피부의 구성요소인 표피, 진피, 피하조직의 역할을 파악한다.
- 피부 부속기관(털, 피부샘, 발가락기관 등)의 구성 및 기능을 학습한다.
- 동물의 피부가 수행하는 다양한 생리적 기능(보호, 감각, 체온 조절, 대사 및 의사소통 기능)을 이해한다.

학습개요

꼭 알아야 할 학습 Must know points

- 피부의 기본 구조
- 피부의 기능
- 피부의 샘

알아두면 좋은 학습 Good to know

- 털의 성장 주기
- 발가락 기관

1 피부의 구조 및 기능

1) 피부의 구조

피부는 동물의 몸을 덮고 있는 가장 큰 기관으로, 외부 환경과의 직접적인 접촉면이므로 중요한 방어 및 조절기능을 수행한다. 외부로부터 물리적, 화학적, 생물학적 손상을 막아주는 방어벽 역할을 하며, 동시에 체온 조절, 감각 전달, 분비 등 중요한 생리적 기능도 수행한다. 피부의 두께와 특성은 동물마다 다르며, 서식 환경과 생활 방식에 따라 다양한 변형이 나타난다. 또한, 피부의 부위에 따라서도 두께와 특성이 달라지는데, 이는 각 부위가 받는 외부 자극과 기능적 요구사항에 따라 결정된다. 예를 들어, 등쪽과 다리의 외측면은 피부가 두꺼운 반면, 배쪽과 다리의 내측면은 더 얇다. 또한, 털이 많은 부위에서는 표피가 얇고, 털이 적거나 없는 부위에서는 표피가 두꺼운 특징이 있다.

(1) 표피

① 표피의 기능과 구조

표피는 동물의 피부 중 가장 바깥층에 위치한 층으로, 외배엽에서 유래하며 각화된 중층편평상피로 구성되어 있다. 표피는 자외선,

세균, 바이러스, 기생충 등의 병원체와 물리적 손상으로부터 신체를 보호하고, 수분 손실을 방지하는 중요한 기능을 담당한다. 표피는 각화세포와 비각화세포로 나뉘며, 각각 고유한 기능을 수행한다.

- **각화세포:** 표피의 주요 세포로, 기저층, 가시층, 과립층, 투명층, 각질층으로 구성되며, 피부의 보호기능을 수행한다.
- **비각화세포:** 표피에 존재하는 특수 세포로, 멜라닌세포, 촉각세포, 면역세포로 구성되며, 각각 피부색을 결정하고, 감각을 담당하며, 면역 반응을 담당한다.

② 표피의 세부 층

표피는 기저층, 가시층, 과립층, 투명층, 각질층의 5개의 층으로 순차적으로 쌓여있으며, 각각의 층은 피부 보호와 재생에 중요한 역할을 한다. 특히 투명층은 특정 부위에만 존재하는 특수한 층이다.

- **기저층(Stratum Basale):** 표피의 가장 아래층에 위치하며, 상대적으로 가장 얇은 층으로 세포가 1-2겹 쌓여있다. 이 층은 진피 바로 위에 자리잡고 있으며, 새로운 각화세포(keratinocytes)가 지속적으로 분열하고 생성되는 곳으로, 피부 재생의 핵심 역할을 한다. 이 층에서 생성된 세포들은 위쪽으로 이동하면서 표피의 상부 층을 형성하게 된다. 기저층에는 멜라닌세포(melanocytes)와 촉각세포(Merkel cells)도 존재하여, 멜라닌을 생성해 피부의 색을 결정하고, 촉각을 감지하는 역할을 수행한다.
- **가시층(Stratum Spinosum):** 기저층 바로 위에 위치한 표피의 두 번째 층으로, 몇 겹에서 수십 겹의 세포가 쌓인 두꺼운 층이다. 이

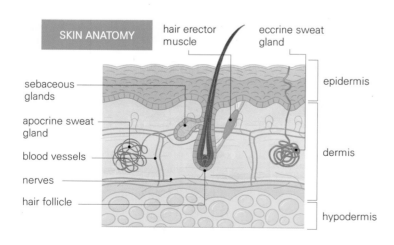

그림 12.1 피부의 구조

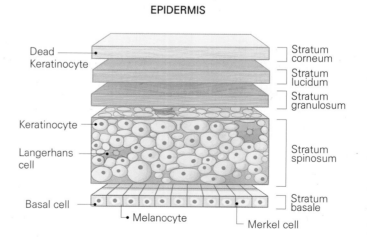

그림 12.2 표피의 구조

층은 표피에서 가장 큰 부분을 차지한다. 이 층의 각화세포들은 다각형 모양을 가지며, 세포 간 연결부인 데스모좀(Desmosome)이 발달해 있어 세포들이 가시처럼 연결되어 있다. 이러한 이유로 이 층을 가시층이라 부른다. 이 층에서 각화세포들은 점차 단단해지며, 각화 과정을 거친다. 또한, 가시층에는 랑게르한스 세포(Langerhans cells)가 존재하며, 외부 병원체에 대한 면역 방어 역할을 담당한다. 가시층은 기저층에서 생성된 세포들이 이동하여 더 발달하는 층으로, 세포 간 긴밀한 결합을 통해 피부의 강도를 높이는 중요한 역할을 한다.

- **과립층(Stratum Granulosum):** 가시층 위에 위치하며, 각화세포들이 과립 모양의 케라토히알린(keratohyalin)을 포함하고 있다. 이 과립은 각화 과정을 촉진시키며, 세포들이 점점 단단해지게 한다. 이 층에서 세포핵이 없어지며, 세포들은 각화 과정을 거치며 죽어가는 과정에서 지방 성분을 분비해 피부의 방수막을 형성하고, 수분 손실을 방지하는 역할을 한다.

- **투명층(Stratum Lucidum):** 과립층 위, 각질층 아래에 위치하며, 주로 동물의 발바닥처럼 두꺼운 피부에서만 존재하는 2-3겹의 얇은 층이다. 투명층의 각화세포는 거의 죽은 상태에서 얇고 투명한 층을 형성하며, 물리적 마찰이 많은 부위에서 피부를 보호하고 강화하는 역할을 한다. 이 층은 얇고 투명한 외관을 가지고 있으며, 특히 두꺼운 피부 부위에서 추가적인 방어막을 형성해 피부 보호 기능을 증대시킨다. 이 투명층은 동물의 발바닥 패드(paw pad)에서 발달한 구조 중 하나로, 물리적 마찰과 충격을 흡수하며, 두꺼운 각질층과 투명층으로 이루어져 있어, 거친 지면이나 날카로운 물체로부터 발을 보호하는 중요한 역할을 한다.

- **각질층(Stratum Corneum):** 표피의 가장 바깥층으로, 이미 죽은 각화세포들이 각질로 변해 여러 겹으로 쌓여 형성된 층이다. 이 층은 피부의 최종 보호막으로, 외부로부터 물리적 손상, 병원체의 침입, 수분 손실을 막는 중요한 방어 기능을 한다. 각질층의 세포들은 단단하고 질긴 각질을 형성하며, 이러한 특성 덕분에 피부는 물리적 자극에 강한 저항성을 갖게 된다. 이 세포들은 시간이 지나면서 자연스럽게 탈락하고, 새로운 각질층으로 교체되며, 피부는 계속해서 재생된다.

(2) 진피(Dermis)

① 진피의 기능과 구조

진피는 표피 아래에 위치한 두꺼운 중간층으로, 주로 불규칙 치밀결합조직으로 구성되어 있으며, 콜라겐과 엘라스틴 섬유가 무작위로 배열되어 있다. 이 조직은 무형기질로 채워져 있어, 피부가 외부 자극에 강하게 견디고 신축성을 유지할 수 있도록 돕는다. 콜라겐 섬유는 피부에 강도를 부여하고, 엘라스틴 섬유는 신축성을 제공하여, 피부가 늘어나거나 압력을 받을 때 원래 상태로 회복되게 한다. 진피는 피부의 구조적 지지, 체온 조절, 감각 전달, 영양 공급, 상처 치유 등의 중요한 기능을 담당한다. 진피에 풍부하게 분포된 혈관은 더운 환경에서는 혈관 확장을 통해 열을 방출하고, 추운 환경에서는 혈관 수축으로 열 손실을 줄여 체온을 유지한다. 또한, 신경 섬유와 마이스너 소체(Meissner corpuscle) 같은 감각 수용체를 통해 촉각, 통증, 온도와 같은 감각을 전달하며, 피부가 외부 자극에 즉각적으로 반응할 수 있도록 돕는다. 진피는 표피에 영양과 산소를 공급하는 역할도 한다. 표피에는 혈관이 없기 때문에, 진피의 혈관이 표피에 필요한 영양분과 산소를 전달해 세포 재생과 피부 건강을 유지한다. 상처가 발생했을 때, 진피에 있는 섬유아세포는 손상된 조직을 재생시키고, 콜라겐이 새로운 조직을 형성하여 상처 치유를 촉진한다. 또한, 개와 고양이 같은 동물의 진피층에는 피지선이 풍부하게 발달되어 있어 피부와 털을 보호하는 중요한 역할을 한다. 피지선에서 분비되는 피지는 피부를 부드럽게 유지하고, 털에 윤기를 부여하며, 수분 손실을 방지하는 역할을 한다. 특히, 피지선에서 나오는 피지는 피부 표면에서 항균 작용을 하여 외부로부터의 병원체 침입을 방어하고, 피부를 건강하게 유지하는 데 중요한 역할을 한다.

② 진피의 세부 층

진피는 유두층(Papillary Layer)과 망상층(Reticular Layer)으로 두 개의 주요 층으로 구성된다. 이 두 층 사이의 경계는 명확하지 않으며, 밀접하게 연결되어 뚜렷한 선 없이 점진적으로 이어진다. 유두층은 표피와 연결된 부분으로 혈관이 풍부하며, 망상층은 좀 더 깊숙한 곳에 위치한 섬유 조직이 밀집된 구조이다.

- **유두층(Papillary Layer):** 진피의 가장 상부에 위치하며, 표피와 바로 맞닿아 있는 부분이다. 이 층은 얇고 섬세한 결합 조직으로 이루어져 있으며, 표피로 돌출된 작은 돌기인 유두(papillae)를 포함하고 있으며, 표피와 진피의 결합을 강화하는 역할을 한다.

유두층은 표피에 영양분과 산소를 공급하고, 감각 수용체를 통해 외부 자극을 감지해 신경으로 전달하는 역할을 한다.

- **망상층(Reticular Layer):** 유두층 아래에 위치하며, 진피의 가장 두껍고 단단한 부분을 차지한다. 망상층은 치밀한 불규칙 결합조직으로 구성되어 있으며, 콜라겐과 엘라스틴 섬유가 복잡하게 얽혀 있어 피부에 강도와 탄력성을 제공한다. 또한, 땀샘, 피지선, 모낭 등이 있어 체온 조절과 피부 보호에 중요한 역할을 한다.

임상적 고려사항(Clinical considerations)

- 피부 상처: 표피의 각화세포는 상처 부위에서 증식하여 손상된 표피를 복구하고, 진피의 섬유아세포는 콜라겐을 분비하여 진피층을 재구성한다.

---

(3) 피하조직(Subcutaneous tissue)

① 피하조직의 구조
피하조직은 보통 피부의 일부로 간주되지 않지만, 진피 바로 아래에 위치하며, 주로 지방세포(Adipocytes)와 결합조직으로 구성되어 있다. 지방세포는 피하조직의 주된 구성 성분으로, 동물체에 에너지를 저장하는 것 외에도, 신체의 구조적 안정성을 유지하는 데 기여하며, 결합 조직은 피하조직 내에서 지방 세포가 제 기능을 할 수 있도록 중요한 지지 역할을 한다. 피하조직에는 혈관과 신경이 풍부하게 분포되어 있다.

② 피하조직의 기능
피하조직은 동물체의 보호, 체온 조절, 에너지 저장, 피부 유연성을 제공하는 다기능 층으로, 특히 반려동물에게 중요한 역할을 한다. 피하조직은 외부 충격을 흡수하여 장기, 근육, 뼈를 보호하며, 지방층을 통해 체온을 유지하고 외부 온도 변화로부터 신체를 보호한다. 또한, 지방세포에 에너지를 저장하여 필요할 때 이를 사용해 신체 기능을 유지한다. 피부와 근육을 유연하게 연결하여 피부의 움직임을 매끄럽게 하며, 반려동물의 활발한 활동을 지원하고 피부 손상을 방지한다. 또한, 목 부위 피하조직은 반려동물에게 주사를 놓을 때 자주 사용되는 부위이고, 약물이 서서히 흡수되고 안정적으로 전달될 수 있도록 한다.

2) 피부의 기능

(1) 보호 기능
피부는 인체를 외부 환경으로부터 보호하는 첫 번째 방어선으로서, 다양한 보호 기능을 수행한다.

① 물리적 보호
피부의 각질층은 물리적 충격과 마찰을 견디는 중요한 방어막 역할을 한다. 또한, 콜라겐과 엘라스틴 섬유는 피부에 탄력성을 부여해 외부 충격을 흡수하고 피부가 손상되지 않도록 돕는다.

② 화학적 보호
동물의 피부 pH는 보통 중성에 가깝다. 예를 들어, 강아지의 피부는 6.5~7.5, 고양이의 피부는 6~7로, 사람보다 중성에 가까운 pH를 유지한다. 적절한 pH 균형은 유해 화학물질과 알레르겐이 체내로 침입하는 것을 막고, 지질 막이 물과 지용성 물질의 피부 통과를 제한하여 화학적 장벽 역할을 한다. 피지선에서 분비되는 피지는 피부를 보호하고 보습 역할을 하여 피부 표면의 유수분 균형을 유지하며, 외부 자극으로부터 피부를 보호한다.

③ 생물학적 보호
피부에는 랑게르한스 세포(Langerhans cells), 대식세포(Macrophages), 비만세포(Mast cells), 자연살해세포(NK cells, Natural Killer cells) 등의 다양한 면역세포들이 존재하고, 이들은 피부를 침투하려는 병원균, 바이러스, 기생충 등의 외부 유해 요소들에 대응하는 방어 체계를 형성한다. 또한, 멜라닌 색소는 자외선을 흡수하여, 자외선으로 인한 세포 손상과 피부암을 예방하는 기능을 수행한다. 이는 동물에게도 매우 중요한 방어 메커니즘으로, 자외선으로 인한 피부 질환을 예방하는 데 기여한다.

(2) 감각 기능
피부는 다양한 외부 자극을 감지하는 중요한 감각 기관으로, 신체가 외부 환경에 적절히 반응할 수 있도록 돕는다.

① 온도 감지
피부에는 온도 수용체가 존재하여, 외부 온도 변화를 민감하게 감지한다. 이 수용체들은 주변 온도가 상승하거나 하강할 때 이를 신경계로 전달하여, 체온을 조절하고 환경 변화에 신속하게 반응할 수 있게 한다. 동물은 더운 환경에서는 땀 분비(주로, 발바닥 등) 또는 헐떡임(panting)을 통해 열을 방출하고, 추운 환경에서는 혈관 수축을 통해 체온을 유지한다.

② 촉각 및 압력 감지

동물의 피부에는 촉각과 압력을 감지하는 다양한 수용체들이 분포되어 있다. 특히, 촉각털은 주로 얼굴, 입 주변, 코, 눈 위 등에 위치하며, 매우 민감한 감각 기관 역할을 한다. 외부 물체와의 접촉을 정밀하게 감지하고, 피부에 가해지는 압력 변화에 민감하게 반응하여, 동물이 주변 환경을 파악하고 물체를 인식하는 데 중요한 역할을 한다. 특히, 어두운 환경이나 시각적으로 제한된 상황에서도 물체와의 거리를 파악하는데 매우 유용하다. 발바닥이나 코 같은 부위는 촉각에 예민하게 반응하여 주변 환경을 탐색하는 데 도움을 준다.

사진 12.1 고양이의 촉각털(tactile hair)

(3)　체온 조절 기능

동물의 피부는 체온 조절을 통해 신체 내부의 균형을 유지하는 중요한 역할을 한다. 이 과정에는 피하지방을 포함한 다양한 요소가 관여한다.

① 땀 분비

개와 고양이는 주로 발바닥에 있는 에크린 땀샘(Eccrine sweat glands)을 통해 소량의 땀을 분비하지만, 체온 조절에는 제한적이다. 개는 주로 헐떡임을 통해, 고양이는 몸을 핥아 체온을 낮추는 방식으로 체온을 조절한다. 말은 전신에서 땀을 흘리며 체온을 효과적

으로 조절하는 대표적인 동물이다.

② 혈관 확장과 수축

더운 환경에서는 피부 혈관이 확장되어 열을 방출하고, 추운 환경에서는 혈관이 수축하여 열 손실을 최소화한다. 이는 동물들이 외부 온도 변화에 적응하고 체온을 일정하게 유지하는 중요한 방식이다.

③ 피하지방

피하지방은 체온 조절에서 중요한 역할을 한다. 피하지방층은 신체의 단열재 역할을 하여 체내 열이 외부로 빠져나가는 것을 방지한다. 특히, 추운 환경에 적응한 동물들은 두꺼운 피하지방층을 통해 추위로부터 몸을 보호하며, 따뜻한 환경에서는 이 지방층이 과열되지 않도록 돕는다. 피하지방은 또한 에너지 저장소로서 역할을 하며, 필요할 때 신체 기능을 유지하기 위해 사용된다.

임상적 고려사항(Clinical considerations)

- 체온 조절 장애 : 땀샘 기능이 제한적인 개와 고양이는 체온 조절이 어려워 열사병에 걸릴 위험이 있으며, 특히 털이 많은 품종은 여름철 과열 방지에 주의해야 한다.

(4)　대사 기능 및 합성

피부는 대사 기능과 합성에서 중요한 역할을 하며, 이를 통해 동물의 건강과 생존을 유지한다. 피부는 다양한 대사 과정과 합성을 통해 신체 기능을 조절한다.

① 비타민 D 합성

피부가 자외선에 노출되면, 7-디하이드로콜레스테롤이 비타민 D3로 전환된다. 이를 통해 칼슘과 인의 흡수가 촉진되어 뼈 건강을 유지한다. 그러나 고양이와 개는 피부에서 비타민 D를 효과적으로 합성하지 못해 식이 보충이 필요하다.

② 피지 합성 및 분비

피지선은 피지를 분비해 보습과 유수분 균형을 유지하고, 항균 특성으로 피부를 세균과 병원체로부터 보호한다.

③ 피부 재생

피부는 끊임없이 세포 재생을 통해 새로운 세포를 생성하고 손상된 세포를 대체한다. 상처가 발생했을 때는 피부가 섬유아세포와 콜라겐 합성을 통해 상처 치유를 돕는다. 이러한 대사 기능은 피부의 건강 유지에 필수적이다.

(5) 의사소통 기능

피부는 의사소통에서 중요한 역할을 하며, 특히 동물에서 이 기능이 두드러진다. 피부는 시각적, 후각적, 촉각적 신호를 통해 다른 개체와 의사소통을 한다.

① 시각적 의사소통

개와 고양이는 피부와 털을 통해 시각적으로 의사소통을 한다. 예를 들어, 고양이가 등을 아치형으로 만들고 털을 세우는 행동은 두려움이나 경고를 나타낸다. 개도 흥분하거나 경계할 때 털을 세우는 행동을 보이고, 이는 위협에 대한 반응 또는 긴장 상태를 나타낸다.

② 후각적 의사소통

개와 고양이는 피부에 있는 피지선에서 분비되는 향을 통해 후각적 신호를 보낸다. 고양이는 특히 얼굴의 입주변, 턱아래 등에서 페로몬을 분비하여 물건이나 사람에게 자신의 냄새를 남겨 영역을 표시하고 안정감을 표현한다. 개는 항문낭에서 분비되는 페로몬을 통해 주로 성적 상태, 소속, 개체 식별 등의 정보를 전달하고 교환한다. 이는 개들의 중요한 의사소통 수단이다.

③ 촉각적 의사소통

개와 고양이는 서로의 피부를 핥거나 문지르는 행위로 촉각적 신호를 전달한다. 이는 애정 표현이나 유대감 형성의 중요한 수단이다. 고양이는 서로의 얼굴이나 몸을 문지르며 사회적 유대를 강화하고, 개는 서로 핥아주면서 편안함이나 안정감을 전달한다.

2 피부계 부속기관의 구성 및 기능

피부계의 부속기관은 표피에서 특수화된 구조로 발달하며, 동물의 생존과 적응을 위해 다양한 기능을 수행하는 중요한 구성 요소들이다. 주요 부속기관에는 털, 피부샘, 발가락기관, 깃털, 뿔 등이 있다. 이들은 동물의 생존과 적응에 필수적인 역할을 한다.

1) 털과 털주머니

털의 구조는 털줄기(shaft)와 털뿌리(root)로 나뉘며, 이들은 피부 속의 털주머니(hair follicle)에 의해 형성되고 보호된다. 털은 동물의 피부 보호, 체온 유지, 감각 기능을 수행하는 중요한 부속기관이다.

(1) 털의 주요 구조

① 털줄기

동물의 피부 바깥으로 드러난 털의 부분으로, 각질화된 세포로 이루어져 있다. 이 세포들은 죽은 상태로 단단한 구조를 형성해 외부 자극으로부터 동물의 피부를 보호하고 체온 조절에 중요한 역할을 한다. 특히 개나 고양이 중에는 이중모(이중털, Double Coat)를 가지고 있는 품종들이 있다. 시베리안 허스키, 포메라니안, 골든 리트리버, 메인쿤, 노르웨이 숲 고양이 등이 대표적이다. 이중모는 방수와 보온이라는 두 가지 주요한 역할을 하며, 계절별 털갈이가 심하게 일어난다. 특히 봄과 가을에는 속털이 많이 빠져, 이 시기에는 더 자주 털 관리를 해야 한다. 이중모는 두 가지 유형의 털로 구성된다.

- **겉털(Guard hair):** 길고 거친 털로, 외부 환경에 대한 1차적인 보호막 역할을 한다. 비, 더러움이 쉽게 스며들지 않도록 막아주며, 물리적인 자극에도 강하다.
- **속털(Undercoat):** 부드럽고 촘촘한 털로, 체온 유지에 중요한 역할을 한다. 특히, 추운 날씨에서 속털은 수가 증가하여 보온성을 제공해 동물이 따뜻하게 유지될 수 있도록 하고, 더운 날씨에는 속털이 빠져나가며 체온을 조절할 수 있다.

- 과도한 털갈이: 털갈이가 심하거나 불규칙한 경우, 영양 문제, 호르몬 이상(예: 갑상선 기능 저하증), 스트레스 등 기저 질환을 의심할 수 있다.
- 포스트클리퍼증후군: 동물에서 털을 깎거나 미는 과정 이후에 발생할 수 있는 상태로, 털을 깎은 부위에서 비정상적인 탈모나 피부 자극, 염증이 나타날 수 있다
- 탈모: 정상적으로 있어야 할 털이 비정상적으로 빠지거나 없어지는 상태로, 호르몬불균형, 영양 결핍, 기생충, 곰팡이, 알레르기 등의 원인이 있다.

② 털뿌리(Root)

털뿌리는 피부의 진피층 안에 있는 털주머니(hair follicle) 속에 자리 잡고 있으며, 털줄기(shaft)가 자라는 부분이다. 털뿌리는 털의 성장을 시작하는 곳으로, 털이 새로 자라나는 기지 역할을 한다. 털뿌리 안에서는 세포 분열이 활발히 일어나며, 새로운 털이 만들어진다. 털유두(Dermal Papilla)는 털뿌리의 가장 아래에 위치하며, 모세혈관과 연결되어 영양과 산소를 털에 공급하는 역할을 한다. 이를 통해 털의 성장을 돕고, 털의 생장주기를 조절하여 털이 자라는 시기와 휴지기를 결정한다.

③ 털주머니(Hair Follicle)

털주머니는 피부 속에서 털을 감싸며 털의 성장과 보호를 담당하는 구조물이다. 진피에서 시작해 표피를 통해 털을 지지하며, 피지선과 털세움근이 연결되어 있어 피지 분비로 피부와 털을 보습하고, 추위나 자극 시 털을 세우는 역할을 한다.

(2) 털의 성장 주기

동물의 털 성장주기는 세 단계로 나뉘며, 각 단계에서 털이 자라거나 휴지 상태에 들어가고, 탈락한다. 이 주기는 계절, 나이, 유전적 요인, 그리고 건강 상태에 따라 달라지고, 계절적 털갈이가 있는 동물들은 주로 봄과 가을에 털갈이가 집중된다.

① 생장기(Anagen Phase)

생장기는 털이 활발하게 자라는 단계로, 수주에서 수년까지 지속될 수 있다. 이 단계에서 모세혈관을 통해 털유두로부터 영양과 산소를 공급받아 털이 길고 강하게 자라게 된다. 동물의 종과 품종에 따라 생장기의 길이가 다르며, 생장기가 길수록 털이 더 길게 자란다. 보통 털이 길게 자라는 품종일수록 생장기가 길다. 예를 들어, 포메라니안과 같은 이중모를 가진 품종은 생장기가 상대적으로 짧고, 푸들과 같이 털이 계속 자라는 품종은 생장기가 길다.

② 퇴행기(Catagen Phase)

퇴행기는 털의 성장이 멈추는 짧은 과도기로 1-2주 정도 지속된다.

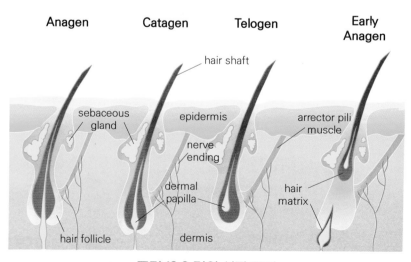

그림 12.3 털의 성장 주기

이 시기에 털유두와 털뿌리의 연결이 약해지며, 털이 더 이상 영양분을 공급받지 못해 성장이 멈춘다. 이 단계는 짧으며, 털이 휴지기로 넘어가기 위한 준비 단계로 상대적으로 짧다.

③ 휴지기(Telogen Phase)

털이 성장을 멈추고 대기 상태에 있는 단계로, 털이 피부에 남아 있지만 자라지 않는다. 새로운 털이 자라기 시작하면 기존 털이 탈락하며, 이 과정에서 털갈이가 발생한다. 수개월 동안 지속될 수 있으며, 특히 봄과 가을에 휴지기가 끝나면서 털갈이가 집중적으로 일어난다.

2) 피부샘(Skin Glands)

동물의 피부에는 다양한 피부샘이 존재하며, 이들은 각각 특정한 기능을 수행하여 동물의 피부 보호, 체온 조절, 의사소통 등에 기여한다. 주요 피부샘은 다음과 같다.

(1) 피부기름샘(피지선, Sebaceous Glands)

피부의 대부분에서 발견되며, 털주머니와 연결되어 있다. 피지(sebum)를 분비해 피부와 털을 보습하고 윤기를 유지하며, 항균 기능으로 외부 병원균으로부터 피부를 보호한다.

(2) 땀샘(Sweat Glands)

① 에크린 땀샘(소한선, Eccrine Sweat Glands)

개와 고양이에서는 주로 발바닥에 위치하며, 다른 부위에는 거의 존재하지 않는다. 에크린 땀샘은 주로 발바닥의 미끄럼 방지와 습도 유지의 역할을 하며, 체온 조절에는 보조적인 기능을 한다. 이 땀샘은 개와 고양이가 뜨거운 지면을 걸을 때 발바닥을 보호하는 데 기여한다.

② 아포크린 땀샘(대한선, Apocrine Sweat Glands)

털주머니와 연결되어 있으며, 피부의 대부분에 걸쳐 분포한다. 주로 페로몬을 분비하여 동물 간의 의사소통을 돕고, 땀과 같은 분비물로 냄새를 발산한다. 일부 동물의 경우, 이 샘이 영역 표시나 사회적 행동에 중요한 역할을 한다.

(3) 특수화된 샘(Specialized Glands)

① 향샘(Scent Glands)

페로몬을 분비해 동물 간의 영역 표시, 사회적 소통, 짝짓기 등에 중요한 역할을 한다. 대표적인 샘으로는 개와 고양이의 항문낭샘(Anal Glands)이 있으며, 이는 배변 시 강한 냄새를 통해 영역을 표시하거나, 다른 동물들과 소통하는 데 활용된다. 또한 고양이의 얼굴샘(Facial Glands)은 동물이 사물에 머리를 문지르며 자신의 냄새를 남겨 영역을 표시하는 역할을 한다.

② 유선(Mammary Glands)

암컷 동물의 유방에 위치한 유선은 유즙(젖)을 분비하여 새끼에게 영양을 공급하는 필수적인 기능을 한다. 유선은 번식과 양육 과정에서 중요한 역할을 하며, 새끼는 어미의 유즙을 통해 필요한 영양소와 면역물질을 공급받아 성장을 이어간다. 특히, 유즙에는 항체와 같은 선천면역 요소가 포함되어 있어, 새끼의 면역력 강화에 중요한 기여를 한다.

③ 미간선(Ceruminous Glands)

외이도에 위치하며, 귀지를 분비하여 귀 내부를 보호하는 기능을 한다. 귀지는 이물질이나 먼지가 귀로 들어오는 것을 방지하고, 귀 내부를 청결하게 유지한다. 또한, 귀 내부의 습도를 조절하여 감염을 예방하는 중요한 역할을 한다.

임상적 고려사항(Clinical considerations)

- 지루증 : 피지선이 과도하게 활성화되거나 피지가 부족하게 분비될 때 비듬이나 지루성 피부염을 유발한다.
- 항문낭염 : 개에서 흔한 항문낭염은 항문낭이 막히거나 감염되면서 통증과 불편함을 일으킬 수 있다.

---

3) 발가락 기관

동물의 발가락 기관은 각 동물의 운동 방식과 환경 적응에 맞게 특수화되어 있으며, 발가락에 위치한 발톱, 발가락 패드 등 다양한 구조를 가지고 있다. 이 기관들은 동물의 움직임, 방어 등에 중요한 역할을 하며, 각각의 특징에 따라 고유한 기능을 수행한다.

(1) 발톱(claw)

발톱은 발가락 끝에 위치하며, 지속적으로 자라면서 지면과의 마찰을 통해 자연스럽게 마모되어 길이를 유지한다. 고양이는 발톱을 수축해 숨길 수 있는 구조를 가지고 있어, 필요할 때만 발톱을 내밀어 사냥이나 방어에 사용한다. 또한, 나무를 타거나 높은 곳을 오를 때 발톱을 이용해 지지력을 높인다. 발톱을 숨겨 덜 마모되지만, 긁기 행동(스크래칭)으로 발톱을 관리한다. 반면, 개는 발톱을 숨길 수 없으며, 달리거나 멈출 때 마찰력을 증가시켜 지면을 더 잘 잡는다. 이는 움직임과 안정성에 중요한 역할을 한다. 발톱의 주요 구성 요소로는 발톱판(Claw Plate), 발톱뿌리(Claw root), 발톱바닥(Claw bed), 발톱기질(Claw matrix), 발톱유두(Claw papilla), 그리고 혈관과 신경(Blood vessels and nerve)이 있다.

① 발톱판(Claw Plate)
발톱의 가장 눈에 보이는 외부 부분으로, 케라틴(keratin)으로 이루어진 단단한 층이다. 외부 충격으로부터 발을 보호하고, 사냥, 방어, 또는 물체를 잡는 기능을 수행한다.

② 발톱뿌리(Claw Root)
발톱의 뿌리 부분으로, 피부 아래에 위치하며, 새로운 세포를 만들어 발톱이 자라도록 돕는 역할을 한다. 이 부위에서 생성된 세포가 표피로 밀려나면서 발톱이 자란다.

③ 발혈관부위(vascular portion)
발톱바닥에서 발톱 중앙까지 확장되는 중요한 부분으로, 혈관과 신경 말단으로 구성된다. 발톱진피(claw dermis, quick)는 밝은 색의 발톱에서는 분홍빛을 띤 영역으로 쉽게 볼 수 있지만, 어두운 색의 발톱에서는 확인하기 어렵다. 개의 발톱을 너무 짧게 자르면 발톱진피를 자르게 되어 출혈과 불편함을 유발할 수 있다.

(2) 발바닥 패드(Paw Pads)

개, 고양이와 같은 대부분의 포유류에서 흔히 볼 수 있으며, 두꺼운 피부층, 지방조직, 치밀결합조직 등으로 이루어져 있다. 지방조직(Fatty Tissue)은 발이 땅에 닿을 때 생기는 충격을 흡수하고, 체중을 고르게 나눠 무리한 압력을 막아준다. 치밀결합조직(Dense Connective Tissue)은 콜라겐과 엘라스틴 섬유로 이루어져 있으며, 발패드에 강도를 더해주고, 탄력과 유연성을 유지하는 데 도움을 준다. 발바닥 패드는 발가락볼록살(digital pads), 앞발/뒷발허리볼록살(Metacarpal pad/Metatarsal pad), 앞발목/뒷발목볼록살(Carpal pad/Tarsal pad), 며느리발톱패드(dew claw pad)로 구성된다.

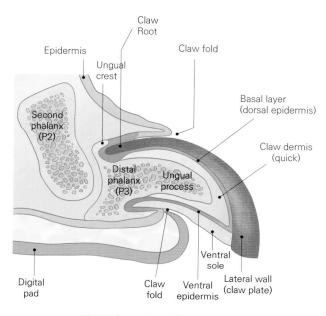

그림 12.4 발톱 구조

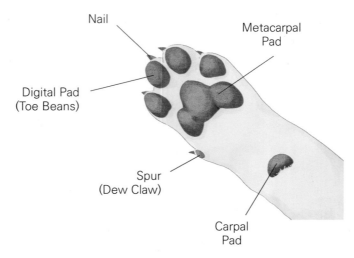

Nail

Metacarpal
Pad

Digital Pad
(Toe Beans)

Spur
(Dew Claw)

Carpal
Pad

그림 12.5 발바닥 패드

- **표피(Epidermis)**: 피부의 가장 바깥층으로, 외부 자극으로부터 보호하고 수분 손실을 방지한다

- **진피(Dermis)**: 표피 아래에 위치한 층으로, 콜라겐과 엘라스틴 섬유가 있어 피부의 탄력과 강도를 제공한다

- **피하조직(Subcutaneous tissue)**: 피부의 가장 아래층으로, 지방조직을 포함하며 체온 조절과 충격 흡수 역할을 한다.

- **각질층(Stratum Corneum)**: 표피의 가장 바깥층으로, 죽은 각화세포로 구성되어 물리적 손상과 병원체로부터 보호한다.

- **털주머니(Hair Follicle)**: 털을 지지하고 보호하는 구조로, 털이 자라나는 곳이다.

- **피지선(Sebaceous Glands)**: 피부와 털을 보호하고 윤기를 유지하는 피지를 분비하는 샘이다.

- **에크린 땀샘(Eccrine Sweat Glands)**: 주로 발바닥에 위치하며 체온 조절과 미끄럼 방지 역할을 한다.

- **아포크린 땀샘(Apocrine Sweat Glands)**: 털주머니와 연결되어 페로몬 분비를 통해 의사소통을 돕는 땀샘이다.

- **발바닥 패드(Paw Pads)**: 지방조직과 치밀결합조직으로 이루어져 충격 흡수 및 체중 분산 역할을 한다.

- **촉각털(Tactile Hair)**: 감각 기능을 수행하는 털로, 주로 얼굴에 위치하며 외부 자극을 감지한다.

복습문제

1. 동물의 피부에서 가장 바깥층에 위치한 구조는 무엇인가?

   ① 진피
   ② 피하조직
   ③ 표피
   ④ 모낭
   ⑤ 피지선

2. 피지선의 주요 기능은 무엇인가?

   ① 땀 분비를 통해 체온 조절
   ② 피부와 털을 보습하고 항균 작용을 수행
   ③ 발톱 성장을 촉진
   ④ 멜라닌을 생성하여 피부색을 결정
   ⑤ 촉각 수용체 역할

3. 고양이의 얼굴샘에서 분비되는 페로몬의 주요 기능은 무엇인가?

   ① 체온 조절
   ② 영역 표시 및 사회적 소통
   ③ 사냥 능력 향상
   ④ 자외선 흡수
   ⑤ 면역 반응 촉진

4. 피부에서 비타민 D를 합성하는 과정에 필수적인 요소는 무엇인가?

   ① 혈관
   ② 자외선
   ③ 피지
   ④ 땀샘
   ⑤ 각질세포

5. 피부의 진피층에서 주로 발견되며, 콜라겐과 엘라스틴 섬유가 포함되어 피부의 탄력성을 제공하는 부분은 무엇인가?

   ① 기저층
   ② 유두층
   ③ 망상층
   ④ 각질층
   ⑤ 피지선

6. 발바닥 패드의 주요 기능은 무엇인가?

   ① 자외선 차단
   ② 체중 지지 및 충격 흡수
   ③ 발톱 성장
   ④ 비타민 D 합성
   ⑤ 멜라닌 생산

7. 개와 고양이에서 발톱을 구성하는 주요 단백질은 무엇인가?

   ① 콜라겐
   ② 엘라스틴
   ③ 케라틴
   ④ 멜라닌
   ⑤ 히알루론산

8. 다음 중 피부의 면역 방어를 담당하는 세포는 무엇인가?

   ① 각질세포
   ② 랑게르한스 세포
   ③ 멜라닌세포
   ④ 피지선
   ⑤ 에크린 땀샘

9. 다음 중 피부의 체온 조절을 돕는 피부 부속기관은 무엇인가?

① 피지선

② 땀샘

③ 멜라닌세포

④ 각질층

⑤ 발톱

10. 다음 중 진피에서 발견되지 않는 것은 무엇인가?

① 콜라겐 섬유

② 피지선

③ 모낭

④ 각질세포

⑤ 신경 말단

정답: 1. ③ 2. ② 3. ② 4. ② 5. ③ 6. ② 7. ③ 8. ② 9. ② 10. ④

🗂 참고문헌

1. 수의해부학-Textbook of Veterinary Anatomy 4th esition, 한국수의해부학교수협의회, okvet.

2. 동물해부생리학개론, 김옥진, 정태호, 범문에듀케이션.

3. Small Animal Dermatology, 4th Edition, Keith A. Hnilica, DVM, MS, DACVD, MBA and Adam P. Patterson, DVM, Keith A. Hnilica, DVM, MS, DACVD, MBA and Adam P. Patterson, DVM.

찾아보기

공저자 약력

최선혜 DVM, Ph.D
건국대학교 수의생리학 박사
오산대학교 동물보건과 교수
전) 건국대학교 수의학과 조교수
　　동국대학교 일산병원 신경과 연구교수

이수정 DVM, Ph.D
The University of Tokyo 수의외과학 박사
연성대학교 반려동물보건과 교수
(사)한국동물보건사대학교육협회(KAVNUE) 교육이사
전) 건국대학교 의생명과학연구원 학술연구교수

강효민 KVN, MS, Ph.D(c)
건국대학교 수의해부학 석사
건국대학교 수의해부학 박사수료
건국대학교 수의학과 해부학 강사
건국대학교 해부학교실 연구원

서명기 DVM, MS, Ph.D(c)
경북대학교 수의형태학 석사
경북대학교 수의형태학 박사수료
계명문화대학교 반려동물보건과 교수

김성재 DVM, Ph.D
서울대학교 수의미생물학 박사
경복대학교 반려동물보건과 교수
전) 농림축산검역본부 수의연구사

정수연 DVM, MS, Ph.D(c)
건국대학교 수의내과학 석사
전북대학교 수의내과학 박사수료
한양여자대학교 반려동물보건과 교수
전) 경인여자대학교 반려동물보건학과 교수

윤은희 DVM, MS, Ph.D(c)
경북대학교 수의임상학 석사
경북대학교 수의외과학 박사수료
영남이공대학교 반려동물보건과 교수
대구시 수의사회 이사
전) 경민동물병원 부원장

이수경 DVM, Ph.D
건국대학교 수의공중보건학 박사
경인여자대학교 반려동물보건학과 교수

소정화 DVM, MS
서울대학교 수의학 석사(인수공통전염병)
신라대학교 반려동물학과 교수

허제강 DVM, Ph.D
강원대학교 수의학 석사
건국대학교 경영공학 박사
서정대학교 반려동물과 교수
전) 인천광역시 수의사회 이사

한아람 DVM, MS, Ph.D(c)
서울대학교 수의해부학 석사
충남대학교 수의내과학 박사수료
대전보건대학교 반려동물과 교수

반려동물해부생리학 첫걸음

초판발행   2025년 3월 4일
지은이   최선혜·이수정·강효민·서명기·김성재·정수연·윤은희·이수경·소정화·허제강·한아람
펴낸이   노 현

편 집   배근하
기획/마케팅   김한유
표지디자인   이영경
제 작   고철민·김원표

펴낸곳   ㈜피와이메이트
             서울특별시 금천구 가산디지털2로 53, 210호(가산동, 한라시그마밸리)
             등록 2014.2.12. 제2018-000080호
전 화   02)733-6771
f a x   02)736-4818
e-mail   pys@pybook.co.kr
homepage   www.pybook.co.kr
ISBN   979-11-7279-066-0   93520

copyright©최선혜 외 10인, 2025, Printed in Korea

정 가   29,000원

박영스토리는 박영사와 함께하는 브랜드입니다.